B. N. LASKORIN, N. M. SMIRNOVA,
M. N. GANTMAN

Ionenaustauschermembranen und ihre Anwendung

IONENAUSTAUSCHER
IN EINZELDARSTELLUNGEN

HERAUSGEGEBEN VON

PROF. DR. ROBERT GRIESSBACH, WOLFEN

BAND 4

AKADEMIE-VERLAG · BERLIN

1966

IONENAUSTAUSCHER-MEMBRANEN UND IHRE ANWENDUNG

von

B. N. LASKORIN, N. M. SMIRNOVA,

M. N. GANTMAN

Erschienen im Staatlichen Verlag für Literatur
auf dem Gebiet der Atomwissenschaft und -technik
Moskau

Übersetzt aus dem Russischen und
ergänzt von Dr. Günter Diederichs, Wolfen

Mit 50 Abbildungen und 30 Tabellen

AKADEMIE - VERLAG · BERLIN

1966

„Ionenaustauscher in Einzeldarstellungen“
bilden den speziellen Teil des Werkes
„Austauschadsorption in Theorie und Praxis“
von Prof. Dr. Robert Grießbach, Wolfen,
erschienen im Akademie-Verlag Berlin 1957

Erschienen im Akademie-Verlag GmbH, 108 Berlin, Leipziger Straße 3–4

Lizenznummer: 202 · 100/496/66
Gesamtherstellung: VEB Druckhaus „Maxim Gorki“, 74 Altenburg
Bestellnummer: 2120/4 · ES 18 C 3 / 20 M 1

INHALTSVERZEICHNIS

VORBEMERKUNG DES HERAUSGEBERS

Die Sammlung „*Ionenaustauscher in Einzeldarstellungen*" ist durch den Band Nr. 4 der sowjetischen Autoren LASKORIN, SMIRNOWA und GANTMAN „*Ionenaustauschermembranen und ihre Anwendung*" um eine weitere Monografie bereichert worden.

Dank der Übersetzung von G. DIEDERICHS kann dieses wertvolle Buch nunmehr in deutscher Sprache vorgelegt werden.

Historisch gesehen war ohne Zweifel von deutschen Forschern K. F. BONHOEFFER einer der ersten, die — nachdem Kationen- und Anionenaustauscher auf Kunstharzbasis zur Verfügung standen — die besonderen Eigenschaften daraus hergestellter Membranen voraussahen. Mündlich und schriftlich bat er mich wiederholt, ihm doch aus diesem Material hergestellte Membranen für wissenschaftliche Untersuchungen zur Verfügung zu stellen. Leider ließ sich dieser Wunsch nur zögernd befriedigen, da die zunächst allein zur Verfügung stehenden homogenen, gegossenen Membranen mechanisch wenig stabil und kaum versandfähig waren.

Es ist nicht uninteressant, daß BONHOEFFER und Mitarbeiter bei diesen Studien, die sich an die Arbeiten von MEYER-SIEVERS, TEORELL u. a. anschließen, als Analogon zu einer Anionenaustauschermembran auch ein Dreiphasensystem mit „oleophilem Elektrolyten" einsetzten, d. h. einen flüssigen Anionenaustauscher verwandten, was zu einer Erweiterung der Theorie der letztgenannten Forscher führte.

Das Fundament war gelegt; die grundlegenden Unterschiede in den physikalisch-chemischen Eigenschaften permselektiver und ungeladener Membranen klar erkannt und bestätigt.

Damit eröffneten sich weiterer wissenschaftlicher Forschungsarbeit wie auch der Technik neue interessante Perspektiven und Aufgaben. Ein internationaler Wettlauf setzte ein. Theoretiker wie Praktiker studierten an Ionenaustauschermembranen verschiedenster Provenienz und Herstellung die sich daran abspielenden Vorgänge, zumal die bei der Elektrodialyse eintretenden Reaktionen. Die makromolekulare Chemie empfing neue Impulse. Dem Biologen, Mediziner und Pharmazeuten erschlossen sich tiefere Einblicke auf seinem Fachgebiete. Die Technik bemühte sich, mechanisch stabile und dauerhafte Ionenaustauschermembranen zu schaffen und zu erproben; immer neue praktische bzw. industrielle Anwendungsgebiete wurden erschlossen.

Das mit großer Sachkenntnis geschaffene Werk der genannten drei Autoren gibt einen ausgezeichneten Überblick über die Entwicklungen auf diesem Sektor bis in die letzten Jahre. Nach kurzer Einführung entwirft GANTMAN in Kapitel 3 ein knappes Bild unserer heutigen Vorstellungen über Ionenaustauscher; Herstellung und Eigenschaften der verschiedenen Ionenaustauschertypen werden behandelt. Hier hat das letzte Vierteljahrhundert in theoretischer wie in praktischer Hinsicht ohne Zweifel eine gewisse Abrundung gebracht. Dies gilt u. a. auch für die Modellvorstellungen, die man sich von Ionenaustauschern macht.

Sehr ausführlich wird sodann in dem von LASKORIN und Mitarbeiterin verfaßten Kapitel 4 auf die Herstellung der Ionenaustauschermembranen selbst eingegangen, wobei viele bemerkenswerte, praktische Hinweise gegeben werden.

Das anschließende, wiederum von GANTMAN geschriebene Kapitel 5 ist den physikalisch-chemischen Eigenschaften der Ionenaustauschermembranen gewidmet und behandelt ausführlich und in kritischer Weise die mannigfachen, in der Literatur empfohlenen Prüfmethoden. Auf die Problematik der Austauschermembranen eingehend, bemüht sich der Verfasser, den komplexen Charakter der an Ionenaustauschermembranen sich abspielenden Vorgänge darzulegen, die nur durch die „Thermodynamik irreversibler Prozesse" befriedigend wiedergegeben werden können. Auf zahlreiche noch offene Fragestellungen wird hingewiesen, die zum Teil auf die Problematik der Ionenaustauschprozesse neues Licht werfen. Dem Erfinder werden zugleich Anregungen gegeben und aufgezeigt, in welcher Richtung weitere Entwicklungsarbeit sinnvoll anzusetzen ist.

Die anschließenden, wiederum von LASKORIN und SMIRNOWA gemeinsam verfaßten drei letzten Kapitel wenden sich sämtlich praktischen Aufgaben zu. Dabei werden zahlreiche, für den Techniker wichtige Winke eingeflochten, die eben nur der geben kann, der selbst wesentlichen Anteil an diesen Entwicklungen genommen hat.

Einem Überblick über die zahlreichen Anwendungsmöglichkeiten von Ionenaustauschermembranen auf technischem und auf wissenschaftlichem Gebiete des Kapitels 6 folgen im 7. Kapitel spezielle Darlegungen, die wesentlich dem Einsatz der Ionenaustauschermembranen im Rahmen der Naßmetallurgie des Urans gewidmet sind. Das letzte Kapitel 8 schließlich behandelt die Kerntechnik einschließlich des wichtigen Gebietes der Beseitigung radioaktiver Abwässer.

In allen diesen Kapiteln geben die Verfasser zunächst einen wertvollen kritischen Überblick über die vielseitigen Beiträge der internationalen Fachwelt zu dem Gebiete der Ionenaustauschermembranen, um sodann ausführlich auf die eigenen Entwicklungsarbeiten einzugehen.

Ins einzelne gehende Hinweise über zweckmäßge Bauweise und Schaltung elektrodialytischer Apparaturen sowie praktische Erfahrungen über deren Betrieb machen das Ganze zu einem unentbehrlichen Werk für jeden Membran-Praktiker. Aber auch der Leser, der sich über dieses Arbeitsgebiet zu orientieren wünscht, wird den Verfassern außerordentlich dankbar sein für die ungeheure Arbeit, die hier sowohl im Punkte einer Sichtung des Materials wie an praktischer Arbeit geleistet worden ist.

Wolfen, im Mai 1966 *R. Grießbach*

1. VORWORT ZUR ORIGINALAUSGABE

In den letzten Jahren erschien in der Fachliteratur eine große Zahl von Forschungsarbeiten, die sich mit den verschiedensten Fragen der Herstellung und Anwendung von Ionenaustauschermembranen beschäftigen.

Das schnelle Entwicklungstempo dieses äußerst wichtigen Zweiges der modernen Chemie und chemischen Technologie in der UdSSR führte zu einer Ausweitung der Forschung und demzufolge zu einer Zunahme der Zahl der wissenschaftlichen und ingenieur-technischen Mitarbeiter, die sich mit der Erarbeitung der Methoden der Herstellung und Anwendung von Ionenaustauschermembranen befassen.

Zur weiteren Entwicklung der Fragen der Herstellung und Anwendung von Ionenaustauschermembranen wird eine systematische Herausgabe in- und ausländischer Werke zu diesem Fragenkomplex zweifellos einen wertvollen Beitrag leisten.

Gegenwärtig gibt es in der sowjetischen Fachliteratur noch keine Werke, die sich speziell Fragen der Ionenaustauschermembranen und ihrer Anwendung widmen.

In dem vorliegenden Buch werden einige Fragen im Zusammenhang mit der Anwendung der Elektrodialyse mit Ionenaustauschermembranen in der radiochemischen Industrie und der Naßmetallurgie des Urans sowie der Entsalzung natürlicher Wässer behandelt. Des weiteren werden die Methoden zur Bestimmung der physikomechanischen und elektrochemischen Eigenschaften der Ionenaustauschermembranen dargelegt.

Im Kapitel I*) werden die Grundlagen der Theorie des Ionentransportes in Ionenaustauscherharzen und -membranen gegeben. In den übrigen Kapiteln werden die physikochemischen Charakteristika angeführt und Fragen der Herstellung und Anwendung von Ionenaustauschermembranen behandelt.

Die in diesem Buch verwendeten experimentellen Unterlagen wurden von den Autoren erarbeitet.

Die Kapitel I*), III*) und IV*) verfaßte M. N. Gantman, die restlichen Kapitel schrieben B. N. Laskorin und N. M. Smirnova gemeinsam. Die Gesamtleitung lag in den Händen von B. N. Laskorin.

Die Verfasser halten es für ihre Pflicht, W. A. Kljačko, E. A. Materova und F. A. Belinskij ihren Dank für das Lesen der Korrekturen einzelner Kapitel und für eine Reihe wertvoller Hinweise auszusprechen.

Die Verfasser

---

*) In der vorliegenden deutschen Ausgabe sind das die Kapitel 3., 5. und 6.

2. EINFÜHRUNG

Die Elektrochemie der ionenaustauschenden Materialien stellt ein neues Gebiet der Ionenaustausch-Technologie dar. Es hat erst in den letzten zehn Jahren einen besonders starken Aufschwung genommen.

Die stärkste Entwicklung fanden dabei alle die Prozesse, die mit der Anwendung von Ionenaustauschermembranen im Zusammenhang stehen. Dabei findet das Verfahren der Elektrodialyse gegenwärtig die größte technische Anwendung, obwohl die Grundprinzipien dieses Prozesses bereits seit längerem bekannt sind. Bei der Ausarbeitung von Theorie und Praxis dieses Prozesses kommt den Arbeiten von Žukov besondere Bedeutung zu. Er untersuchte die elektrokinetischen Eigenschaften inaktiver und aktiver Membranen näher und konnte die grundlegende Bedeutung der Struktureigenschaften der Diaphragmen und Membranen aufzeigen. Bei Ableitung der Grundgleichung der Elektrodialyse wurde letztere als ein verwickelter Prozeß angesehen, der eine Verknüpfung von Elektrolyse, Dialyse und Elektroosmose darstellt. Die so erhaltene elektrochemische Grundgleichung der Elektrodialyse mit elektrochemisch inaktiven und aktiven Membranen wurde durch zahlreiche experimentelle Untersuchungen bestätigt.

Aufgrund dieser Arbeiten wurde festgestellt, daß eine technisch annehmbare Lösung des Problems der Entsalzung natürlicher Wässer mit Hilfe der Elektrodialyse nur bei Verwendung solcher Membranen möglich ist, die eine hohe Stromausbeute gewährleisten und gleichzeitig einen möglichst niedrigen Ohmschen Widerstand besitzen. Die Arbeiten von Žukov und Mitarbeitern über die Erarbeitung von Bestimmungsmethoden für die grundlegenden Struktureigenschaften und elektrokinetischen Kenngrößen von Membranen (Mikrostruktur, Durchlässigkeit, spezifischer Widerstand, Überführungszahl usw.) wurden auch in der vorliegenden Arbeit für die Einschätzung der Eigenschaften der verschiedenen Ionenaustauschermembranen verwendet.

Das Erscheinen synthetischer Ionenaustauschermembranen mit ausgezeichneten elektrochemischen Eigenschaften, hoher mechanischer Beständigkeit und chemischer Widerstandsfähigkeit bestimmte die weitere erfolgreiche Entwicklung der Theorie und Praxis der Elektrodialyse. Die mit jedem Jahr größer werdende Zahl an experimentellen und theoretischen Arbeiten ist ein objektiv-gültiges Anzeichen der Wichtigkeit dieses Gebietes für die Entwicklung der modernen Chemie und chemischen Technologie sowie für eine Reihe benachbarter Gebiete (Medizin, Biophysik u. a.), in denen solche Prozesse große Bedeutung besitzen. Die Theorie des Ionentransportes durch Ionenaustauschermembranen wird in einer Reihe von Arbeiten und Monographien eingehend beleuchtet. Daher sollen in diesem Buch nur die grundlegenden und wichtigsten Schlußfolgerungen betrachtet werden, die für das richtige Verständnis der verschiedenen Versuchsergebnisse und Wege zur Vervollkommnung der Elektrodialyse notwendig sind.

Die grundlegenden Gesetzmäßigkeiten an Ionenaustauschermembranen in Bezug auf Austauschkinetik, Quellfähigkeit und elektrochemische Eigenschaften stimmen mit den bekannten Kenngrößen überein, wie sie auch für Ionenaustauscherharze gefunden werden.

Die wichtigsten spezifischen Charakteristika von Ionenaustauschermembranen sind einmal ihre Selektivität beim Durchtritt von Ionen während der Elektrodialyse und zum anderen die Höhe ihrer spezifischen Leitfähigkeit, die den technischen Wert der Membran bestimmt.

Die Herstellung homogener Ionenaustauschermembranen, die bei ausgezeichneten elektrochemischen Eigenschaften eine hohe mechanische Festigkeit sowie chemische und Strahlenbeständigkeit besitzen, garantiert bereits in naher Zukunft großartige Anwendungsmöglichkeiten von Ionenaustauschermembranen in den verschiedensten Zweigen von Wissenschaft und Technik.

Somit ist das Entwicklungstempo dieses wichtigen Zweiges elektrochemischer Prozesse unter Verwendung von ionenaustauschenden Materialien direkt von den Erfolgen der Chemie und Technologie der Herstellung von Ionenaustauschermembranen abhängig. Gegenwärtig sind drei Grundrichtungen bei der Herstellung von Ionenaustauschermembranen festzustellen:

1. Homogene Membranen,
2. heterogene Membranen und
3. „interpolymere“ Membranen.

Es ist bekannt, daß homogene Membranen die heterogenen in Bezug auf elektrochemische Eigenschaften weit übertreffen, jedoch in der mechanischen Beständigkeit hinter letzteren zurückbleiben. Eine neue und sehr aussichtsreiche Richtung ist die Herstellung von interpolymeren Membranen, die eine einheitlichere Struktur als die heterogenen besitzen und auch bessere mechanische Eigenschaften zeigen. Ungeachtet der großen Zahl von Literaturhinweisen und Patenten über Methoden zur Herstellung von Ionenaustauschermembranen liegen gegenwärtig kaum Arbeiten vor, in denen die verschiedenen Fragen der Herstellungstechnologie von Ionenaustauschermembranen und Wege ihrer weiteren Entwicklung erläutert würden.

Aufgabe des vorliegenden Buches soll die Betrachtung einiger Fragen sein, die im Zusammenhang mit verschiedenen wichtigen Gebieten der Anwendung von Ionenaustauschermembranen stehen. Daher sollen hier lediglich einige Methoden zur Herstellung von Ionenaustauschermembranen ohne Anspruch auf Vollständigkeit der Darlegung aller in dieser Richtung bekannten Arbeiten aufgezählt werden.

Unter den zahlreichen möglichen Anwendungsgebieten von Ionenaustauschermembranen nimmt die Elektrodialyse einen besonderen Platz ein. Es werden zur Zeit große industrielle Anlagen zur Wasserentsalzung gebaut. So wurde beispielsweise in der Südafrikanischen Republik eine Anlage zur Wasserentsalzung mit einer Kapazität von etwa 12000 m³ pro Tag aufgestellt und in Betrieb genommen.

Unter optimalen Arbeitsbedingungen kann die Entsalzung mit Hilfe der Elektrodialyse bei geringem Aufwand an Elektroenergie durchgeführt werden, und sie ist bedeutend wirtschaftlicher als alle anderen bekannten Methoden, darunter auch der Destillationsprozesse, und das auch bei relativ hohen Salzkonzentrationen. Die Erarbeitung rationeller Konstruktionen von Vielkammer-Elektrodialysezellen hoher Kapazität ist eine unabdingbare Voraussetzung für die weitere Verbreitung dieser Entsalzungsmethode.

Beste Aussichten für die Anwendung der Elektrodialyse mit Ionenaustauschermembranen haben chemische Prozesse im Zusammenhang mit der Herstellung von Kernbrennstoffen. In der Reihe der publizierten Arbeiten sind folgende Gebiete der Anwendung von Ionenaustauschermembranen in der Naßmetallurgie des Urans und der radiochemischen Industrie festzustellen:

1. Abtrennung radioaktiver Elemente aus Abfallösungen,
2. Entfernung überschüssiger Acidität oder Basizität aus verschiedensten Lösungen,
3. Reduktion von sechs- zu vierwertigem Uran,
4. Aufkonzentrierung von Fluorwasserstoffsäure,
5. Trennung von in ihren Eigenschaften sehr ähnlichen Elementen, beispielsweise von Seltenen Erden,
6. Herstellung von Säuren und Laugen durch Elektrolyse von Salzen.

Die Elektrodialyse mit Ionenaustauschermembranen findet auch zur Trennung von Nichtelektrolyten und Säuren, Laugen oder Salzlösungen Anwendung. Im gewissen Sinne kann gesagt werden, daß die bedeutenden Erfolge der modernen Eiweißchemie mit auf die Abtrennung von Elektrolyten durch Elektrolyse der Eiweißlösungen zurückzuführen sind. Bei der Herstellung von Zucker ist durch Anwendung der Elektrodialyse zur Abtrennung des Elektrolyten aus dem Diffusionssaft oder der Melasse eine wesentliche Ausbeuteerhöhung zu erreichen.

Große Erfolge können auch bei der Trennung von Aminosäuren mit Hilfe der Elektrodialyse erzielt werden; zu diesem Zweck werden die Aminosäuren zunächst in drei Hauptfraktionen (Diamino-, Monoamino- und Dicarbonsäuren) aufgetrennt. Dann werden die einzelnen Aminosäuren in Vielkammer-Elektrodialysezellen getrennt. Weiterhin beginnt man mit Erfolg, die Elektrodialyse mit Ionenaustauschermembranen in der pharmazeutischen Industrie bei der Herstellung von Vitaminen, Alkaloiden und Antibiotika einzusetzen. Besonders aussichtsreich ist die Verwendung von Ionenaustauschermembranen bei den verschiedensten Forschungsarbeiten zur Bestimmung des Ionenzustandes von Stoffen, zur Präzisierung der Zusammensetzung komplexer Verbindungen und zur Untersuchung des Einflusses der Konzentration von Wasserstoff- und anderen Ionen auf die Zusammensetzung solcher Komplexe. Ionenaustauschermembranen finden Verwendung für die Bestimmung von Aktivitätskoeffizienten und Beweglichkeiten der verschiedensten Ionen.

Sehr interessant ist ferner die Verwendung von Ionenaustauschermembranen für die Konstruktion chemischer Stromquellen und galvanischer Elemente. Wenn eine Ionenaustauschermembran Lösungen eines Elektrolyten verschiedener Konzentration trennt, so tritt eine Potentialdifferenz auf, die im allgemeinen von der Potentialdifferenz bei Abwesenheit einer Membran verschieden ist. Das auftretende Membranpotential hängt von Art und Zuammensetzung der Membran ab. Auf der Grundlage dieses Effektes basieren Arbeiten über den Aufbau von Stromgeneratoren.

Die Zahl der Anwendungsgebiete von Ionenaustauschermembranen nimmt ständig zu. Die Verfasser stellten sich in der vorliegenden Arbeit nicht die Aufgabe, alle bisher bekannt gewordenen Anwendungsgebiete von Ionenaustauschermembranen aufzuzeigen. Am Beispiel der Regenerierung von Ionenaustauschern unter Verwendung der Elektrodialyse mit Ionenaustauschermembranen wie auch am Beispiel der Abtrennung überschüssiger Acidität oder Kohlensäure aus Uranlösungen und der Reduktion des Urans vom sechs- zum vierwertigen Zustand zeigt sich, daß die Elektrodialyse mit Ionenaustauschermembranen bereits in naher Zukunft einen hervorragenden Platz in der Chemie und Technologie einnehmen wird. In der modernen chemischen Technologie werden große Chemikalienmengen (Säuren, Laugen, Reduktions- und Oxydationsmittel) für Neutralisations-, Reduktions- und Oxydationsreaktionen verbraucht, wobei auf Grund dieser Prozesse (Neutralisation, Reduktion und Oxydation) kompliziert zusammengesetzte Salzlösungen gebildet werden, die in einer ganzen Reihe von Fällen die anschließenden technologischen Prozesse außerordentlich erschweren und nach Abtrennung der wertvollen Produkte Abwässer bilden. Diese enthalten große Mengen an Salzen, deren Unschädlichmachung meist mit erheblichen finanziellen Aufwendungen verbunden ist.

Mit der Erniedrigung der Kosten für Elektroenergie im Zusammenhang mit der erhöhten Anwendung von Atom- und Hydroenergie, sowie mit der Ausarbeitung mechanisch und chemisch beständiger Ionenaustauschermembranen mit hervorragenden elektrochemischen Eigenschaften wird es in der Chemie und der chemischen Technologie möglich sein, die mit einem hohen Chemikalienaufwand verbundenen Neutralisations- und teilweise auch die Reduktions- und Oxydationsprozesse durch die Elektrodialyse mit Ionenaustauschermembranen zu ersetzen. Das ermöglicht eine bedeutende Vereinfachung vieler technologischer Prozesse und eine Ausweitung der Ionenaustausch-Technologie auch in Gebiete hinein, wo ihre Anwendung bisher auf Grund des hohen Chemikalienverbrauches begrenzt schien.

3. GRUNDVORGÄNGE IN IONENAUSTAUSCHERMEMBRANEN

3.1. Charakteristische Erscheinungen an Ionenaustauschermembranen

Als Ionenaustauschermembran wird ein Film bezeichnet, der aus Ionenaustauscherharz hergestellt ist und eine elektrochemische Aktivität zeigt, die darin besteht, daß der genannte Film, wenn er sich in einer Elektrolytlösung befindet, selektiv lediglich Ionen eines Ladungsvorzeichens passieren läßt. Kationenaustauschermembranen lassen auf diese Weise nur Kationen, Anionenaustauschermembranen nur Anionen hindurch.

Die Ionenaustauschermembranen werden ihrer Zusammensetzung nach in homogene, d. h. Membranen, die nur aus Ionenaustauscherharz bestehen, und in heterogene Membranen unterteilt, welch letztere aus einem Ionenaustauscherharz und inertem Bindematerial bestehen, das der Membran zusätzlich mechanische Festigkeit und Elastizität verleiht.

Da der Hauptbestandteil einer Ionenaustauschermembran, der auch die elektrochemische Aktivität derselben hervorruft, das synthetische Ionenaustauscherharz ist, soll vor der Betrachtung der in den Membranen auftretenden Erscheinungen zunächst auf die Eigenschaften der Ionenaustauscherharze eingegangen werden. Ohne Anspruch auf eine vollständige Darstellung der verschiedenen Fragen im Zusammenhang mit dem Ionenaustausch zu erheben, wollen wir sie nur in dem Maße berühren, wie dies für die nachfolgende Betrachtung der Ionenaustauschermembranen notwendig ist.

Synthetische ionenaustauschende Harze (Ionenaustauscher, Ionite) stellen unlösliche hochmolekulare organische Verbindungen dar, die ionogene, zur Ionenaustauschreaktion befähigte Gruppen enthalten.

Das Makromolekül des Ionenaustauscherharzes besteht aus eng miteinander verschlungenen Fäden polymerer Moleküle, deren Kohlenwasserstoffketten Brückenquerverbindungen aufweisen und so eine vernetzte Struktur, die sogenannte Matrix des Harzes, bilden. Die Matrix enthält unbewegliche, fest verankerte geladene Gruppen, die als fixierte Ionen oder Festionen bezeichnet werden. Ihre Art wird durch die bei der Synthese des Harzes gewählte Komponente bestimmt. Die Ladung der Festionen wird durch bewegliche, zum Austausch befähigte Ionen entgegengesetzten Ladungsvorzeichens, die sogenannten Gegenionen, kompensiert. Je größer die Zahl der fixierten Ladungen im Harz ist, um so größer ist auch der Gehalt an Gegenionen und um so höher die Austauschkapazität des Ionenaustauschers. Die Art der Gegenionen wird durch die das Harz umgebende Phase (Elektrolyt) bestimmt.

Zur besseren Anschaulichkeit ist in der Abb. 1 die Struktur eines Ionenaustauscherharzes schematisch dargestellt.

3.2. Eigenschaften von Ionenaustauscherharzen

Im allgemeinen werden die Harze granuliert und in Kornform eingesetzt oder feingemahlenen mit einem Durchmesser von 0,3 bis 2,0 mm hergestellt und verwendet Es sollen daher die Wechselbeziehungen des Systems „Ionenaustauscherkorn — Elektrolytlösung“ betrachtet werden. Als „Elektrolytlösung“ soll hierbei die das Korn umgebende wäßrige Phase verstanden sein.

Wie bereits gesagt wurde, sind die Ionenaustauscherharze unter gewöhnlichen Bedingungen unlöslich. Sie können jedoch Lösungsmittel (im allgemeinen Wasser) adsorbieren und dabei quellen, wobei sich ihr Volumen stark, unter Umständen auf ein Mehrfaches, vergrößern kann. Dabei tritt schließlich ein Gleichgewichtszustand ein.

Der Grund für diesen Quellungsvorgang ist die Anwesenheit hydrophiler ionogener Gruppen im Ionenaustauschharz, während das Vorhandensein einer „vernetzten“ Struktur (Querverbindungen im Makromolekül) die Quellung begrenzt und damit eine Auflösung des Ionenaustauschharzes verhindert. Diese Querverbindungen haben eine bestimmte Elastizität und können sich dehnen, jedoch nur bis zu einer bestimmten Grenze. Außerdem werden bei der Quellung die verknäuelten Ketten der Polymeren-Moleküle, aus denen die Matrix des Ionenaustauscherharzes gebildet wird, ausgerichtet. Das führt zur Vergrößerung des Volumens des Ionenaustauschers bei der Quellung.

Die Quellfähigkeit der Ionenaustauscherharze hängt eng mit dem „Vernetzungsgrad“, d. h. der Zahl der Querverbindungen zwischen den Ketten im Harz, zusammen. Je höher die Zahl der Querverbindungen ist, umso dichter ist die Matrix des Harzes, und um so geringer seine Quellfähigkeit.

Die Erscheinung der Quellung von Ionenaustauscherharzen wurde von Bauman [1], Trostjanskaja [2], Senjavin [3] und anderen sowie ganz besonders intensiv von Helfferich [4] untersucht.

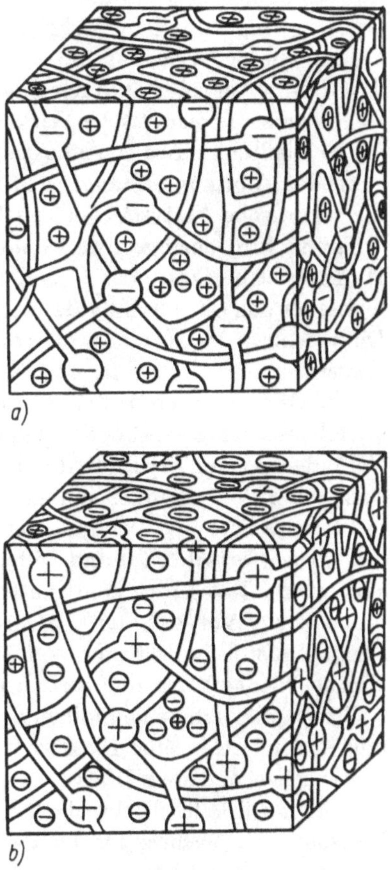

Abb. 1. Modelle (schematisch)
a — Kationenaustauscher
b — Anionenaustauscher

Zur besseren Anschaulichkeit wird bisweilen die Vorstellung verwendet, daß das Ionenaustauscherharz ein konzentrierter, fester Elektrolyt ist, der sich zu verdünnen sucht, d. h. daß das System „Ionenaustauscherkorn – umgebende Elektrolytlösung" einem Gleichgewichtszustand zustrebt. Hochkapazitive Ionenaustauscherharze quellen stärker als solche mit niedriger Kapazität, da die Konzentration an fixierten Ladungen bei den ersteren höher und das Verdünnungsbestreben demzufolge stärker ausgeprägt ist. PROCTER und WILSON [5] konnten zeigen, daß die Quellung eines Ionenaustauscherharzes in einem Lösungsmittel so lange vor sich geht, bis die Differenz der osmotischen Drucke der inneren und der äußeren Lösung mit der Spannkraft des vernetzten Gitterwerkes der Matrix im Gleichgewicht steht. Die Quellung hängt weiterhin von den Eigenschaften der Gegenionen sowie ihrer Wertigkeit ab. Je höher die Wertigkeit der Gegenionen ist, desto geringer ist ihre Zahl im Innern des Harzes und entsprechend geringer die osmotische Druckdifferenz, die ja der Zahl der Teilchen proportional ist. Um so geringer ist demzufolge auch die Quellung des Ionenaustauscherharzes.

Eine analoge Wirkung auf die Quellung zeigt die Bildung von „Ionenpaaren", d. h. einfacher Verbindungen von Festionen und Gegenionen, wodurch das Gegenion seine osmotische Wirksamkeit verliert.

Die Quellung eines Ionenaustauschers ist auch von der Konzentration der umgebenden Lösung abhängig. Mit Erhöhung der Elektrolytkonzentration fällt die osmotische Aktivität der Teilchen im Ionenaustauscher, die osmotische Druckdifferenz wird geringer, und demzufolge verringert sich auch die Quellung. Der Hydratisierungsgrad des Gegenions nimmt ebenfalls Einfluß auf die Quellung: je stärker das Gegenion hydratisiert ist, um so stärker quillt der Ionenaustauscher. Die Quellung der Harze ist ein reversibler Prozeß. Die Quellung und Kompression (Entwässerung) spielt in der Kinetik des Ionenaustauschprozesses eine große Rolle. Offensichtlich treten bei der Quellung Diffusionsprozesse von Lösungsmittel ins Innere des Ionenaustauscherkornes auf, wobei dieser Prozeß von einer Veränderung der Struktur des Ionenaustauschers und gleichzeitig von einer Zunahme der Beweglichkeit der Lösungsmittelmoleküle begleitet wird. Beim Quellen des Kornes tritt eine Dehnung der Matrix ein, die von der Oberfläche zum Zentrum des Kornes fortschreitet und Differenzen im Quellungsgrad der einzelnen Schichten hervorruft. Das führt zum Auftreten mechanischer Spannungen im Korn. Der umgekehrte Vorgang tritt dann auf, wenn die Diffusionsgeschwindigkeit des Lösungsmittels in Richtung vom Zentrum des Kornes zur Oberfläche hin abnimmt. Hierbei ist das Korn nur verhältnismäßig geringen Spannungen ausgesetzt.

Wenn man einen gequollenen Ionenaustauscher nicht in ein reines Lösungsmittel, sondern in eine Elektrolytlösung eintaucht, so kann zwischen dem Ionenaustauscher und dem Elektrolyten ein Ionenaustausch vor sich gehen. Im allgemeinen wird die Elektrolytlösung durch eine Kolonne gegeben, die mit dem Ionenaustauscherharz gefüllt ist, und dabei werden die beweglichen Gegenionen des Ionenaustauschers durch Gegenionen aus der Elektrolytlösung ersetzt, während erstere in die Lösung übergehen. Wenn man sich den Ionenaustauscher als eine feste Elektrolytlösung vorstellt, so kann dieser Prozeß als wechselseitige Umsetzung zweier Elektrolyte aufgefaßt werden, kompliziert dadurch, daß einer dieser Elektrolyte ein unbewegliches Ion (Kation oder Anion) enthält, während seine Gegenionen sich unter der Einwirkung der elektrostatischen Anziehungskraft der fixierten Ladungen befinden.

Man kann den Ionenaustauschprozeß in fünf Stufen unterteilen:

1. Diffusion der Ionen der Elektrolytlösung an die Oberfläche des Austauscherkorns;
2. Diffusion ins Innere des Kornes zum Ort des Ionenaustausches;
3. der Ionenaustausch selbst;
4. Diffusion der verdrängten Gegenionen im Innern des Kornes zur Oberfläche;
5. Diffusion der Gegenionen von der Oberfläche des Kornes in die Elektrolytlösung.

In einem vergleichbaren heterogenen System verläuft der Ionenaustauschprozeß nicht augenblicklich. Das wird durch die Rolle der Diffusion hervorgerufen, weil gerade die Diffusion der geschwindigkeitsbestimmende Schritt des Prozesses ist. Man muß hierbei die innere Diffusion (Bewegung der Ionen im Austauscherkorn) und die äußere Diffusion (Bewegung der Ionen in der Elektrolytlösung) unterscheiden.

In der Elektrolytlösung wird die Bewegung der Ionen in der Hauptsache durch den Konzentrationsgradienten und die Ionenbeweglichkeit bestimmt, während im Innern des Korns die Diffusion der Ionen außerdem auch von der Natur des Ions und von der Struktur und Form des Austauschers beeinflußt wird. Mit Verringerung der Korngröße des Austauschers wächst die Diffusionsgeschwindigkeit. Zur quantitativen Auswertung der Diffusion ist es günstig, den Diffusionskoeffizienten zu verwenden. Im Harzkorn hängt die Größe des Diffusionskoeffizienten eines Ions im wesentlichen von seiner Ladung ab. Je größer die Ladung ist, um so niedriger ist der Diffusionskoeffizient, was mit der Wirkung des elektrostatischen Feldes im Innern des Harzes in Zusammenhang steht. Weiterhin nehmen die Kapazität des Ionenaustauschers und sein Vernetzungsgrad Einfluß auf die Größe des inneren Diffusionskoeffizienten. Mit Zunahme der Kapazität wächst auch der Diffusionskoeffizient, während mit Erhöhung des Vernetzungsgrades der Diffusionskoeffizient kleiner wird.

Der Diffusionsprozeß der Ionen wird in diesem Falle wesentlich erschwert, da bei Erhöhung des Vernetzungsgrades die Krümmungen der Poren zunehmen und gleichzeitig die Porenradien*) im Austauscher verkleinert werden.

Eine Reihe von Forschern untersuchte die relative Bedeutung der inneren und äußeren Diffusion für den Ionenaustausch. Boyd, Adamson und Mayers [6] konnten zeigen, daß in Lösungen mit einer Konzentration von 0,1 m und höher die Geschwindigkeit des Ionenaustausches von der inneren Diffusion bestimmt wird, während bei Konzentrationen von 0,001 m und niedriger die äußere Diffusion geschwindigkeitsbestimmend wird. Im Konzentrationsbereich von 0,1 bis

*) Unter Poren versteht man in einem Ionenaustauscher die zwischen den miteinander verwickelten polymeren Ketten des Harzes gebildeten Hohlräume, in denen sich die Ionen bewegen.

0,001 m ist die Geschwindigkeit des Ionenaustausches sowohl von der inneren wie auch von der äußeren Diffusion abhängig.

Wir haben gesehen, von welchen Kräften die Diffusion der Ionen im System „Austauscherkorn-Elektrolytlösung" beeinflußt wird. Die Gegenionen liegen im Austauscherkorn in hoher Konzentration vor und haben demzufolge das Bestreben, in die Elektrolytlösung hinauszudiffundieren. Das würde jedoch die Elektroneutralität des Systems stören, der Austauscher lädt sich auf, und die elektrostatische Anziehung der fixierten Ladungen kompensiert den Diffusionsstrom der Gegenionen. Gleichzeitig diffundieren Gegenionen aus der Lösung in das Innere des Austauschers, wodurch die Ladung des Austauschers herabgesetzt und demzufolge einer entsprechenden Menge von Gegenionen Gelegenheit gegeben wird, aus dem Austauscher in die Lösung überzutreten. Die Koionen*) werden von dem geladenen Austauscher abgestoßen und können daher nur in Begleitung von ihre Ladung kompensierenden Gegenionen in den Austauscher eintreten (Abb. 2). Der Übergang von Gegenionen in die Lösung ergibt eine elektrostatische Ladung entgegengesetzten Vorzeichens im Ionenaustauscher und führt demzufolge zum Auftreten einer elektrischen Raumladung in der Elektrolytlösung. Auf diese Weise wirken auf die Ionen im System auf der einen Seite der durch die Diffusion hervorgerufene Konzentrationsgradient und auf der anderen Seite die elektrostatischen Kräfte, die der Diffusion der Ionen entgegenwirken.

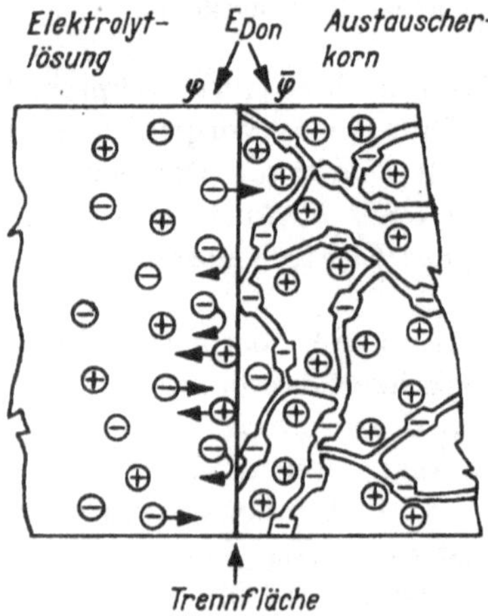

Abb. 2. Gleichgewicht an der Phasengrenze Austauscherkorn — Elektrolytlösung (schematisch)
$E_{Don} = \bar{\varphi} - \varphi$

Das Ergebnis ist, daß sich an der Phasengrenze der Kornoberfläche und der Elektrolytlösung ein Gleichgewicht einstellt, bei welchem für jede bewegliche Ionenart die Wirkung des elektrischen Feldes der des Diffusionsstromes gleich ist. Man kann diese Tatsache als das Gleichgewicht eines Systems von zwei ionischen Lösungen darstellen, die durch eine semipermeable Membran getrennt sind, d. h. durch eine Membran, die für die eine Ionenart nicht durchlässig ist (in unserem System für die Festionen). Als Membran nimmt man in diesem Falle die Oberfläche des Austauschers an. Dieses Gleichgewicht der durch die für eine der Ionenarten undurchlässige Membran getrennten Lösungen wurde erstmals von Donnan untersucht, während Teorell [7] im Jahre 1935 als erster diese Darstellung auf Ionenaustauschermembranen übertrug. Für das System „Elektrolyt — Ionenaustauschkorn" wurde diese Vorstellung erstmals von Bauman [1] verwendet. Donnan konnte zeigen, daß für den Fall, daß die Elektrolytlösungen

*) Ionen, die den gleichen Ladungssinn wie die Festionen des Austauschers aufweisen.

durch eine Membran getrennt sind und eine Ionenart vorhanden ist, die nicht durch die Membran hindurchtreten kann, die Konzentrationen der Elektrolytlösungen auf beiden Seiten der Membran niemals gleich sein können. Die Potentialdifferenz an der Phasengrenze der Kornoberfläche und der Elektrolytlösung wird als DONNAN-Potential bezeichnet.

Das DONNAN-Potential gleicht das Diffusionsbestreben der Gegenionen aus und hat einen um so höheren Wert, je größer der Konzentrationsunterschied der Gegenionen im Austauscher und in der Lösung ist. Die absolute Größe des Potentials wächst demnach mit Verringerung der molaren Konzentration in der Lösung und mit Erhöhung der molaren Konzentration der im Austauscher fixierten Ladungen. Das DONNAN-Potential hält nicht nur die beweglichen Gegenionen im Austauscher zurück, sondern behindert auch das Eintreten der Koionen in den Austauscher. Die Größe des auf das Ion einwirkenden elektrischen Feldes ist der Wertigkeit des Ions proportional. Je höher die Wertigkeit des Gegenions, um so geringer ist die elektrische Potentialdifferenz, die das Diffusionsbestreben des Gegenions kompensiert. Auf der anderen Seite behindert das DONNAN-Potential das Eintreten der Koionen in den Austauscher um so stärker, je höher die Wertigkeit der Koionen ist.

Quantitativ läßt sich das DONNAN-Potential durch folgende Gleichung ausdrücken:

$$E_{Don} \equiv \bar{\varphi} - \varphi = \frac{1}{z_i F} \left(RT \ln \frac{a_i}{\bar{a}_i} - \pi v_i \right) \tag{1}$$

Dabei bedeutet

$(\bar{\varphi} - \varphi)$ = Differenz der elektrischen Potentiale in Austauscher- und Lösungsphase,
z_i = Wertigkeit des Ions,
F = FARADAYsche Zahl,
R = Gaskonstante,
T = absolute Temperatur,
a_i und $\bar{a}_i$ = Ionenaktivität in Austauscher- und Lösungsphase,
π = Quellungsdruck,
v_i = partielles Molvolumen.

Im allgemeinen kann das Glied $\pi \cdot v_i$, welches einen Ausdruck für den Quellungsdruck darstellt, vernachlässigt werden, da es um mehrere Zehnerpotenzen kleiner als der erste Ausdruck in der Klammer ist.

Aus der angeführten Gleichung (1) läßt sich ersehen, daß eine starke Affinität des Ionenaustauschers zu den Gegenionen (d. h. die Verringerung der Größe $\bar{a}_i$, die im allgemeinen bedeutend größer als a_i ist) die Größe des DONNAN-Potentials herabsetzt, da der Zahlenwert von $\frac{a_i}{\bar{a}_i}$ gegen 1 geht. Eine hohe Affinität des Austauschers zu den Koionen führt demgegenüber bei gleicher Größe des Potentials zum Eindringen der Koionen in die Austauscherphase. Bei hoher Affinität der Ankerionen zu den Gegenionen tritt Bildung einfacher „Ionenpaare" oder Assoziation des fixierten Ions mit dem Gegenion ein.

Es sei hier darauf hingewiesen, daß das DONNAN-Potential als eine elektrische Potentialdifferenz lediglich geladene Teilchen wie beispielsweise die Ionen eines Elektrolyten beeinflussen kann, während sich Nichtelektrolyte zwischen Ionenaustauscher und Lösung auf Grund der freien Diffusion verteilen.

Zum Abschluß der Beschreibung der in Ionenaustauscherharzen auftretenden Erscheinungen soll auf ihre Eigenschaften beim Anlegen eines elektrischen Feldes von außen her eingegangen werden. Wenn man das Ionenaustauscherharz in eine Elektrolytlösung zwischen perforierten Elektroden einbringt und einen elektrischen Strom hindurchleitet, kann man einen Austausch der im Ionenaustauscher befindlichen beweglichen Gegenionen gegen die Gegenionen aus der Elektrolytlösung feststellen, d. h. auf diese Weise kann man das Austauscherharz mit einem beliebigen Gegenion beladen. Diese Erscheinung ist bis zu einem gewissen Grade dem gewöhnlichen Ionenaustausch ähnlich, wie er in einer mit einem Ionenaustauscher beladenen Kolonne beim Durchlauf einer Elektrolytlösung vor sich geht. In beiden Fällen haben wir es mit einem Ionenstrom zu tun, nur sind die bewegenden Kräfte andere, und die im letzteren Falle interessierende Kraft ist der elektrische Strom.

Um das Verhalten eines Ionenaustauscherharzes unter diesen Bedingungen besser beschreiben zu können, soll der Mechanismus der elektrischen Leitfähigkeit in gequollenen Ionenaustauscherharzen näher erklärt werden. In der Abb. 3 sind drei Fälle der Bewegung von Ionen im elektrischen Feld dargestellt.

Im ersten Fall (Abb. 3a) befinden sich die solvatisierten Ionen in der freien Lösung, und bei der Gegeneinanderbewegung der Ionen entgegengesetzten Vorzeichens entreißen sie einander freies Lösungsmittel, wobei entgegengesetzte Ströme desselben entstehen, die die Geschwindigkeit der Ionen und damit die elektrische Leitfähigkeit herabsetzen.

Im zweiten Falle (Abb. 3b) befinden sich die solvatisierten Ionen in den Poren eines Austauschers, wobei der Porenradius in der gleichen Größenordnung wie der Ionenradius liegt. Hier stellen die negativ geladenen Ionen fixierte Ladungen dar, und der Stromtransport erfolgt durch die Gegenionen, die bei ihrer Bewegung ebenfalls freies Lösungsmittel mit sich führen. Da die Bewegung einseitig ist, verstärkt der Lösungsmittelstrom die Geschwindigkeit der Gegenionen, d. h. die Gesamtgeschwindigkeit der Ionen setzt sich aus ihrer Eigengeschwindigkeit und der Geschwindigkeit des Lösungsmittelstromes zusammen: die elektrische Leitfähigkeit steigt. Die Koionen, die in den Austauscherporen nur in äußerst geringen Konzentrationen vorkommen, können die Bewegung des Lösungsmittelstromes nicht beeinflussen.

Im dritten Falle (Abb. 3c) ist der Porendurchmesser sehr groß im Vergleich zu den Durchmessern der in den Poren befindlichen solvatisierten Ionen. Daher ist dieser Fall komplizierter. In der Nähe der Porenwände reißen die solvatisierten Gegenionen, die sich unter der Wirkung des elektrischen Feldes bewegen, freies Lösungsmittel mit sich. Je näher man dem Porenzentrum kommt, desto geringer sind die Kräfte der elektrischen Abstoßung der Koionen durch die fixierten Ladungen, desto weiter dringen die Koionen in die Austauscherporen ein, und

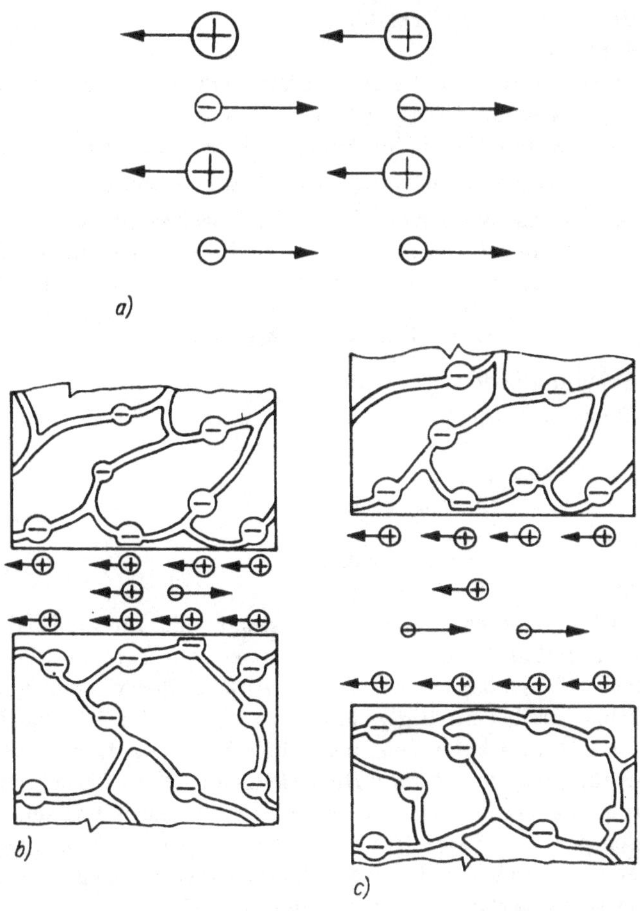

Abb. 3. Bewegung der Ionen

a — in der Elektrolytlösung *b* — in kleinen Poren *c* — in großen Poren

desto ähnlicher wird die Bewegung der Ionen der im freien Lösungsmittel. Offensichtlich tritt hierbei kein einheitlicher Lösungsmittelstrom auf, sondern es existieren — wie im ersten Falle — zwei entgegengesetzte Ströme. Man kann annehmen, daß die Konvektions-Leitfähigkeit in diesem Falle „oberflächlich", also nur in der Nähe der Porenwände des Austauschers, auftritt.

Aus den betrachteten drei Varianten kann die Schlußfolgerung gezogen werden, daß der elektrische Strom in Ionentauscherharzen hauptsächlich durch die Gegenionen übertragen wird. Die Konvektionskomponente der elektrischen Leitfähigkeit nimmt für Ionenaustauscher mit hoher Festionenkonzentration (und demzufolge auch hoher Konzentration an Gegenionen), aber auch im Gleichgewicht des Ionenaustauschers mit verdünnten Elektrolytlösungen hohe Werte an, da hierbei die Koionenkonzentration im Austauscher gering ist. Die Konvektionskomponente der elektrischen Leitfähigkeit wurde in den Arbeiten von SCHMID [8] eingehend untersucht.

Die ionische Natur der elektrischen Leitfähigkeit in Ionenaustauschern gilt gegenwärtig als bewiesen. Offensichtlich setzt sich die Gesamtgröße des Ionenstromes in einem Austauscher beim Anlegen eines elektrischen Feldes zusammen aus der Größe des Gegenionenstromes relativ zum Lösungsmittel $(\vec{\Phi}_i)_{el}$ und der Größe des Konvektionstransportes $(\vec{\Phi}_i)_{konv}$ des Lösungsmittels.

Der Gesamtstrom, der durch das elektrische Feld relativ zur Matrix des Ionenaustauscherharzes entsteht, kann durch folgende Gleichung ausgedrückt werden:

$$\vec{\Phi}_i = (\vec{\Phi}_i)_{el} + (\vec{\Phi}_i)_{konv} = -z_i C_i u_i \operatorname{grad} \varphi + C_i \vec{v}. \tag{2}$$

In dieser Gleichung bedeuten

$(\vec{\varphi}_i)_{el}$ $= -z_i C_i u_i \operatorname{grad} \varphi$,
$(\vec{\varphi}_i)_{konv}$ $= C_i \vec{v}$,
z_i = Ladung der Ionen,
C_i = Konzentration der Ionen,
u_i = Ionenbeweglichkeit,
$\operatorname{grad} \varphi$ = Gradient des elektrischen Potentials,
$\vec{v}$ = Lösungsmittelvolumen.

Die Ionenleitfähigkeit im Austauscher steigt mit Zunahme der Festionenkonzentration und damit auch der Gegenionenkonzentration, sowie weiterhin mit der Zunahme der Konzentration der den Austauscher umgebenden Elektrolytlösung. Außerdem ist bei niedrigen Konzentrationen der Lösung die elektrische Leitfähigkeit des Harzes höher und bei hohen Konzentrationen niedriger als die elektrische Leitfähigkeit der Lösung. Die elektrische Leitfähigkeit wächst weiterhin mit Verringerung des Vernetzungsgrades der Austauschermatrix und mit Erhöhung der Versuchstemperatur. Besonders hoch ist der Wert der elektrischen Leitfähigkeit, wenn der Austauscher mit beweglichen einwertigen Gegenionen beladen ist.

Alles Obengesagte bedarf keiner weiteren Beweise, da die Abhängigkeit der elektrischen Leitfähigkeit von den angeführten Faktoren eine Folge des ionischen Charakters der elektrischen Leitfähigkeit selbst ist.

3.3. Eigenschaften von Ionenaustauschermembranen

Die Betrachtung der charakteristischen Besonderheiten der Membranen gegenüber den Ionenaustauschern soll für den Fall der idealen homogenen Ionenaustauschermembran durchgeführt werden.

Diese soll eine hohe Einheitlichkeit der Eigenschaften an allen Punkten der Membran aufweisen und zwei Elektrolytlösungen trennen. Die Quellung der Ionenaustauschermembran wird durch die Eigenschaften des Ionenaustauscherharzes als der Haupt- und bestimmenden Komponente der Membran bedingt. Damit handelt es sich hier um die gleichen zwei Komponenten des Systems „Ionenaustauscherharz — Elektrolytlösung", so daß alles über die Quellung von

Harzen Gesagte in diesem Falle Gültigkeit behält. Es muß jedoch darauf hingewiesen werden, daß die Quellung homogener Membranen etwas langsamer vor sich geht, da bei Ionenaustauscherharzen der Dispersitätsgrad bedeutend höher liegt und damit der Zutritt des Lösungsmittels erleichtert wird. Mit Verringerung der Membrandicke wird jedoch ihre Quellkinetik der eines Ionenaustauschers immer ähnlicher.

Bei den heterogenen Membranen tritt eine vollkommene Analogie zum Quellungsbild eines Ionenaustauscherharzes nicht auf, da in der Membran noch ein inertes Bindematerial vorhanden ist. Die Mikrostruktur einer heterogenen Membran besteht aus einzelnen Körnern des Ionenaustauscherharzes und dem inerten Bindemittel. Bei genügend hohem Füllungsgrad, guter Feinmahlung und Durchmischung des Ionenaustauscherharzes und des Bindemittels sowie bei genügend hohem Preßdruck während der Herstellung der Membran haben die Ionenaustauscherkörner miteinander Kontakt.

Da das inerte Bindematerial nicht quellfähig ist, muß man annehmen, daß das für das Ionenaustauscherharz betrachtete System „Ionenaustauscherkorn — Elektrolytlösung" auch unter den Bedingungen einer heterogenen Membran auftritt, wenn man folgende Besonderheiten in Rechnung stellt:

a) das inerte Bindematerial in der Membran kann die Quellfähigkeit der mit ihm in Berührung stehenden Ionenaustauscherkörner mechanisch begrenzen, sowie den Zutritt des Lösungsmittels zu diesen Körnern teilweise einschränken.
b) bei der Herstellung der Ionenaustauschermembranen sind feinstgemahlene Ionenaustauscherharze zu verwenden, um möglichst einheitliche Membranen zu erzielen. Eine hohe Dispersität des Ionenaustauschermaterials in der heterogenen Membran erleichtert die Diffusion des Lösungsmittels.

Wenn man diese Einschränkungen für die heterogene Membran annimmt, läßt sich der Quellungsmechanismus jedes einzelnen Ionenaustauscherkornes analog dem oben bereits Beschriebenen annehmen.

Offensichtlich hängt die Größe der Quellung heterogener Membranen in erster Linie von ihrem Prozentgehalt an Ionenaustauscherharz ab. Im übrigen wird die Quellung einer heterogenen Membran von den gleichen Faktoren wie die von Ionenaustauschermaterial beeinflußt.

Im Gegensatz zu den Ionenaustauscherharzen ist der Ionenaustauschprozeß bei den Ionenaustauschermembranen nicht der hauptsächliche Arbeitsvorgang, sondern lediglich einer der Schritte beim Transportprozeß der Ionen innerhalb des elektrischen Feldes durch die Membran hindurch. Jedoch nehmen in diesem Falle auf den Ionentransport die gleichen Faktoren Einfluß wie auch auf den Ionenaustausch in Harzen. Betrachten wir nun den Diffusionsmechanismus in einer Membran!

Man muß unterscheiden zwischen der Diffusion von Elektrolyten und Nichtelektrolyten durch die Membran. Ein Nichtelektrolyt kann — wie auch im Falle der Ionenaustauscherharze — frei durch die Membran diffundieren. Jedoch ist die Durchlässigkeit einer Membran und damit auch die durch die Membran diffundierende Lösungsmittelmenge sehr gering.

Betrachten wir nun die Diffusion eines Elektrolyten im System

„Elektrolytlösung – Membran – Elektrolytlösung".

Zur Vereinfachung nehmen wir an, daß die Elektrolytlösungen auf beiden Seiten der Membran das gleiche einwertige Kation A und Anion Y enthalten:

$$A\,Y(c_1)\;/\;Membran\;/\;A\,Y(c_2)$$

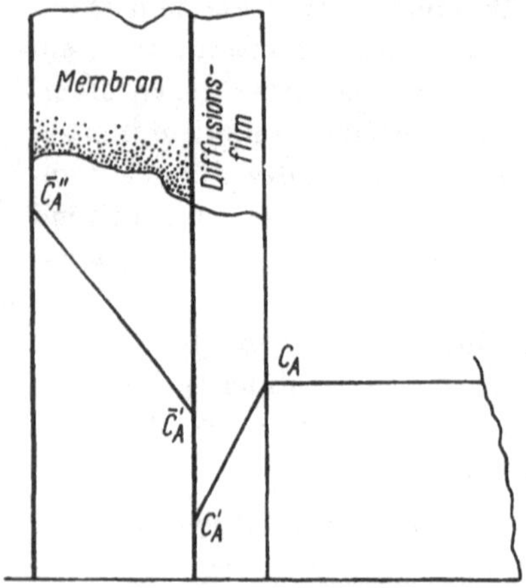

Abb. 4. Schema der Diffusion in einem Flüssigkeitsfilm

C_A – Gegenionenkonzentration in der Lösung

C'_A – Gegenionenkonzentration im Diffusionsfilm

$\bar{C}'_A, \bar{C}''_A$ Gegenionenkonzentration in der Membran

(beispielsweise NaCl-Lösungen), und daß die Ionenaustauschermembran homogen ist. Der Einfluß der Konvektion wird bei der Betrachtung vernachlässigt.

Wenn die Konzentration der Lösungen auf beiden Seiten der Membran gleich ist, d. h. $c_1 = c_2$, so geht im System lediglich der Prozeß der Selbstdiffusion vor sich. Im Innern der Membran ist die Gegenionenkonzentration hoch, daher erreicht der Selbstdiffusionsstrom der Gegenionen ebenfalls bedeutende Werte. Demgegenüber ist die Koionenkonzentration und infolgedessen auch der Selbstdiffusionsstrom der Koionen im Membraninnern gering.

Unter gewöhnlichen Bedingungen muß man für das gegebene System bei $c_1 \neq c_2$, wie auch im bereits beschriebenen Fall für das System „Elektrolytlösung — Austauscherkorn", eine äußere und eine innere Diffusion unterscheiden. Die äußere Diffusion geht in der Elektrolytlösung beiderseits der Membran in einem diffusen Film vor sich, die innere Diffusion im Innern der Membran selbst. Auch in diesem System ist offensichtlich in Abhängigkeit von den äußeren Bedingungen die innere oder die äußere Diffusion der geschwindigkeitsbestimmende Schritt des Ionentransportes. Da man sich die Membran in Form eines gequollenen Gels vorstellen kann, lassen sich die Gesetze der chemischen Kinetik in Gelen auf die Diffusion in einer Membran anwenden.

Für die Diffusion in der Elektrolytlösung ist die Diffusionskinetik in einem Flüssigkeitsfilm charakteristisch.

Die äußere Diffusion ist dann der geschwindigkeitsbestimmende Schritt, wenn der Diffusionskoeffizient in der Membran groß, der Flüssigkeitsfilm dick und die Durchmischung in der flüssigen Phase schlecht ist. Mit Vergrößerung der Kapazität der Membran und mit Verdünnung der Elektrolytlösung nimmt die Bedeutung der äußeren Diffusion zu. Dieser Fall ist graphisch in der Abb. 4 dargestellt. Eine Membran mit hoher Festionenkonzentration schließt die Diffusion des Elektrolyten aus der verdünnten Lösung in die Membran praktisch aus. Im allgemeinen ist jedoch die innere Diffusion der geschwindigkeitsbestimmende Schritt des Prozesses, die für den Fall einer homogenen Membran von den gleichen Faktoren wie in einem Austauscherkorn abhängig ist. Wie bereits erwähnt wurde, tritt an der Phasengrenze Membran – Elektrolytlösung ein Potentialsprung auf, der durch die elektrostatische Ladung der Festionen in der Membran hervorgerufen wird. Diese Potentialdifferenz gleicht das Bestreben der Gegenionen der Membran zur Diffusion in die Elektrolytlösung aus, d. h. ist von gleicher Art wie der Potentialsprung an der Grenze der Oberfläche eines Austauscherkornes und der Elektrolytlösung.

In dem System

$$AY(c_1) \,/\, Membran \,/\, AY(c_2)$$

tritt an jeder Phasengrenze auf beiden Seiten der Membran eine DONNANsche Potentialdifferenz auf, für die Gleichung (1) Gültigkeit hat (s. Abb. 5).

Den Quellungsdruck kann man in diesem System – ebenso wie den Quellungsdruck in Harzen – vernachlässigen, was die Berechnung des DONNAN-Potentials E_{Don} vereinfacht.

Die Größe des DONNAN-Potentials wächst mit Erhöhung der Festionenkonzentration in der Membran, mit Verringerung der Konzentration der Elektrolytlösung und mit Verringerung der chemischen Affinität zwischen der Ionenaustauschermembran und den Gegenionen.

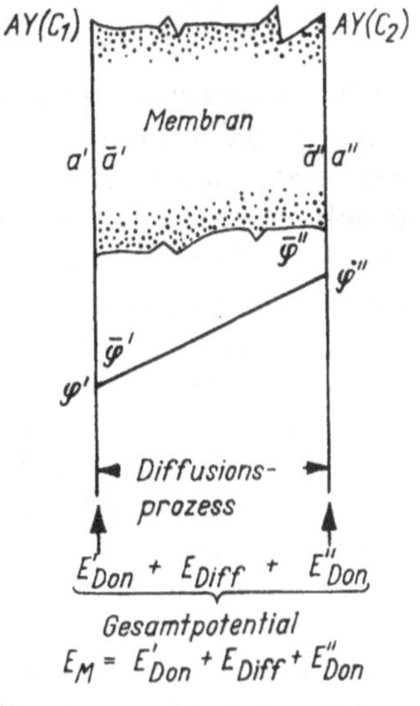

Abb. 5. Schema der Bildung des Membranpotentials
$E'_{Don} = \bar{\varphi}' - \varphi'$ $E''_{Don} = \bar{\varphi}'' - \varphi''$
$E_{Diff} = \bar{\varphi}'' - \bar{\varphi}'$

Wenn eine Ionenaustauschermembran zwei Elektrolytlösungen trennt, so unterscheidet sich die auftretende Potentialdifferenz von dem Flüssigphasen-Grenzpotential, das zwischen den gleichen Lösungen bei freier Diffusion und bei Abwesenheit einer Membran auftritt. Eine solche Potentialdifferenz zwischen zwei durch eine Membran getrennten Lösungen bezeichnet man als Membranpotential. Im Bereich der die Elektrolytlösungen trennenden Membran tritt ein Konzentrationsgradient auf, der innerhalb der Membran einen Diffusionsfluß hervorruft, also ein Diffusionspotential schafft.

Das Gesamtmembranpotential setzt sich aus dem Diffusionspotential der Membran selbst sowie aus den zwei DONNAN-Potentialen an den Phasengrenzen Membran – Lösung zusammen (Abb. 5):

$$E_{Membran} = E'_{Don} + E_{Diff} + E''_{Don}.$$

Der Ausdruck E_{Diff} läßt sich beispielsweise mit Hilfe einer Formel von HELFFERICH [4] bestimmen:

$$E_{Diff} \equiv \bar{\varphi}'' - \bar{\varphi}' = -\frac{RT}{z_A F}\left[\ln\frac{\bar{a}''_A}{\bar{a}'_A} - (z_+ - z_-)\int_{'}^{''} \bar{t}_Y \, d\ln \bar{a}_{\pm}\right] \tag{3}$$

In dieser Formel bedeuten

$z_{\pm}$ = Ladung des Gegen- bzw. Koions
$\bar{a}'_A$, $\bar{a}''_A$ = Aktivität der Gegenionen in der Membran
t_Y = Überführungszahl der Koionen Y in der Membran

Wenn die Lösungen sehr stark verdünnt sind, geht $t_Y \rightarrow 0$ und die Gleichung (3) vereinfacht sich zu

$$E_{Diff} = -\frac{RT}{z_A F} \ln \frac{\bar{a}''_A}{\bar{a}'_A}. \tag{4}$$

Die Höhe des Diffusionspotentials in einer Membran ist von der Zusammensetzung und Konzentration der Lösungen auf beiden Seiten sowie von der Natur der Membran selbst abhängig. Da das Diffusionspotential als Komponente des Membranpotentials erscheint, gelten diese Abhängigkeiten auch für das Membranpotential. Es ist bekannt, daß verschiedene Ionenaustauschermembranen, die die gleichen Lösungen trennen, verschiedene Membranpotentiale ergeben.

Das gestattet einen Vergleich der selektiven Ionendurchlässigkeit der Membranen. Offensichtlich kann man Membranen nur dann durch das Membranpotential charakterisieren, wenn die Bestimmungen mit den gleichen Konzentrationen der gleichen Elektrolytlösungen auf beiden Seiten der zu untersuchenden Membranen durchgeführt werden.

Für das System

$$AY \,/\, Membran \,/\, BY,$$

welches die verschiedenen Gegenionen A und B enthält, ist das Membranpotential ein biionisches Potential. Wenn man annimmt, daß die Koionen nicht durch die Membran treten, findet in der Membran lediglich eine gegenläufige Diffusion der Gegenionen A und B statt.

Für Ionen gleicher Ladung (beispielsweise Na^+ und K^+) ist, wenn das Verhältnis ihrer Konzentrationen in den Elektrolytlösungen konstant ist, das biionische Potential lediglich vom Verhältnis der Diffusionskoeffizienten und von der Selektivität der Membran abhängig, während die Konzentration der Gegenionen keinen Einfluß auf seinen Wert hat.

Mit der Bestimmung des Membranpotentials für zusammengesetzte Systeme mit mehreren verschiedenwertigen Gegenionen haben sich einige Autoren beschäftigt. Insbesondere hat Wyllie [9] diese Frage intensiv bearbeitet, ohne daß jedoch bislang eine annehmbare Lösung gefunden werden konnte.

Wenn an das System

„Elektrolytlösung / homogene Membran / Elektrolytlösung“

ein elektrisches Feld angelegt wird, so wird die Bewegung der Ionen in diesem System durch den Gradienten des chemischen Potentials, den des elektrischen Potentials sowie durch Konvektion hervorgerufen. Der Gesamtteilchenfluß durch die Membran setzt sich aus den durch die Wirkung dieser Kräfte hervorgerufenen Teilflüssen zusammen. Dabei kann ein Fluß in Richtung der inneren Potentialdifferenz nur dann auftreten, wenn das angelegte elektrische Potential größer als das ihm entgegenwirkende Membranpotential ist.

Die weiter oben angeführte Erklärung für das Auftreten einer elektrischen Leitfähigkeit im System Austauscherkorn — Elektrolytlösung trifft offensichtlich auch für das gegebene System mit einer homogenen Membran zu. Die elektrische Leitfähigkeit einer Ionenaustauschermembran ist ebenso wie die eines Austauscherharzes ionischer Natur und wird hauptsächlich durch die Bewegung der Gegenionen bestimmt. Der elektrische Stromtransport in der Membran wird auf Grund der Bewegung von Ionen gleichen Vorzeichens, und zwar vornehmlich der Gegenionen, bewirkt. Diese Eigenschaft der Membran macht sie elektrochemisch aktiv.

Die elektrische Leitfähigkeit einer Membran ist von ihrer Festionenkonzentration, d. h. von ihrer Austauschkapazität abhängig. Weiterhin nehmen die Wechselwirkungen zwischen den fixierten Ladungen und den Gegenionen, die zuweilen zur „Ionenpaarbildung“ führen (feste Bindung der Gegenionen, so daß die Zahl der beweglichen Gegenionen in der Membran verringert wird), Einfluß auf die elektrische Leitfähigkeit der Membran.

Bei niedriger Elektrolytkonzentration ist die elektrische Leitfähigkeit der Membran von der Konzentration der Lösung unabhängig. Die minimale elektrische Leitfähigkeit der Membran ist gleich der Leitfähigkeit, die man im Moment des Eintauchens der Membran in destilliertes Wasser mißt. Wenn die Membran sich im Gleichgewicht mit konzentrierten Elektrolytlösungen befindet, erhöht sich ihre elektrische Leitfähigkeit. Das ist darauf zurückzuführen, daß sich bei hohen Konzentrationen auch Koionen und eine diesen äquivalente Menge Gegenionen in der Membran befinden, da die Koionen allein die elektrostatische Abstoßung der Festionen nicht überwinden können. Wie bereits erläutert, wird die Menge des in der Membran auftretenden Elektrolyten durch die Bedingungen des DONNAN-Gleichgewichtes an der Phasengrenze Membran — Elektrolytlösung bestimmt. Durch die Beteiligung der Koionen am Stromtransport durch die Membran wird jedoch die selektive Ionendurchlässigkeit der Membran herabgesetzt. Die Beweglichkeit der Ionen und demzufolge die elektrische Leitfähigkeit der Membranen ist von der Wertigkeit der Gegen- und Koionen abhängig.

Die Konvektionskomponente der elektrischen Leitfähigkeit ermöglicht den Transport von Lösungsmittel (im allgemeinen Wasser) durch die Membran, wodurch die selektive Ionendurchlässigkeit der Membran ebenfalls verschlechtert wird. Die sich durch die Membran bewegenden Gegenionen besitzen eine Solvathülle und transportieren demzufolge ebenfalls Lösungsmittel durch die Membran. Die osmotische Druckdifferenz auf beiden Seiten der Membran kann außerdem einen osmotischen Fluß durch die Membran hervorrufen, der jedoch im allgemeinen gering ist.

Gehen wir nun zur Betrachtung der elektrischen Leitfähigkeit heterogener Ionenaustauschermembranen über! Zunächst muß darauf hingewiesen werden, daß die Bewegung der Ionen in einer heterogenen Membran im Innern der Harzpartikel vor sich geht, die in dem inerten Bindematerial verteilt sind. Wenn in der

Membran Zwischenräume und Kanäle zwischen den Harzteilchen und dem Bindematerial auftreten, können sich die Ionen außerdem in diesen Kanälen wie in gewöhnlichen inerten Poren bewegen. Als Vorbedingung für die Ionenbewegung in der Membran muß bei der Herstellung der Membranen jedoch die Bildung ununterbrochener Harz-,,Brücken" gewährleistet sein, d. h. die Ionenaustauscherteilchen müssen in der Membran miteinander Kontakt haben. Wenn diese Bedingung in einer heterogenen Membran beachtet wird, so gelten die grundlegenden Abhängigkeiten, die die elektrische Leitfähigkeit einer homogenen Membran bestimmen, auch für den Fall der heterogenen Membran.

3.4. Kurze Charakteristik der Methoden zur quantitativen Berechnung der Parameter von Ionenaustauschermembranen

Zur quantitativen Berechnung der Parameter von Ionenaustauschermembranen gibt es Methoden, die von allgemeinen thermodynamischen Erwägungen ausgehen. Bei diesen Methoden gründet sich die Berechnung nicht auf die Betrachtung eines bestimmten Modelles. Da der genaue Molekularmechanismus des Prozesses noch nicht feststeht, eine allgemeine thermodynamische Berechnung jedoch ein Abstrahieren von einem bestimmten Modell gestattet, haben viele Autoren diese Berechnungsmethode verwendet.

Die thermodynamischen Berechnungsmethoden können in drei Arten eingeteilt werden:

1. Berechnung mit Hilfe der klassischen Thermodynamik, der Thermodynamik des Gleichgewichtszustandes

Nach diesem Verfahren kann die Berechnung einiger Membranparameter durchgeführt werden. Jedoch ergeben sich nur angenäherte Werte, da eine Membran im allgemeinen nicht unter Gleichgewichtsbedingungen arbeitet. Eine streng thermodynamische Betrachtung gibt außerdem nur wenig Aufschluß über die physikalischen Grundursachen des Gleichgewichtes.

2. Quasi-thermodynamische Berechnungsart

Die von einigen Autoren angewandte sogenannte ,,quasi-thermodynamische" Berechnungsmethode oder richtiger die Methode der Berechnung von Quasi-Gleichgewichtsprozessen ergibt genauere Ergebnisse. Der Unterschied dieser Methode zu den anderen thermodynamischen Berechnungsarten besteht in folgendem: Die Quasi-Thermodynamik betrachtet einen momentanen Zustand des Systems, der nicht weit vom Gleichgewichtszustand entfernt ist. Ebenso wie die klassische Thermodynamik betrachtet sie nur isotherme Prozesse ohne Berücksichtigung der Teilchenflüsse und lediglich den Zustand des Systems zu einem bestimmten Zeitpunkt.

Bei quasi-thermodynamischen Berechnungen müssen eine Reihe von Annahmen bezüglich des Zustandes des Systems gemacht werden. Die Hauptannahme ist die Bedingung, daß vom Moment des Beginns der Betrachtung bis zum Ende der

Berechnung in dem gewählten System lediglich reversible Prozesse ablaufen. Die Quasi-Thermodynamik betrachtet die Membran als eine quasi-homogene Zwischenphase endlicher Dicke.

Die Leistungsfähigkeit der quasi-thermodynamischen Betrachtungsmethode sei am Beispiel der Betrachtung des Membranpotentials kurz erläutert. Das betrachtete System wird in eine große Zahl differentieller Schichten von Diffusionszonen aufgeteilt. Für jede dieser Schichten wird die Annahme von HENDERSON*) gemacht, daß die differentielle Schicht eine Zusammensetzung hat, die durch Vermischung der Lösungen der beiden benachbarten Diffusionszonen erhalten wird. Dann werden die zur Charakteristik jeder differentiellen Schicht benötigten Größen berechnet, die sogenannten Konzentrationsprofile. Die Zahl der differentiellen Schichten im System ist groß, und demzufolge wird das System durch eine große Zahl von Einzelgrößen charakterisiert. Ohne zusätzliche Annahmen können nur solche Systeme berechnet werden, bei denen die differentielle Schicht lediglich aus zwei Arten beweglicher Teilchen besteht.

Mit der Anwendung dieser Methode für die Bestimmung der Zustandsänderungen in Systemen mit Ionenaustauschermembranen beschäftigten sich viele Autoren, beispielsweise HELFFERICH und OCKER [10].

3. Methode der Thermodynamik irreversibler Prozesse

Die vollständigste quantitative Beschreibung eines Systems kann unter Verwendung einer Berechnungsmethode erzielt werden, die auf den Gesetzen der Thermodynamik irreversibler Prozesse beruht. Die Thermodynamik irreversibler Prozesse bedarf keiner zusätzlichen Ergänzungen und Annahmen; sie ermöglicht auch die Betrachtung nicht isothermer Prozesse. Ihre Gleichungen umfassen alle im System auftretenden Flüsse, beispielsweise von Teilchen, Elektrizität, Wärme usw. und verknüpfen sie mit entsprechenden bewegenden „Kräften", mit dem Gradienten chemischer und elektrochemischer Potentiale, der Temperatur usw. In dem Gleichungssystem wird der Wechselbeziehung zwischen den Flüssen besondere Aufmerksamkeit gewidmet. Wenn auf einem unabhängigen empirischen Wege die für die Beschreibung des Systems notwendige Zahl phänomenologischer Koeffizienten bestimmt werden kann, so können daraus die Flüsse und die bewegenden Kräfte in dem betrachteten System berechnet werden, darunter auch das Membranpotential, ohne Vorstellung über einen reversiblen Ablauf des Arbeitsprozesses in diesem System und auch ohne daß irgendwelche ergänzende Annahmen über seinen Zustand erforderlich sind.

Die Thermodynamik irreversibler Prozesse gestattet bei Kenntnis einer hinreichenden Zahl phänomenologischer Koeffizienten die Beschreibung aller Membraneigenschaften mit Hilfe der Gleichung von ONSAGER. Die von ONSAGER vorgeschlagene Theorie der elektrischen Leitfähigkeit und der Diffusion von Ionen in Elektrolytlösungen bei irreversiblen Prozessen unter Einbeziehung der Wechselwirkung zwischen den Ionen ist in dem Buch von HARDEN und OWEN [11] ausführlich dargelegt.

*) Über die Annahme HENDERSONS siehe Näheres [4, 7, 22].

In den letzten Jahren unternahmen viele Forscher Versuche, zur Berechnung von Systemen mit Ionenaustauschermembranen die Gesetze der Thermodynamik irreversibler Prozesse anzuwenden. Dieser Problematik sind beispielsweise Arbeiten von OVERBEEK [12], KIRKWOOD [13], STAVERMAN [14], LORIMER u. a. [15], HILLS [16], SPIEGLER [17], MACKAY und MEARES [18], SCATCHARD [19] u. a. gewidmet.

Die auf der Grundlage dieser Methode durchgeführten Berechnungen erfordern nur ein Minimum an willkürlichen Annahmen, sind jedoch äußerst kompliziert und äußerst abstrakt. Sie ergeben — wie auch die anderen thermodynamischen Berechnungsmethoden — keine klaren Vorstellungen über das physikalische Wesen der in Membransystemen auftretenden Erscheinungen. Diese allen thermodynamischen Berechnungsmethoden der Parameter von Membranen eigenen Unzulänglichkeiten, wie äußerste Kompliziertheit der Berechnungen und Abstraktheit der erhaltenen quantitativen Beschreibung der betrachteten Prozesse, erschweren die Aufstellung einer einheitlichen strengen Theorie der Membranprozesse außerordentlich.

3.5. Kurze Charakteristik der Berechnungsmethoden der Parameter von Ionenaustauschermembranen mit Hilfe von Modellen

Zur Berechnung von Parametern kann man auch von einem konkreten Modell der Ionenaustauschermembran ausgehen.

Unter Berücksichtigung der Ähnlichkeit der Mechanismen von Quellungs- und Diffusionsprozessen sowie elektrischer Leitfähigkeit in Ionenaustauscherharzen und -membranen, die auf gleichartige Phänomene zurückzuführen sind, ist anzunehmen, daß bei der Schaffung von Modellvorstellungen über Ionenaustauschermembranen die Ionenaustauschermodelle die entscheidende Rolle spielen werden. Wir wollen daher kurz auf die Modelle von Ionenaustauscherharzen eingehen, die der Berechnung zugrunde liegen.

Am einfachsten ist das makroskopische, rein mechanische Matrixmodell, wie es von GREGOR angegeben wurde. Nach diesem Modell liegen die Kohlenwasserstoffketten in Form elastischer „Federn" vor.

Das spätere Modell von GREGOR und LAZAR berücksichtigt — ebenfalls makroskopisch — die Spannkräfte der Matrix und stellt sich den Ionenaustauscher in Form einer Reihe dünner Häutchen mit gleichsam oberflächlicher Ladung vor, die untereinander durch elastische „Federn" verbunden sind (Abb. 6). Diese Häutchen oder Lamellen stoßen sich elektrostatisch ab, und die Federn sind daher gespannt. Die in diesem Modell wirkenden und das Gleichgewicht erhaltenden Kräfte sind einmal die osmotische Druckdifferenz zwischen der umgebenden und der in den Poren eingeschlossenen Lösung, im Modell zwischen den Lamellen (s. Abb. 6a), zum anderen die elektrostatische Abstoßung der Lamellen untereinander und schließlich die zusammenziehende Kraft der „Federn" (Abb. 6b).

Die Modelle von RICE-HARRIS und von KAČALSKIJ beruhen im Gegensatz zum oben Beschriebenen auf Molekularvorstellungen. Beide Modelle sind in der Wahl der Elemente ähnlich. Die Matrix mit den fixierten Ladungen stellt man sich in Form verschlungener Fäden oder verzweigter Ketten mit unbeweglichen Teilstücken vor, die keine Ladung tragen und die benachbarten Teilstücke mit Hilfe einer gelartigen Struktur untereinander verbinden. Die Matrix hat keine mechanische Elastizität (Abb. 7). Diese beiden Modelle stellen zwei Grenzfälle dar: das

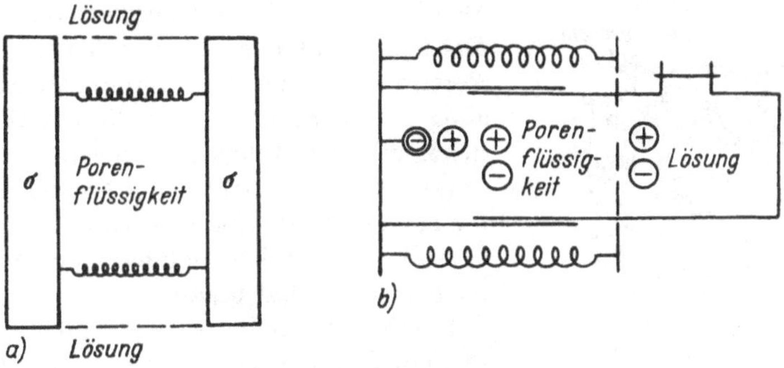

Abb. 6. Modell von Gregor und Lazar

Modell von Rice-Harris entspricht dem Fall des Ionenaustauschers mit hoher Vernetzung, während das Kačalskijsche Modell einen nur schwach vernetzten Austauscher darstellt, was auch die Unterschiede in den beiden Modellen bedingt. Rice und Harris setzen eine annähernd gleichmäßige Verteilung der fixierten Ladungen voraus, berücksichtigen die Wechselwirkung der Festionen mit den benachbarten polymeren Fäden und nehmen außerdem die Bildung von Ionenpaaren zwischen Festionen und den Gegenionen an. Kačalskij berücksichtigt lediglich die Austauschwirkung zwischen fixierten Ladungen einer Kette und vernachlässigt die Möglichkeit einer Wechselwirkung mit benachbarten Ketten sowie die Möglichkeit der Ionenpaarbildung.

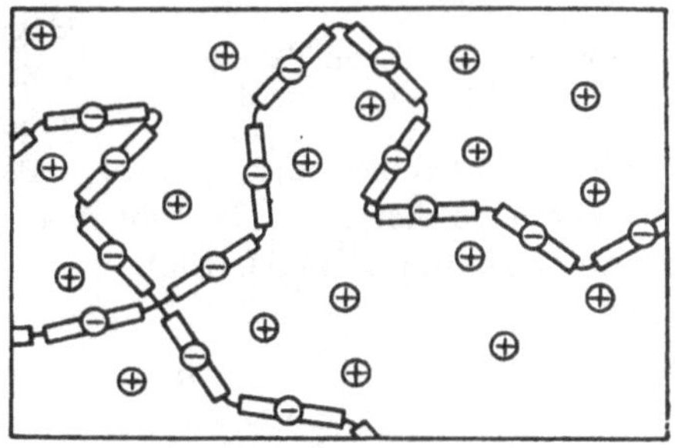

Abb. 7. Modell von Rice-Harris

Eine Kombination der Modelle von Rice-Harris und Kačalskij besitzt ein gewisses Interesse, da sie die Berechnung beider Grenzfälle von Ionenaustauschern gestattet.

Ein besonders einfaches Membranmodell für die Durchführung von Berechnungen ist die Vorstellung, daß eine Ionenaustauschermembran eine sehr dünne Lamelle mit gleichmäßig verteilten regelmäßig zylindrischen Poren darstellt, die elektrische Ladungen tragen. Ein solches Modell wurde von mehreren Wissenschaftlern zur Durchführung theoretischer Berechnungen verwendet, beispielsweise von Schmid [8].

Die ersten Arbeiten zur Theorie elektrisch geladener Membranen wurden im Jahre 1935 veröffentlicht, und zwar von TEORELL [7] und unabhängig davon von MEYER und SIEVERS [20]. Hauptsächlich interessierte die Wissenschaftler das elektrische Membranpotential. Als Membranmodell diente TEORELL eine Lamelle mit gleichmäßig in ihrem Innern verteilten fixierten Ladungen und beweglichen Ionen entgegengesetzten Vorzeichens. Für diese Membranen bestimmte TEORELL das sogenannte Mischpotential, das sich aus den zwei DONNAN-Potentialen an der Phasengrenze Membran — Lösung und dem HENDERSON-Potential im Innern der Membran selbst zusammensetzt. Die Anwendbarkeit der Festionentheorie TEORELLs auf selektiv-permeable Membranen wurde später von anderen Forschern, insbesondere von SOLLNER [21], nachgewiesen und bestätigt.

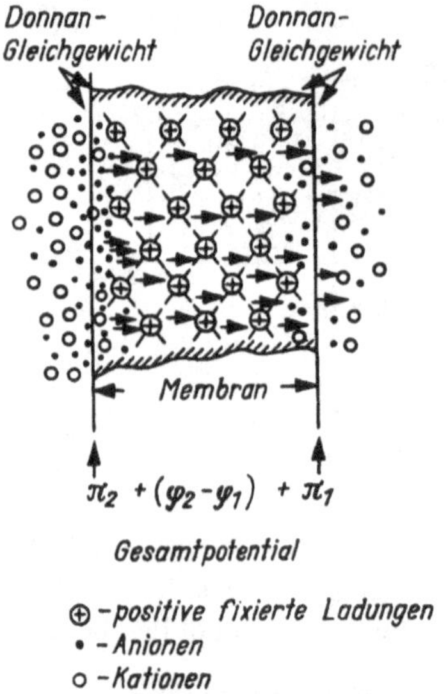

Abb. 8. Modell von TEORELL

Das TEORELLsche Modell ermöglicht die Berechnung des Membranpotentials für jedes beliebige System, gibt jedoch keine Vorstellung über den Ionentransport durch die Membran, da es im Innern der Membran eine lineare Vermischung der Ionen annimmt. Im Jahre 1951 schlug TEORELL [22] ein genaueres Membranmodell vor, bei welchem (Abb. 8) die Verteilung der Gegenionen im Innern der Membran durch die HENDERSON-PLANCKsche Gleichung wiedergegeben, die Verteilung der Festionen jedoch als gleichmäßig angenommen wird. Als Grundbeziehung für die Berechnung des Ionenflusses dient die NERNST-PLANCKsche Gleichung. Für den einfachsten Fall einwertiger Ionen ist der Fluß

$$\Phi = -uC\left(\frac{RT}{C}\frac{dC}{dx} \pm F\frac{d\varphi}{dx}\right). \tag{5}$$

In dieser Gleichung bedeuten

Φ = Ionenfluß,
$u(v)$ = Beweglichkeit der Kationen (Anionen),
C = Ionenkonzentration im Membraninnern,
x = Teil von δ (δ = Dicke der Membran).

Mit der weiteren Vertiefung und Erweiterung der „Festionen-Theorie“ beschäftigen sich SCHLÖGL [23] u. a.

Schließlich sei auf die Arbeiten von HELFFERICH [4] hingewiesen. Seine Monographie ist ein sehr ernsthafter Versuch einer kritischen Beurteilung aller in der Literatur bekanntgewordenen Fakten über die in Membranen ablaufenden Prozesse, die bewegenden Kräfte und Flüsse sowie die Wechselwirkung zwischen diesen. In seiner Arbeit verwendet HELFFERICH verschiedene Berechnungsmethoden für Flußgleichungen in vereinfachter Form auf der Grundlage von Vorstellungen über eine homogene Ionenaustauschermembran (für die die Betrachtung im wesentlichen durchgeführt wird) als eines quasihomogenen Systems, sowie anknüpfend an die TEORELLschen Modellvorstellungen.

Auf der Diskussion der Faraday Society [24] über Membranerscheinungen schlugen einige Forscher wie KITCHENER, SCATCHARD, SCHLÖGL u. a. vor, das gegenwärtige Modell der Ionenaustauschermembran zu präzisieren, ebenso wie das physikalische Wesen der in ihnen ablaufenden Prozesse.

Es muß jedoch darauf hingewiesen werden, daß die Anwendung von Berechnungsmethoden auf der Grundlage von Modellvorstellungen auf Systeme begrenzt ist, deren Eigenschaften durch die Modelle genau wiedergegeben werden. Je besser das Modell der Wirklichkeit entspricht, um so komplizierter ist es, um so besser können aber auch bei seiner Analyse Schlußfolgerungen über das physikalische Wesen der unter realen Bedingungen ablaufenden Erscheinungen gezogen werden. Die Beschreibung und schematische Darstellung solcher Modelle, die eine nach dem gegenwärtigen Stand der bekannten Tatsachen höchstmögliche Annäherung an das physikalische Wesen der Erscheinungen in Membranen darstellen, wurde zu Beginn dieses Kapitels angeführt (Abb. 1 s. S. 7). Eine Berechnung für ein ähnlich zusammengesetztes System unter Einbeziehung aller wirkenden Faktoren ist jedoch praktisch nicht möglich. Dieser Umstand erschwert die weitere Entwicklung der Theorie der Membranprozesse auf dem eingeschlagenen Wege außerordentlich, und so haben die verschiedenen Autoren bei der Durchführung konkreter Berechnungen am Modell stets vereinfachende Annahmen an die Modellvorstellungen geknüpft.

Literatur

[1] BAUMAN, W. C.: Sammelband „Ionenaustausch" unter der Redaktion von F. Nachod Haupteigenschaften von Ionenaustauscherharzen, Moskau, Verlag für ausländische Literatur, 1951

[2] TROSTJANSKAJA, E. B.: Ionenaustausch und seine Anwendung, Moskau, Verlag der Akademie der Wissenschaften der UdSSR, 1959

[3] SENJAVIN, M. M.: Ionenaustausch und seine Anwendung, Moskau, Verlag der Akademie der Wissenschaften der UdSSR, 1959

[4] HELFFERICH, F.: Ionenaustauscher, Band I Weinheim/Bergstr., (1959)

[5] PROCTER, H. R., WILSON, I. A.: J. Chem. Soc. **109** (1916), 307

[6] BOYD, ADAMSON, MAYERS: „Chromatografische Methode zur Trennung von Ionen", Moskau, Verlag für ausländische Literatur, 1949, S. 333

[7] TEORELL, T.: Proc. Soc. Exptl. Biol. and Med. **33** (1935), 282

[8] SCHMID, G.: Z. Elektrochem. **54** (1950), 424; Z. Elektrochem. **56** (1952), 35, 181; J. chim.-phys. et phys.-chim. biol. **55** (1958), 3

[9] WYLLIE, M. R. I.: J. Phys. Chem. **58** (1954), 67

[10] HELFFERICH, F., OCKER, H. D.: Z. Phys. Chem. **10** (1957), 3–4

[11] HARDEN, G., OWEN, B.: Physikalische Chemie von Elektrolytlösungen, Moskau, Verlag für ausländische Literatur, 1952
[12] OVERBEEK: J. Colloid. Sci. **8** (1953), 593
[13] KIRKWOOD: „Ion Transport Across Membranes", Acad. Press Inc. New York 1954, S. 110
[14] STAVERMAN, A. J.: Trans. Faraday Soc. **48** (1952), 176; Acta physiol. et pharmacol. Ned. **3** (1954), 522
[15] LORIMER, BOTERENBROOD, HERMANS: Disc. Faraday Soc. **21** (1956)
[16] HILLS, G. I.: Nature **129** (1957), 4550
[17] SPIEGLER, K. S.: Trans. Faraday Soc. **54** (1958), 9, 1408
[18] MACKAY, D., MEARES, R.: Trans. Faraday Soc. **55** (1959), 11; Kolloid.-Z. **167** (1959), 1
[19] SCATCHARD, G.: J. Amer. chem. Soc. **75** (1953), 2883
[20] MEYER, K. H., SIEVERS, J. F.: Helv. chim. acta **19** (1936), 649, 665, 948
[21] SOLLNER, K.: J. Phys. Coll. Chem. **53** (1949), 8, Annale New York Acad. Sci. 57, Article 3 (1953)
[22] TEORELL, T.: Z. Elektrochem. **55** (1951), 6; Progr. Biophys. and Biophys. Chem. **3** (1953), 305; Disc. Faraday Soc. **21** (1956)
[23] SCHLÖGL, R.: Z. Elektrochem. **57** (1953), 3; Z. phys. Chem., NF, **1** (1954), 305
[24] SCHLÖGL, R.: General Discussion, Disc. Faraday Soc. **21** (1956)

4. HERSTELLUNG VON IONENAUSTAUSCHERMEMBRANEN

4.1. Die hauptsächlichen Methoden zur Herstellung von Membranen

Die Herstellung von Ionenaustauschermembranen kann nach verschiedenen Verfahren erfolgen.

1. Manche Ansätze von Ionenaustauscherharzen, wie die, welche durch Polykondensation von vornherein ionogene Gruppen tragender Komponenten erhalten werden, können in Form von Blättern, Scheiben oder Filmen ausgegossen werden. Zu diesem Zweck wird das Harz im Anfangsstadium seiner Kondensation (sogenanntes Vorkondensat) in eine Form gegossen, worin der abschließende Harzbildungsprozeß vor sich geht. Dabei geht das Harz in einen unlöslichen und nicht plastischen Zustand über. Es werden einheitliche oder homogene Membranen erhalten.

2. Beim Eintragen eines feindispersen Ionenaustauscherpulvers in ein inertes Grundmaterial werden uneinheitliche oder heterogene Membranen erhalten. Solche heterogene Membranen können sowohl durch Einpressen von Ionenaustauscherstaub in eine plastische Matrix als auch durch Bindung des Ionenaustauscherstaubes mit einem inerten Bindematerial hergestellt werden. Im Vergleich zu den homogenen zeigen die heterogenen Membranen eine schlechtere elektrische Leitfähigkeit, sind jedoch in ihrer mechanischen Beständigkeit besser als die ersteren.

3. Interpolymere Membranen, im allgemeinen sehr dünne Filme, erhält man, wenn ein Gemisch von zwei linearen Polymeren in einem geeigneten Lösungsmittel aufgelöst, die erhaltene Lösung auf eine glatte Oberfläche ausgegossen und das Lösungsmittel verdampft wird. Solche Membranen stellen einen Übergang zwischen dem heterogenen und dem homogenen Typ dar.

4. Durch Aktivierung ursprünglich inerter Filme, Lamellen oder Folien können elektrochemisch aktive Membranen, die sogenannten aktivierten oder imprägnierten Membranen, hergestellt werden.

Am weitesten verbreitet sind bisher die beiden ersten Herstellungsmethoden für Ionenaustauschermembranen, deren nähere Beschreibung weiter unten folgt. Der folgende Überblick erhebt jedoch keinen Anspruch auf Vollständigkeit, da auf diese Frage in der Literatur nur ungenügend eingegangen wird.

4.2. Homogene Membranen

Einheitlich aufgebaute ionenaustauschende Gele in Form von Filmen, Blättern oder Scheiben sind für wissenschaftliche Untersuchungen außerordentlich gut geeignet, jedoch ist ihre Herstellung und Aufbewahrung mit Schwierigkeiten verbunden. Solche Membranen müssen in Wasser aufbewahrt werden, wodurch das Aufplatzen derselben verhindert werden kann. Zur Verbesserung der mechanischen Beständigkeit werden die homogenen Membranen auf Armierungen ausgegossen.

In der Literatur sind die verschiedensten Labor-Verfahren zur Herstellung homogener Kationen- und Anionenaustauschermembranen angegeben.

Spiegler [1] beschreibt die Herstellung einer homogenen Anionenaustauschermembran aus einer Mischung aus 126 Teilen Melamin, 90 Teilen Guanidincarbonat und 162 Teilen konzentrierter Salzsäure, zu welcher 243 Teile wäßrigen Formaldehyds zugegeben werden. Man erhält beim Erwärmen des Gemisches auf 40 °C nach 45 min ein Polymeres mit niedrigem Molekulargewicht. Das erhaltene Polymere wird in eine Form ausgegossen und 20 Stunden bei 75 °C bei Gegenwart von Wasserdampf auskondensiert. Das Polymere kann auch zum Tränken eines Armierungsgewebes mit anschließender Polykondensation bei 90 °C verwendet werden.

Manecke und Bonhoeffer [2] berichten ebenfalls über die Herstellung einer schwach basischen homogenen Anionenaustauschermembran.

Seiama, Abo und Sakai [3] beschreiben eine Methode zur Herstellung schwach basischer homogener Membranen auf Basis Anilin. Die erhaltenen Membranen zeigen eine hohe selektive Durchlässigkeit und hohe Austauschkapazität (bis zu 5,59 mval/g).

Romankevič und Mitarbeiter [4] führten die Synthese von Anionenaustauscherharzen zur Herstellung von Membranen folgendermaßen durch: In ein Becherglas wird ein Gemisch von 1 Mol Phenol und 0,5 Mol Äthylendiaminhydrochlorid gegeben, welches unter schwachem Erwärmen in 40%igem Formalin aufgelöst wird. Dann wird das Gemisch auf einem Wasserbad auf 85 °C erwärmt, bis es nach etwa 40 min erstarrt. Nach etwa 2 Stunden löst sich das Gel von der Glaswand: Die Reaktion ist beendet. Man erhält ein schwach gelbes, durchsichtiges Harz, welches in Säuren wie in Laugen unlöslich ist. Durch mehrfaches Zerschneiden der Harzsäule erhält man Membranen in Form von Scheiben. Die zugegebene Wassermenge bei der Synthese wird variiert. Weiterhin wurden Versuche zur Untersuchung des Einflusses verschiedener molekularer Verhältnisse von Phenol und Äthylendiamin (von 1:0,45 bis 1:0,70) auf die Kapazität des Harzes durchgeführt. Beim Quellen in Wasser werden diese Membranen infolge der schnellen Volumänderung zerstört. Daher wird die Quellung durch schrittweise Überführung der Membran aus 7%iger Salzsäure (in welcher keine Volumenänderung der Scheiben erfolgt) in zunächst geringer konzentrierte Salzsäure-Lösungen und schließlich in Wasser vorgenommen. Auf diese Weise konnten Membranen mit einem Durchmesser bis zu 25 mm in gequollenem Zustand hergestellt werden. Zur Herstellung von Membranen größeren Durchmessers muß die Führung der

Kondensation verändert werden, da die Wärmeabführung während der Synthese im Innern des Anionenaustauschers schwierig ist.

Durch Polykondensation eines Gemisches von Äthylendiamin und Epichlorhydrin im molaren Verhältnis 12:1 konnte bei 40 °C am Rückfluß nach einer Stunde ein Vorkondensat erhalten werden. Dieses wurde in einen auf einer Quecksilberoberfläche schwimmenden eisernen Ring ausgegossen und auf diese Weise homogene Anionenaustauschermembranen hergestellt [5]. Anionenaustauschermembranen hoher Festigkeit stellte TROSTJANSKAJA [6] durch Vulkanisierung dünner Blätter eines Kopolymerisates aus Methylvinylpyridin und Butadien her. Zur Erhöhung des Ionisierungsgrades des Filmes wurde anschließend eine Methylierung der Pyridingruppen durchgeführt. Die Kapazität der Filme erreicht 1,8 mval/g.

Homogene Anionenaustauschermembranen aus Polyäthylenpolyamin und Perchlorvinyl stellten LASKORIN und SMIRNOVA [7] her, indem sie eine kolloide Ausgangslösung auf eine spiegelnde Oberfläche ausgossen. Die gleichen Autoren erhielten homogene Kationenaustauschermembranen aus Polyvinylalkohol und Polymethacrylsäure.

Weiterhin wurde vorgeschlagen, Ionenaustauscher in Form von Stangen, Röhren und Blättern durch Vermischung von Aminen (für Anionenaustauscher) oder Phenolsulfonsäuren (für Kationenaustauscher) mit Formaldehyd herzustellen. Den Harzbildungsprozeß führt man bis zur Entstehung einer zähflüssigen Masse, welche dann in Formen gefüllt wird. Zur Verhütung von Rissen und Sprüngen werden die erhaltenen Proben unter Wasser aufbewahrt [8, 9]. Homogene Kationenaustauschermembranen können durch Kondensation von Phenolsulfonsäuren und ihren Derivaten mit Formaldehyd hergestellt werden [10—16].

So konnte ROMANKEVIČ durch Kondensation von p-Phenolsulfonsäure mit Formaldehyd bei 100 °C und 5 kp/cm^2 Druck zylindrische Kationenaustauscher-Blöcke herstellen [15], aus denen Scheiben mit einem Durchmesser von 20 bis 22 mm und einer Dicke von 2 bis 4 mm geschnitten wurden. Der Kationenaustauscher mit der höchsten Austauschkapazität wurde bei einem molaren Verhältnis der Komponenten von 1:1 erhalten. In den Kationenaustauscherscheiben zeigten sich nach dem Quellvorgang Risse, wenn die Quellung sehr schnell vorgenommen wurde. Daher wurde die Quellung des Kationenaustauschers in schwefelsaurer Lösung bei schrittweiser Herabsetzung der Konzentration (25, 20, 15, 10, 7 und 3%) durchgeführt. Die Kationenaustauscher-Scheiben wurden nach jeweils 24 Stunden aus einer schwefelsauren Lösung in die nächste übergeführt.

Andere Autoren [16] stellten Kationenaustauschermembranen aus einem Gemisch von 50 Gewichtsteilen Phenolsulfonsäure (65%) und 24,7 Gewichtsteilen wäßrigen Formalins (35%) her. Das Gemisch wurde zunächst in einem geschlossenen Gefäß bei 50 °C vorkondensiert, dann auf ein säurebeständiges Armierungsgewebe gegossen und die Kondensation bei 100 °C bei Anwesenheit von Feuchtigkeit über mehrere Stunden zu Ende geführt.

Eine Gruppe japanischer Wissenschaftler [11] stellte ebenfalls aus Kationenaustauschern vom Phenolsulfosäure-Typ Membranen her. Die Kondensation des

Harzes wurde mit Polyvinylalkohol in Gegenwart eines sauren Katalysators durchgeführt, was eine Erhöhung des Vernetzungsgrades des Polymeren und damit die Herabsetzung des Quellungsgrades auf ein Minimum ermöglicht. Die optimalen Synthesebedingungen wie Verhältnis der Komponenten, Temperatur und Dauer der Kondensation wurden festgelegt. Nach Angaben der Autoren haben die Membranen eine hohe elektrische Leitfähigkeit und gute Semipermeabilität.

Krishnaswami [17] beschreibt die Herstellung scheibenförmiger Kationenaustauschermembranen durch Polykondensation eines Komponentengemisches in Pyrex-Glasformen bei 90 bis 120 °C. Es wurden zwei Membrantypen hergestellt: Phenolformaldehydmembranen unter Zugabe von Natriumbisulfat und Sulfophenolformaldehydmembranen. Als wichtigste Bedingung für die Herstellung einer brauchbaren Membran stellte der Autor fest, daß das Wasser während der Dauer des Kondensationsprozesses nicht entweichen darf.

Membranen können auch durch Sulfonierung von Polystyrol-Filmen hergestellt werden [18, 19], jedoch ist dieser Prozeß durch das Zerspringen der Filme bei der Sulfonierung und der anschließenden Behandlung mit Wasser erschwert. Daher ist es bei der Herstellung stark saurer Kationenaustauschermembranen auf Basis Polystyrol günstiger, von bereits sulfonierten Monomeren auszugehen.

Graydon und Stewart [20, 21] erhielten homogene Kationenaustauschermembranen durch Kopolymerisation von p-Styrolsulfonsäurepropylester mit Styrol und Divinylbenzol. Jede Membran wurde durch Polymerisation von 3 ml flüssigen Monomerengemisches in einer Petrischale hergestellt. Als Katalysator wurde Benzoylperoxyd verwendet und 30 Minuten bei 110 °C polymerisiert. Die Membran wurde in Form einer dünnen Schicht auf dem Boden der Petrischale erhalten und konnte durch Kochen mit 5%igem Alkali aus der Schale entfernt werden. Zur Vervollständigung der Hydrolyse wurde die Membran nach dem Ablösen aus der Petrischale einen bis fünf Tage in 5%iger Alkalilösung gekocht. Die Dicke der erhaltenen Proben betrug 0,34 bis 0,57 mm. Diese Membranen kamen dem Idealzustand schon sehr nahe und zeigten eine hohe mechanische Beständigkeit bei niedriger elektrischer Leitfähigkeit. Wie die Autoren selbst feststellen, ist die Höhe der maximalen Austauschkapazität und der Quellfähigkeit der Membranen vom Verhältnis der Komponenten bei der Polymerisation sowie von der Vollständigkeit der Hydrolyse abhängig.

Ein anderes Syntheseverfahren für Membranen dieses Typs besteht in der Herstellung eines Polystyrol-Filmes durch Verdampfen einer Lösung des Polymeren in Benzol und Cyclohexan, dessen anschließende Bestrahlung mit einer Co-60-Quelle zur Ausbildung einer vernetzten Struktur nebst abschließender Sulfonierung [22].

Hochelastische homogene Membranen lassen sich nach der Methode der Pfropf-Kopolymerisation herstellen [23]. Als Ausgangssubstanz wird ein Polyäthylenfilm verwendet, der in Styrol getaucht und dann einer kurzzeitigen Gammabestrahlung unterworfen wird. Auf Grund dieser Behandlung erscheinen an den Polyäthylen-Makromolekülen Seitenketten aus Polystyrol, die ohne Zerstörung des Filmes sulfoniert werden können.

KLIMANOVA, SERENKOV und TICHOMIROVA [24] führten ebenfalls eine Pfropfung von Styrol auf Polyäthylen durch, um so Ausgangsmaterialien für Ionenaustauschermembranen herzustellen. Die Pfropfung wurde unter Gammabestrahlung vorgenommen. Die Strahlungspfropfkopolymerisation wurde bei verschiedenen Dosisleistungen, Gesamtdosen und Temperaturen sowie bei unmittelbarer Bestrahlung eines Gemisches aus Styrol und Polyäthylen und bei vorheriger Bestrahlung des Polyäthylens untersucht.

HILLS, KITCHENER und OVENDEN [25] stellten schwach saure homogene Membranen durch Polymerisation von α-Methacrylsäure mit unterschiedlichen Mengen an Äthylenglykoldimethacrylat her. Diese Membranen kommen dem Idealzustand schon recht nahe.

HAAGEN und HELFFERICH [26] ließen sich ein Verfahren zur Herstellung von Membranen aus Ionenaustauscherharzen patentieren, die durch Kondensation von Aldehyden und einfachen Äthern aromatischer Phenole erhalten wurden. So werden beispielsweise 252 g Anisol bei 20 °C mit einem Gemisch aus 230 g konzentrierter Schwefelsäure und 30 g 65%igem Oleum vermischt. Bei Erhöhung der Temperatur bildet sich eine klare Lösung, die im Ölbad zwei Stunden bei 100 bis 125 °C gehalten wird. Zu 134 g des erhaltenen Sulfoproduktes werden 40 m*l* Wasser gegeben, auf 20 °C abgekühlt und dann unter Kühlung und guter Durchmischung 20 g 35%ige Formalinlösung zugegeben. Das Reaktionsgemisch wird auf eine ebene Unterlage ausgegossen und die Kondensation zwei bis drei Stunden bei 90 °C durchgeführt. Die erhaltene Membran zeigt eine hohe Festigkeit und wird bei den unterschiedlichsten Quellungsgraden nicht zerstört.

Weiterhin wurde eine originelle Methode zur Herstellung homogener Ionenaustauschermembranen für die Elektrodialyse patentiert [27], nach welcher eine inerte Unterlage, die infolge Perforation die Form eines Gitters oder Siebes hat, mit einer Schicht Ionenaustauscherharz bedeckt wird. An den Knotenpunkten der Gitterunterlage befinden sich fingerförmige Erhöhungen, die nicht mit Ionenaustauscherharz, sondern mit Isolierlack bedeckt sind. Solche Membranen sind für die Elektrodialyse geeignet, da man mehrere Membranen hintereinander anordnen kann, wobei sie voneinander einen bestimmten Abstand einhalten.

Nach einer Mitteilung der Firma „Ionacs“ (USA) [28] aus dem Jahre 1952 ist es gelungen, homogene Membranen des Typs Nepton AR-111 (Anionen-) und Nepton CR-51 und CR-61 (Kationenaustauschermembranen) im großtechnischen Maßstab herzustellen. Die Zusammensetzung der Ausgangssubstanzen für die Herstellung von Membranen dieses Typs wurde nicht bekanntgegeben. Bekannt ist lediglich, daß sie durch Kondensation der Ausgangsprodukte speziell in Form von Folien der Größe 20,5 × 20,5 cm und in einer Dicke von ca. 0,7 mm hergestellt werden. Im Innern der Folien ist zur Verstärkung ein elastisches Gewebe angebracht.

Ungeachtet der Verstärkung durch die Armierung mit Gewebe sind die homogenen Membranen mechanisch weniger beständig als die heterogenen, weshalb im großtechnischen Einsatz bisher in der Hauptsache heterogene Membranen angewendet werden.

4.3. Heterogene Membranen

Aus dem im vorigen Kapitel Gesagten geht hervor, daß gegenwärtig homogene Membranen nur aus einigen wenigen Ionenaustauschertypen hergestellt werden können. Heterogene Membranen kann man dagegen aus jedem beliebigen synthetischen Ionenaustauscherharz gewinnen, wenn man den feingemahlenen Ionenaustauscherstaub durch plastische Bindematerialien zusammenhält. Als Bindemittel zur Herstellung solcher Membranen kann eine ganze Reihe von Materialien verwendet werden: Polyäthylen, Polystyrol, Polyisobutylen, Phenolharze, Methylmethacrylat, synthetischer und natürlicher Kautschuk und viele andere Stoffe [1, 2, 29–39, 44, 45, 47, 48, 61].

In der UdSSR wurden die ersten Muster heterogener Membranen von GRIGOROV, KULIKOVA und ŠARAPOVA [29] hergestellt.

Membranen aus in Wasser nur schwach quellenden Ionenaustauschern wie SBSR und OVT-7 (Sulfokohle, hergestellt aus Torf durch Behandlung mit Oleum bei 180 °C) wurden durch Verpressen mit pulverförmigen Thermoplasten wie Polystyrol und Polyvinylchlorid im Verhältnis 1 : 1 bei Temperaturen von 120 bis 160 °C hergestellt. Für stärker quellende Ionenaustauscher, d. h. für die Mehrzahl der im Gebrauch befindlichen Typen, ist diese Herstellungsmethode nicht geeignet. Daher stellten die Autoren sogenannte „geschüttete“ Membranen her, indem sie das Ionenaustauscherpulver zwischen zwei perforierte Folien aus organischem Glas einbrachten. Weiterhin wurden Membranen durch Vermischen von gequollenem Ionenaustauscherstaub mit Portlandzement erhalten.

Im Wissenschaftlichen Allunions-Forschungsinstitut für Wasserversorgung, Kanalisierung, hydrotechnische Anlagen und Ingenieur-Hydrologie (VODGEO) wurden Membranen aus Ionenaustauscherharz der Type EDE-10P, AN-2F, SDV-3 und SBS mit synthetischem Kautschuk SKN-26 als Bindematerial hergestellt [30]. Die Methode gründet sich auf die Einbringung feingemahlenen Ionenaustauscherstaubes (kleiner als 40 Mikron) in eine Matrix aus synthetischemKautschuk.

In größerem Maßstab wurden Arbeiten zur Herstellung von Ionenaustauschermembranen im Moskauer Chemisch-Technologischen D.-I.-Mendelejev-Institut (MChTI) durchgeführt [31–33]. TROSTJANSKAJA erhielt heterogene Membranen aus mit einer Vibromühle feingemahlenen Ionenaustauschern und verschiedenen Kautschuksorten sowie chlorsulfoniertem Polystyrol als inertem Bindematerial. Zur Erhöhung der Festigkeit der Membranen wurden sie mit einem Seidengewebe versehen. Es wurden die Harze KMD, SBS, SDV-3, RF sowie NO, MMG und EDE-10P verwendet. Der Füllungsgrad der Membranen mit Harz betrug 60 bis 80%. Die Elastizität der verwendeten Bindematerialien war genügend hoch, um die Volumänderung der Harze bei der Quellung zu kompensieren. Die chemisch beständigsten und elastischesten Membranen wurden auf Basis verschiedener Carboxylat-Kautschuksorten erhalten. In diesem Falle ist die Zugabe von Weichmachern nicht notwendig, was die Membranen weniger anfällig gegen Alterungsprozesse und sowohl im trockenen als auch im gequollenen Zustand genügend beständig macht [9].

Im Moskauer Wissenschaftlichen Frunse-Forschungsinstitut für Plaste (NIIPM) erarbeiteten TITOV und Mitarbeiter [34—38] ein Laborverfahren zur Herstellung von verschiedenen heterogenen Membranen. Man erhält die Membranen durch Vermischen feingemahlenen Ionenaustauscherharzes mit hochpolymeren Bindematerialien und nachfolgende Formung des erhaltenen Gemisches zu einer Folie. Als Bindemittel wurden Polyvinylchlorid und seine Kopolymeren, mit Polyisobutylen plastifiziertes Polyäthylen sowie reines Polyäthylen verwendet. Die Rezeptur und Technologie für die Herstellung heterogener Membranen auf der Grundlage sowjetischer Ionenaustauscher vom Typ KU-2, KB-4, EDE-10P, AV-16, AV-17 u. a. wurden ausgearbeitet.

MATEROVA, KOŽAKINA und NIKOLSKIJ [40] arbeiteten eine Herstellungsmethode für Membranen zur Untersuchung ihrer Elektrodeneigenschaften aus. Sie verwendeten Ionenaustauscher, die in wäßrigen Lösungen nur schwach quellen: Wofatit M (schwachbasischer Anionenaustauscher), Sulfokationenaustauscher Marke SBS und Carboxyl-Kationenaustauscher KB-4. Die Membranen aus Wofatit M und Kationenaustauscher KB-4 erhielten sie durch Vermischen des feingemahlenen Ionenaustauschers (kleiner als 325 mesh) mit Polystyrolpulver. Der Harzgehalt in der Membran lag dabei zwischen 25 und 50%. Das pulverförmige Gemisch wurde unter Druck (in einigen Fällen auch ohne Druck) in einem Thermostaten bei 120 bis 145 °C eine Stunde lang verformt. Nach Abkühlung wurde die Membran aus der Form entnommen und mit Toluol behandelt. Die so erhaltenen Membranen haben eine Dicke von 0,5 bis 1,5 mm und einen Durchmesser von 25 mm. Bei der Herstellung der Membranen aus dem Kationenaustauscher SBS wurde als Bindemittel ein Gemisch aus Paraffin und Kolophonium verwendet. Das Harzpulver wurde mit der gleichen Gewichtsmenge des Bindemittels vermischt. Die Masse wurde bis zum Schmelzpunkt des Binders erwärmt und zu Scheiben (1 bis 2 mm Dicke und 3 bis 5 mm Durchmesser) geformt.

BELINSKAJA und MATEROVA [41] beschreiben die Herstellung von Membranen geringen Ausmaßes speziell für Membranelektroden. Zu diesem Zweck wird das Harzpulver mit Polystyrolpulver als Bindemittel gemischt. In Abhängigkeit von der Quellfähigkeit wird der Harzgehalt der Membran zwischen 25 und 50% variiert. Das Gemisch wird in Toluol gegossen und in einer Büchse oder einem Tiegel bis zur vollständigen Auflösung des Polystyrols zu einer sirupartigen Masse erwärmt. Die weitere Herstellung der Membranen kann nach zwei Verfahren erfolgen: durch Trocknung der Masse an der Luft während mehrerer Tage oder durch beiderseitiges Auftragen auf eine Scheibe aus Filterpapier. Es wurde festgestellt, daß bei Verwendung von Polystyrol als Bindemittel mechanisch recht beständige Membranen bei folgenden Harzgehalten erhalten werden:

H-Form des Harzes:	
MSF, SBS, SDV-3, KU-2, RF	von 50—20%
KFU, KRFFU, KMD, KMT, KN	von 40—20%
Na-Form des Harzes:	
SBS, MSF, RF	von 50—20%
SDV-3, KU-2, KFU, KRFFU, KMD	$\leq$20%

Kozmina, Žarinova und Kisova [42] stellten Membranen aus den Ionenaustauschern SBS und SDV-3 nach der in der Arbeit [29] beschriebenen Methode dar.

Meleško und Mitarbeiter [43] stellten Ionenaustauschermembranen auf Basis Butylmethacrylat her. Der gemahlene Ionenaustauscher wurde sorgfältig mit Butylmethacrylatleim vermischt, der durch Auflösen von 25 g Butylmethacrylatfolie in 100 g eines Benzin-Benzol-Gemisches (1 : 1 Volumenteile) hergestellt worden war. Die erhaltene Masse wurde zur Entfernung von Luftblasen längere Zeit aufbewahrt und beiderseitig auf Glasfasergewebe aufgetragen. Nach Verdampfen des Lösungsmittels wurden elastische Membranen erhalten, die bezogen auf das Gewicht des Bindematerials 50% Ionenaustauscher enthielten. Beim Aufbewahren an der Luft zeigten die Membranen auch nach längerer Zeit keine Veränderungen. Die auf einer Zerreißmaschine Typ RMP-50 bestimmte Zerreißfestigkeit betrug bei einer Membran der Dicke von 0,3 bis 0,6 mm 170 bis 500 kp/cm^2, d. h. Membranen auf Basis Glasfaser zeigen eine hohe mechanische Festigkeit.

Weiterhin gibt es eine große Zahl ausländischer Mitteilungen über die Herstellung der verschiedensten heterogenen Membranen. Wyllie und Patnode [44] erhielten unter Laborbedingungen scheibenförmige Membranen mit einer Dicke von etwa 0,5 mm. Sie schmolzen ein Gemisch pulverförmigen Sulfokationenaustauschers IR-1 oder IR-100 (Teilchendurchmesser 50 Mikron) und der Thermoplaste Polystyrol und Methylmethacrylat unter einem Druck von etwa 300 kp/cm^2 bei einer Temperatur von 205 °C auf und trugen in die Schmelze 50 bis 70 Gew.-% Kationenaustauscher ein. Die Membranen aus Polystyrol zeigten die besten Eigenschaften.

Synthetische thermoplastische Stoffe kann man auch in Pulverform mit dem Austauschermaterial vermischen und dann zu Membranen verpressen oder walzen [45, 46].

Bodamer [47, 48] ließ sich ein Verfahren zur Herstellung von Ionenaustauschermembranen durch Einführung pulverförmigen Ionenaustauschers (Teilchendurchmesser 120 Mikron) in Filme aus einer polymeren Matrix (Polyäthylen, Polyisobutylen, natürlicher oder synthetischer Kautschuk, Butadienpolymere, Acrylnitril-Polyvinylchlorid, Polystyrol, usw.) patentieren. Juda u. a. [49, 50] stellten Membranen aus den Harzen Permionic-41 und Permionic-51 vom Sulfophenoltyp durch Verpressen des feingemahlenen Kationenaustauscherpulvers mit Polymethylmethacrylat her. Die Membranen wurden in Form von Folien erhalten und durch ein Armierungsgewebe verstärkt. Die gleichen Autoren [51] ließen sich ein Verfahren zur Herstellung von Membranen durch Kalandrieren von feingemahlenem Ionenaustauscher mit Polyvinylchlorid und anderen plastischen Materialien patentieren.

Eine Gruppe japanischer Wissenschaftler [52] teilte die Herstellung von Ionenaustauschermembranen durch Vermischen von pulverförmigem Kationenaustauscher IR-120 mit Polyvinylchlorid und Weichmachern mit. Die erhaltene Masse wurde auf Baumwollgewebe aufgetragen, und das Gewebe 15 Minuten bei 45 °C getrocknet. Die Autoren stellten fest, daß die besten Ergebnisse bei teilweiser Extraktion des zugegebenen Weichmachers mit Äthanol erhalten wurden.

Tadsima, Kosaka und Sato [53, 54] stellten Membranen aus verschiedenen Harzen und Polyvinylchlorid her. Sie verwendeten pulverförmige Kationenaustauscher Typ Amberlite IR-120 und IRC-150 sowie Anionenaustauscher Amberlite IRA-400 und IR-413.

Die tschechoslowakischen Wissenschaftler Kopezka und Stamberg [55] beschreiben die Herstellung heterogener Membranen aus dem Kationenaustauscher Katex-S (sulfoniertes Styrol-Divinylbenzol-Kopolymerisat) und dem deutschen schwach basischen Anionenaustauscher Wofatit L 165 (auf Basis aliphatischer Polyamine). Die Herstellung der Membranen erfolgte auf gummierten Laborkalandern. Als inertes Trägermaterial verwendeten sie Polyäthylen, Polyisobutylen oder ein Gemisch dieser beiden Polymeren sowie Chloropren-Kautschuk. Die höchste Austauschkapazität der Membranen wurde bei Verwendung eines Gemisches von Polyäthylen und Polyisobutylen im Verhältnis 1 : 4 und bei einem Austauschergehalt von 65% erzielt.

In der Literatur ist weiterhin ein Verfahren zur Herstellung heterogener Membranen beschrieben [56], das auf der Auflösung des Bindematerials in einem geeigneten Lösungsmittel, der Suspendierung des Ionenaustauschers in dem gleichen Lösungsmittel, anschließender Verdampfung des Lösungsmittels und abschließender Verpressung der zurückbleibenden Masse zu einer Membran beruht.

Sinha [57] stellte Membranen her durch heißes (90 bis 140° C) Verpressen von feingemahlenem Ionenaustauscherpulver der Typen Ionic-200, Amberlite IR-120 und IRC-50. Auch verwandte sie ein Harz, das durch Kondensation von β-Resorcylsäure oder eines Gemisches von m-Oxybenzoe- und Salicylsäure mit Formaldehyd in alkalischem Medium gewonnen war. Als Bindemittel wurde Polystyrol verwendet.

Gründel und Häder [58] schlugen vor, Ionenaustauschermembranen durch Eintragen von Ionenaustauscherharz in eine Lösung eines filmbildenden Bindematerials herzustellen. Aus dieser Masse werden auf einer nicht- oder schlechthaftenden Unterlage Filme gegossen und diese anschließend getrocknet. Die Gießmasse kann nach einem der folgenden Verfahren hergestellt werden:

1. Das bis zum kolloiden Zustand vermahlene Ionenaustauscherharz wird in einer Lösung des Bindemittels dispergiert;
2. In die Bindemittellösung wird das vorkondensierte, aber noch nicht ausgehärtete Ionenaustauscherharz gegeben und anschließend ausgehärtet;
3. Das Ionenaustauscherharz wird in einem entsprechenden Lösungsmittel gelöst, beispielsweise in Benzylalkohol, und mit der Bindemittellösung vermischt.

Beispielsweise werden 100 g staubförmig vermahlenes Ionenaustauschpulver, 400 g PC-20-Leim und 80 g Dimethylphthalat 6 Stunden in einer Kugelmühle mit Stahlkugeln vermahlen und die erhaltene Masse anschließend auf eine Glasplatte ausgegossen. Nach der Trocknung wird die Membran mit Wasser abgeweicht und in einem Glas aufbewahrt. Auf diese Weise werden Filme hoher

Zerreiß- und Biegefestigkeit erhalten. Nach einem anderen Verfahren [45] wird das lufttrockene Austauscherpulver Amberlite IR-120 (kleiner als 325 mesh) unter einem Druck von 350 kp/cm² brikettiert. Dann wird das Brikett in ein Glas gegeben, welches sich in einem evakuierten Rohr befindet. Der obere Teil des Rohres wird durch ein Kunststoffröhrchen verschlossen, an welches ein Trichter angeschlossen ist, der mit flüssigem Selektron 5001 gefüllt ist. Dieses enthält Methyläthylketonperoxyd als Katalysator und 0,05% Kobaltnaphthenat als Beschleuniger. Wenn die Luft aus dem Rohr entfernt wird, fließt die flüssige plastische Masse langsam in dem Maße in das Glas, wie sie von dem Brikett aufgenommen wird. Dann wird wieder Atmosphärendruck hergestellt, und das Bindemittel erhärtet unter dem Einfluß von Katalysator und Beschleuniger. Die Oberfläche der hergestellten Membran wird zur Entfernung des überschüssigen Selektrons und zur Freilegung der Harzkörner angeschliffen.

Heterogene Membranen lassen sich auch so herstellen, daß die eine Oberfläche der Membran kationisch und die andere anionisch ist. Solche Membranen werden als bipolare oder Zweischicht-Membranen bezeichnet. Diese Membranen sind gegenwärtig noch wenig untersucht, obwohl verschiedene Autoren über ihre Herstellung berichtet haben. Die wichtigste Besonderheit der bipolaren Membranen ist ihre Fähigkeit, vorzugsweise Wasserstoffionen passieren zu lassen (Protonenselektivität) [35, 59, 60, 62].

4.4. Interpolymere Membranen

Zur Herstellung interpolymerer Membranen werden zwei lineare Polymere verwendet, von denen das eine ein Polyelektrolyt und das andere eine inerte Verbindung ist. Ein Gemisch dieser beiden Komponenten wird in einem geeigneten Lösungsmittel aufgelöst. Die erhaltene Lösung wird auf eine ebene Oberfläche aufgetragen und nach Verdampfung des Lösungsmittels erhält man eine Membran in Form eines sehr dünnen Filmes (Dicke ca. 1 bis 100 Mikron). Die Verschlingung der Ketten des wasserlöslichen Polyelektrolyten mit den Ketten des wasserunlöslichen inerten Stoffes ist so groß, daß der erhaltene Film ebenfalls wasserunlöslich ist, obwohl keine chemische Bindung der beiden Komponenten untereinander stattfindet. Die erhaltenen Filme zeichnen sich durch hohe Beständigkeit und ausgezeichnete elektrochemische Eigenschaften aus. Als Inertkomponente findet ein Mischpolymeres aus Acrylnitril und Vinylchlorid (Handelsname „Dynel") Verwendung. Als Polyelektrolyte werden für stark saure Membranen Polystyrolsulfonsäure, für schwach saure Membranen ein Kopolymeres aus Vinylmethylester und Maleinsäureanhydrid verwendet. Anionenaustauschermembranen vom Typ quarternärer Ammoniumbasen erhält man mit quarternärem Polyvinylimidazol und Methyljodid. Auf diese Weise lassen sich Filme mit einer Dicke von 1 bis 30 Mikron herstellen. Das Mengenverhältnis der beiden Polymeren kann variiert werden, was die Möglichkeit zur Herstellung von Membranen verschiedener Wirksamkeit eröffnet. Als geeignete Lösungsmittel für die hydrophilen

Polyelektrolyte und die hydrophoben Inertkomponenten haben sich Dimethylformamid und Dimethylsulfoxyd erwiesen [63—65].

In früheren Jahren wurden bereits nach einem analogen Verfahren stark saure Membranen aus Kollodium und Polystyrolsulfonsäure hergestellt [66, 67].

4.5. Herstellung von Membranen durch Aktivierung inerter Materialien

Membranen aus inerten Materialien können mit Hilfe chemischer Reaktionen, beispielsweise durch Oxydation oder Sulfonierung, aktiviert werden. So wurden die ersten Proben elektrochemisch aktiver Membranen bei der Oxydation von Kollodium erhalten. Membranen mit einer hohen Zahl von Carboxylgruppen erhielt man aus vorher oxydiertem Kollodium [68—70]. Analoge Membranen wurden bei der Oxydation vorgeformter Kollodiummembranen erhalten [70—72]. Oxydierte Kollodiummembranen haben schwach saure Eigenschaften. Die mechanische Beständigkeit solcher Membranen wird auf Grund der Oxydation etwas verschlechtert.

Weiterhin wurde ein Verfahren zur Herstellung von Filmen aus den Polymeren ungesättigter aliphatischer Verbindungen (Polyäthylen oder Polyvinylchlorid) durch Sulfonierung mit Chlorsulfonsäure bei 30 bis 60 °C und nachfolgende Alkalibehandlung patentiert [73]. Als Sulfonierungsmittel können Gemische von Chlorsulfonsäure und Sulfurylchlorid oder auch Lösungen von Schwefeltrioxyd in anorganischen oder organischen Lösungsmitteln Verwendung finden.

Inerte Membranen können weiterhin durch Adsorption von Polyelektrolyten aktiviert werden. Dabei erhält man „imprägnierte" Membranen, wenn man Polyacrylsäure oder sulfoniertes Polystyrol in Kollodiumlösungen auflöst [67, 74].

Basische Membranen erhält man bei Adsorption von Protaminen an Kollodiumfilmen [75]. Weiterhin ist in der Literatur eine Methode zur Herstellung von Anionenaustauschermembranen durch Adsorption von Poly-2-vinyl-N-methylpyridinbromid aus wäßriger Lösung an poröse Kollodiumdiaphragmen beschrieben. Die gequollene Membran adsorbiert den Polyelektrolyten aus der wäßrigen Lösung und wird anschließend an der Luft getrocknet [67]. Solche Membranen lassen sich leicht herstellen und werden gern für Laboruntersuchungen verwendet. Bei längerer Benutzung verieren sie etwas an Kapazität. Die chemische Beständigkeit der imprägnierten Membranen ist geringer als die anderer Membranarten.

4.6. Großtechnisch hergestellte Membranen

In den USA sowie in Großbritannien werden seit 1952 Ionenaustauschermembranen in industriellem Maßstab hergestellt. Gegenwärtig finden sich die verschiedensten Sorten von Ionenaustauschermembranen im Handel, darunter die nachstehend bezeichneten:

Kationen-	Anionen-
Austauschermembranen	
Amberplex C-1	Amberplex A-1
Permaplex C-10	Permaplex A-10
Nepton CR-51, CR-61	Nepton ARX-44, AR-111
Permutit C-1373	Permutit A-1374

Wie bereits früher erwähnt wurde, sind die Membranen vom Typ Nepton homogen. Die heterogenen Membranen Amberplex C-1 und A-1 werden von der Firma „Rohm and Haas" in Form elastischer Blätter von gelber und brauner Farbe in einer Stärke von 0,7 bis 0,8 mm auf den Markt gebracht. Die Herstellungstechnologie der Membranen wurde noch nicht veröffentlicht. Bekannt ist lediglich, daß sie durch Einbringung von 80% pulverförmiger, stark saurer (C-1), bzw. stark basischer (A-1) Ionenaustauscher in eine inaktive Grundsubstanz hergestellt werden.

Die Permaplex-Membranen werden von der Firma „Permutit" (London) in Form biegsamer Blätter mit einer Stärke von 0,6 mm gehandelt. Die stark saure Kationenaustauschermembran Permaplex C-10 enthält Sulfogruppen, die stark basische Membran Permaplex A-10 stark ionisierte, quarternäre Ammoniumgruppen.

Schließlich ist in der Literatur ein Verfahren zur Herstellung von Kationenaustauschermembranen durch Sulfonierung oder Phosphorylierung von Zellulose, Baumwollgewebe oder Zellophanfilmen beschrieben [78]. Anionenaustauschermembranen können durch Nitrierung mit anschließender Reduktion oder durch Aminierung der gleichen Materialien hergestellt werden.

Abschließend sei darauf hingewiesen, daß die wichtigste Aufgabe auf dem Gebiet der Synthese von Ionenaustauschermembranen die Herstellung homogener Membranen ist, die eine hohe elektrische Leitfähigkeit und mechanische Beständigkeit aufweisen.

Literatur

[1] Spiegler, K. S: „Elektrochemical Operations in Ion Exchange Technology," New York, 1956 unter der Redakton von Fi. Nachod u. J. Schubert, Moskau, Staatsverlag für Eisen- u. NE-Metallurgie, 1959

[2] Manecke, G., Bonhoeffer, K.: Z. Elektrochem. **55** (1951), 475

[3] Seiama, T., Abo, Sakai, W.: J. Electrochem. Soc. Japan **23**, (6) (1955), 314

[4] Romankevič, M. J., Šapošnikova, Z. B., Poljakova, V. M.: Ukrainische Zeitschrift für Chemie **25** (3), (1959), 392

[5] Masaichi, S., Akira, N., Gasunoby, M.: Japan. Patent, 3293 (1957)

[6] — — — Sammelbd. „Ionenaustausch und seine Anwendung", S. 11, Moskau, Verlag der Akademie der Wissenschaften der UdSSR (1959)

[7] LASKORIN, B. N., SMIRNOVA, N. M.: Wissenschaftl.-techn. Konferenz zur Theorie und praktischen Anwendung von Ionenaustauscherharzen in der Industrie. Thesen der Berichte, S. 25 (Voronež 1960)

[8] — — — Österreich. Patent Nr. 153659 (1953)

[9] LAUPENMÜHLEN, C.: Z. phys. Chem. **5—6** (1954), 2

[10] Farbenfabriken Bayer: DBR-Patent Nr. 1119133 (1956)

[11] ISHIBASHI, N., SEIAMA, T., SAKAI, W.: J. Electrochem. Soc. Japan **22** (1954), 684

[12] JUDA, W., MC-RAE, W. A.: USA-Patent Nr. 2636851 (1953)

[13] KASPER, A. A. (Ionics Inc.): USA-Patent Nr. 2702272 (1955)

[14] MANECKE, G.: Z. Elektrochem. **55** (1951), 672

[15] ROMANKEVIČ, M. R.: Ukrain. Zeitschrift für Chemie **24** (3) (1958), 325

[16] JUDA, W., MC-RAE, W. A.: J. Amer. Chem. Soc. **72** (1950), 1044

[17] KRISHNASWAMY, N.: J. Scient. and Industr. Res. **13** (10), B722 (1954)

[18] MANECKE, G.: Z. phys. Chem. **201** (1952), 1

[19] ROTH, H. H. (The Dow Chemical Co.): USA-Patent Nr. 2604461 (1952)

[20] GRAYDON, W. F., STEWART, R. I.: J. phys. Chem. **59** (1955), 86

[21] STEWART, R. I., GRAYDON, W. F.: J. phys. Chem. **61** (2), (1957), 164

[22] SCHMID, G.: XVI. Intern. Kongreß für reine und angewandte Chemie, Paris (1957)

[23] ČEN, V., MESROBIAN, R.: „Chemie und Technologie der Polymeren" Nr. 1. Moskau, Verlag für ausländische Literatur (1958)

[24] KLIMANOVA, R. S., SERENKOV, V. I., TICHOMIROVA, N. S.: Thesen der Berichte auf der II. Allunionskonferenz über Radiochemie, Moskau (1960)

[25] HILLS, G. I., KITCHENER, I. A., OVENDEN, P. I.: Trans. Faraday Soc. **51** (1955), 719

[26] HAAGEN, K., HELFFERICH, F.: DBR-Patent Nr. 971729 (1959)

[27] MANECKE, G.: DBR-Patent Nr. 1034143 (1958)

[28] IONIC Inc.: „Nepton membranes", Bull. Nr. 1, Cambridge, Mass., (1952)

[29] GRIGOROV, O. N., KULIKOVA, K. F., ŠARAPOVA, A. I.: Berichte der Akademie der Wissenschaften der UdSSR, **94** (3), (1954), 501

[30] — — — „Wasserversorgung und sanitäre Technik" **7** (1955), 1

[31] TROSTJANSKAJA, E. B.: Autorenbescheinigung Nr. 1798 (1954)

[32] TROSTJANSKAJA, E. B.: Arbeiten der Kommission für analytische Chemie **6** (IXI), (1955), 214

[33] TROSTJANSKAJA, E. B., LOSEV, I. P., TEVLINA, A. S.: Journal für analytische Chemie **12** (2), (1957), 214

[34] TITOV, V. S., PAŠKOV, A. B.: Autorenbescheinigung Nr. 102133 (1965)

[35] TITOV, V. S.: „Bulletin für Buntmetallurgie" **4** (105), (1958), 29

[36] PAŠKOV, A. B., TITOV, V. S.: „Chemische Industrie" **5** (10), (1958), 270

[37] TITOV, V. S., PETROV, G. S., AKUTIN, M. S., SALDADZE, K. M., PAŠKOV, A. B.: Autorenbescheinigung Nr. 106583 (1956)

[38] TITOV, V. S.: Plastmassen **3**, 45 (1959)

[39] SALDADZE, K. M., PAŠKOV, A. B., TITOV, V. S.: „Ionenaustauschende hochpolymere Verbindungen", Moskau, Wissenschaftlich-technischer Staatsverlag für Chemie (1960)

[40] MATEROVA, E. A., KOŽAKINA, F. A., NIKOLSKIJ, B. P.: Journal für physikalische Chemie **29** (1), (1955), 105

[41] BELINSKAJA, F. A., MATEROVA, E. A.: Mitteilungsblatt der Leningrader Staatlichen A.-A.-Shdanov-Universität, **16** (1957), 85

[42] KOZ'MINA, Z. P., ŽARINOVA, T. P., KISOVA, G. P.: Journal für Angewandte Chemie **32** (9), (1959), 2034

[43] Meleško, V. P., Červinskaja, O. V., Romanov, M. N., Izmajlova, D. R.: Sammlg. von Arbeiten der Woroneschker Abteilung der chemischen Allunions-Mendelejew-Gesellschaft, Band 2, Seite 169, Voroneš (1959)
[44] Wyllie, M. R. I., Patnode, H. W.: J. Phys. Chem. **54** (1950), 204
[45] Wyllie, M. R. I., Kanaan, S. L.: J. phys. Chem. **58** (1954), 73
[46] Patnode, H. W., Wyllie, M. R. I.: USA-Patent Nr. 2614976 (1952)
[47] Bodamer, G. W.: USA-Patent Nr. 2681319 (1954)
[48] Bodamer, G. W.: USA-Patent Nr. 2681320 (1954)
[49] Juda, W., Rosenberg, N. W.: J. Amer. Chem. Soc. **74** (1952), 3736
[50] Juda, W.: USA-Patent Nr. 2660558 (1953)
[51] Juda, W., Mc-Rae, W. A.: Kanadisches Patent Nr. 504146 (1954)
[52] Kosaka, Sato, Tadsima: J. Chem. Soc. Japan **56** (4), (1953), 27
[53] Tadsima, Kosaka, Nisida, Sato: J. Electrochem. Soc., Japan **21** (1953), 432
[54] Tadsima, Kosaka, Kosaka, Y., Sato: J. Electrochem. Soc. Japan **22** (2), (1954), 67
[55] Kopecvau, I., Stamberg, I.: Chemicky prùmysl **9** (34), (1959), 143
[56] Woermann, D., Bonhoeffer, K. F., Helfferich, F.: Z. phys. Chem. **8** (1956), 265
[57] Sinha, S.: J. Indian Chem. Soc. **30** (1953), 259
[58] Gründel, Häder: DDR-Patent Nr. 13389 (1957)
[59] Frilette, V. I.: J. phys. Chem. **60** (4), (1956), 435
[60] Glueckauf, E., Kitt, G. P.: J. Appl. Chem. **6** (11), (1956), 511
[61] Titov, V. S.: „Chem. Wissenschaft und Industrie" (russ.) **4** (1), (1959), 137
[62] Kaplan, G. E., Moiseev, S. D., Malaničev, A. K.: Wissenschaftlich-technische Konferenz zur Theorie und praktischen Anwendung von Ionenaustauscherharzen in der Industrie. Thesen der Berichte, S. 41 (Voroneš, 1960)
[63] Gregor, H. P., Jacobson, H., Shair, R. C., Wetstone, D. M.: J. phys. Chem. **61** (1957), 141
[64] Gregor, H. P., Wetstone, D. M.: J. phys. Chem. **61** (1957), 147
[65] Wetstone, D. M., Gregor, H. P.: J. phys. Chem. **61** (1957), 151
[66] Neihof, R.: J. phys. Chem., **58** (1954), 916
[67] Sollner, K., Neihof, R.: J. Biochem. and Biophys. Chem. **33** (1951), 166
[68] Gregor, H. P., Sollner, K.: J. phys. Chem. **50** (1946), 53
[69] Carr, C. W., Sollner, K.: J. Gen. Physiol. **28** (1944), 119
[70] Sollner, K., Abrams, I., Carr, C. W.: J. Gen. Physiol. **25** (1941), 7
[71] Sollner, K., Abrams, I.: J. Gen. Physiol. **24** (1940), 1
[72] Sollner, K., Abrams, I., Carr, C. W.: J. Gen. Physiol. **24** (1941), 467
[73] Corte, Hiepler: DAS Nr. 1001669 (1957)
[74] Neihof, R.: Thesen der Dissertation. University of Minnesota (1950)
[75] — — — J. Gen. Physiol. **26** (1943), 369
[76] Abrams, I.: „Amberplexe Ion Permeable Membranes", Rohm and Haas Comp., Philadelphia, 1952
[77] Sollner, K.: „Permaplex Ion exchange resin membranes", Technical data, London, 1953
[78] Jurgens, A., Reid, W., Guthrie, J.: Text. Res. **18**, Nr. 1, (1948), 72

5. PHYSIKOCHEMISCHE EIGENSCHAFTEN VON IONENAUSTAUSCHERMEMBRANEN UND METHODEN ZU IHRER BESTIMMUNG

5.1. Eigenschaften der idealen Austauschermembran

Eine Ionenaustauschermembran, die die an sie gestellten Forderungen in vollem Umfang erfüllen soll, d. h. also die „ideale" Ionenaustauschermembran, muß einen bestimmten Komplex von Eigenschaften aufweisen, insbesondere:

1. Mechanische Beständigkeit, Elastizität und Biegsamkeit,
2. sehr geringe Quellfähigkeit und Wasseraufnahme,
3. Wasserundurchlässigkeit,
4. Beständigkeit gegen Veränderungen der Temperatur und Arbeitsfähigkeit auch bei erhöhten Temperaturen,
5. chemische Beständigkeit gegen die Einwirkung der verschiedensten aggressiven Agentien,
6. Stabilität der Charakteristik auch nach länger andauernder Benutzung,
7. hohe Einheitlichkeit der Eigenschaften in allen Punkten der Membran,
8. gute elektrische Leitfähigkeit,
9. hohe selektive Ionendurchlässigkeit, d. h. die Fähigkeit, lediglich für Ionen ein und desselben Ladungsvorzeichens durchlässig zu sein.

Jedoch trifft man beim Arbeiten mit realen Ionenaustauschermembranen stets auf Abweichungen ihrer Eigenschaften von denen der idealen Austauschermembran.

Die Ausarbeitung der Rezeptur sowie die Verbesserung der Herstellungstechnologie für Ionenaustauschermembranen ist gegenwärtig bei weitem noch nicht abgeschlossen. Bei der Durchführung dieser Arbeiten muß man den Einfluß der einzelnen Komponenten der Austauschermembran auf ihre elektrochemischen und physikomechanischen Eigenschaften genau bestimmen, wodurch die Möglichkeit geschaffen wird, die Zusammensetzung so zu wählen, daß eine Austauschermembran mit optimalen Eigenschaften erhalten wird, die der Charakteristik der idealen Austauschermembran nahekommt.

Die Unvollkommenheit der gegenwärtigen Herstellungstechnologie für Ionenaustauschermembranen kommt u. a. darin zum Ausdruck, daß die großtechnisch herausgebrachten Muster innerhalb verschiedener Partien ein und derselben Membran unterschiedliche Eigenschaften aufweisen. Man muß die physikochemischen Eigenschaften der Membranen genau überprüfen, bevor sie in großtechnischen Prozessen oder bei Laboruntersuchungen verwendet werden. In allen diesen Fällen spielt die labormäßige Testung für die Bestimmung der Charakteristik der Austauschermembran eine wichtige Rolle.

Die Methoden zur Bestimmung der Eigenschaften von Austauschermembranen kann man in zwei Gruppen aufteilen, und zwar in Methoden zur Bestimmung der physikomechanischen und der elektrochemischen Charakteristika der Austauschermembranen. Während jedoch für die Bestimmung der physikomechanischen Eigenschaften Apparaturen und Methoden verwendet werden können, wie sie schon früher für die Untersuchung der verschiedensten Filme und inerter poröser Membranen Verwendung fanden, mußten die ersten Forscher, die sich mit dem Studium der Eigenschaften oder der Anwendung elektrochemisch aktiver Membranen beschäftigten, zwecks Bestimmung der elektrochemischen Charakteristika solche Methoden erst selbst ausarbeiten. Daher findet man in der einschlägigen Literatur eine große Zahl von Arbeiten, die sich mit der Bestimmung der elektrischen Leitfähigkeit und der Überführungszahl beschäftigen, Eigenschaften, die die selektive Ionendurchlässigkeit der Austauschermembranen charakterisieren.

5.2. *Physiko-mechanische Eigenschaften von Ionenaustauschermembranen*

5.2.1. *Mechanische Beständigkeit, Elastizität und Biegsamkeit*

Eine Ionenaustauschermembran muß mechanisch beständig sein, sie muß gewissen zerstörenden Kräften und Druckänderungen, wie sie in Mehrkammer-Elektrodialyse-Zellen stets auftreten, widerstehen und weiterhin elastisch und biegsam sein, da andernfalls die Montage der Elektrodialyse-Zellen stark kompliziert wird.

Homogene Austauschermembranen, gewöhnlich mit einem Stützgewebe ausgerüstet, sind in der Regel mechanisch unbeständig und zeichnen sich auch nicht durch Elastizität aus, so daß sie schon bei geringer Beanspruchung Risse zeigen. Besonders die ungenügende mechanische Beständigkeit steht der ausgedehnten Verwendung homogener Austauschermembranen im Wege.

Bei den hetrogenen Ionenaustauschermembranen wird die mechanische Beständigkeit, die Elastizität und Biegsamkeit durch die Eigenschaften des gewählten inerten Bindematerials sowie dessen Anteil in der Membran bestimmt. Je höher die Elastizität des Bindematerials und dessen Menge in der Membran, um so besser sind deren mechanische Eigenschaften. Weiterhin ist bekannt, daß eine Vergrößerung der Quellbarkeit des Ionenaustauscherharzes, welches in die Membran eingeführt wird, deren mechanische Beständigkeit verschlechtert. Die Dicke der Austauschermembranen wird gewöhnlich zwischen 0,3 und 1,0 mm gewählt, da eine weitere Verstärkung zur Verringerung der Elastizität führt.

Die mechanische Beständigkeit heterogener Membranen läßt sich durch deren Armierung mit einem Gewebe entscheidend verbessern. Für diesen Zweck finden Seidengewebe aus Kapron oder Chlorin usw. Verwendung. Noch bessere Perspektiven dürfte die Verwendung von biegsamen polymeren Fasern zur Armierung haben, die eine der Quellung des Ionenaustauscherharzes in der Membran ähnliche Quellung aufweisen. Solche Membranen könnten bei der Montierung der Elektrodialyse-Zellen ohne Abstandshalter zusammengebaut werden. Dann würde die Nutzfläche der Ionenaustauschermembran im Elektrodialyse-Prozeß nicht teilweise durch die Abstandshalter beansprucht werden.

Die mechanische Beständigkeit von Austauschermembranen gegen Zerreißen (Reißfestigkeit) sowie die relative Dehnung wird mit einem Gerät nach Poljan oder einem Dynamometer nach üblichen Verfahren bestimmt, wie sie auch zur Bewertung der mechanischen Beständigkeit dünner Filme dienen.

Die Biegsamkeit der Austauschermembranen beurteilt man durch Bestimmung der kritischen Zahl der Biegungen: eine trockene (oder gequollene) Probe von rechteckiger Form und den Ausmaßen 70 mal 40 mm wird — an beiden Enden befestigt — um einen runden Kern mit einem Durchmesser von 6 mm so lange in einem Winkel von 180 Grad gebogen, als an der Biegestelle ein Ein- oder Zerreißen nicht festzustellen ist.

5.2.2. Quellfähigkeit der Austauschermembranen

Die Gründe für die Quellfähigkeit von Austauschermembranen wurden bereits weiter oben eingehend erläutert. Daher wollen wir im vorliegenden Abschnitt nur die praktische Seite der Frage betrachten. Homogene Austauschermembranen mit Stützgewebe müssen zur Verhinderung von Zerstörungen stets im gequollenen Zustand aufbewahrt werden, da sich das Ionenaustauscherharz beim Trocknen zusammenzieht, das Stützgewebe aber nicht. Heterogene Ionenaustauschermembranen werden sowohl trocken als auch gequollen hergestellt. Der Quellungsgrad der heterogenen Membranen hängt von der Menge des in ihnen enthaltenen Austauscherharzes ab. Je geringer der Gehalt an Austauschermaterial in der Membran ist, um so geringer ist auch deren Quellfähigkeit. Parallel mit der Verringerung der Menge an Ionenaustauscherharz läuft eine starke Verschlechterung der elektrischen Leitfähigkeit der Membran. Daher muß man einen optimalen Gehalt an Ionenaustauscherharz unter Berücksichtigung beider Faktoren auswählen. Die Herstellung von Membranen aus neuen Ionenaustauscherharzen, die eine relativ geringe Quellfähigkeit besitzen, jedoch die guten elektrochemischen Eigenschaften bewahren, könnte die Lösung dieser Aufgabe erleichtern.

Heterogene armierte Ionenaustauschermembranen müssen sorgfältig eingepreßt werden, da andernfalls bei der Quellung der trockenen Membran einzelne „Löcher“ an den Stellen auftreten können, wo das Ionenaustauscherharz ungenügend mit dem Armierungsgewebe verbunden ist.

Je geringer die Quellfähigkeit der Membran ist, um so weniger treten Spannungen in ihr auf, und um so leichter läßt es sich mit ihr bei der Montage von Mehrkammer-Elektrodialyse-Zellen arbeiten. Da sich der Quellungsgrad von Austauschermembranen auch mit der Veränderung der Konzentration der Elektrolytlösung ändert, sich beispielsweise mit Erhöhung der Konzentration verringert, ist es wünschenswert, den Quellungsgrad der Membran in der entsprechenden Arbeitslösung vorher zu bestimmen. Weiterhin muß man die für ein vollständiges Ausquellen der Membran notwendige Zeit kennen, um bereits beim Aufbau der Zelle vollständig ausgequollene Membranen einsetzen zu können.

Dazu ist zu sagen, daß wenig quellbare Austauschermembranen das Gleichgewicht mit der umgebenden Elektrolytlösung bedeutend langsamer erreichen. Nach Aufbau der Elektrodialysezelle müssen die in die Rahmen eingespannten Ionenaustauschermembranen ständig in feuchtem, gequollenem Zustande gehalten werden, um ein Verziehen oder eine Zerstörung der Membranen zu verhindern.

Der Quellungsgrad der Austauschermembranen wird auf folgende Weise bestimmt:

Aus den trockenen Membranen wird mit Hilfe einer Schablone eine runde Probe mit einem Durchmesser $d = 78$ mm ausgeschnitten. Die Dicke der trockenen Probe δ_{tr} wird mit einer Mikrometerschraube bestimmt, und zwar als Mittel aus mehreren Messungen. Die trockene Probe wird in 0,01 m NaCl-Lösung (oder in eine andere benötigte Arbeitslösung) gegeben und die Größe des Durchmessers der Probe nach 1, 2, 3 Stunden usw. bis zur vollständigen Quellung ausgemessen. Die Dicke der gequollenen Probe wird ebenfalls mit der Mikrometerschraube bestimmt.

Das Verhältnis d_{gequ}/d_{tr} bzw. $\delta_{gequ}\delta/_{tr}$ ist eine Kenngröße für die Quellung der Membran bzw. gibt ihren Quellungsgrad an. Die Bestimmung des Quellungsgrades wurde für eine Reihe Proben von Austauschermembranen durchgeführt. Die Angaben der Tab. 1 zeigen die Unterschiede im Quellungsgrad verschiedener Membranproben sowie die Abhängigkeit des Quellungsgrades einundderselben Austauschermembran vom Prozentgehalt des in ihr enthaltenen Ionenaustauscherharzes.

Tabelle 1
Abhängigkeit des Quellungsgrades heterogener Membranen vom Prozentgehalt an Ionenaustauscherharz

Membran-Marke		d_{gequ}/d_{tr}	$\delta_{gequ}/\delta_{tr}$
Kationenaustauscher-Membranen			
SDV-3	80%	1,60	1,20
	70%	1,55	1,19
	67%	1,52	1,18
	65%	1,50	1,18
SBS-1	90%	1,14	1,09
	85%	1,13	1,11
	80%	1,12	1,12
Anionenaustauscher-Membranen			
EDE-10	80%	1,28	1,25
	75%	1,25	1,18
	75%	1,26	1,20

5.2.3. *Wasserdurchlässigkeit*

Die Wasserdurchlässigkeit ist eine hydraulische Kenngröße der Ionenaustauschermembran, d. h. unter der Wasserdurchlässigkeit versteht man lediglich die Filtration von Wasser durch die Poren der Membran. Die Frage der osmotischen und elektroosmotischen Überführung des Wassers durch die Ionenaustauschermembran wird bei der Betrachtung der elektrochemischen Eigenschaften der Membran berührt werden.

Ungeachtet ihrer porösen Struktur sind heterogene Ionenaustauschermembranen beim Arbeiten in Mehrkammer-Elektrodialysezellen praktisch wasserundurchlässig.

Die Wasserdurchlässigkeit einer Membran läßt sich am einfachsten durch Bestimmung des absoluten Durchflußkoeffizienten k beurteilen:

$$k = \frac{v \cdot \delta \cdot \eta}{F \cdot H \cdot T},$$

wobei die einzelnen Symbole folgende Bedeutung haben:

v = Menge der durchtretenden Flüssigkeit, *ml*,
δ = Dicke der Membran in cm,
η = Viskosität der durchgetretenen Flüssigkeit (für destilliertes Wasser $\eta = 1$),
F = nutzbare Durchtrittfläche der Membran in dm^2,
H = hydrostatischer Druck in cm Wassersäule,
T = Durchtrittszeit in h.

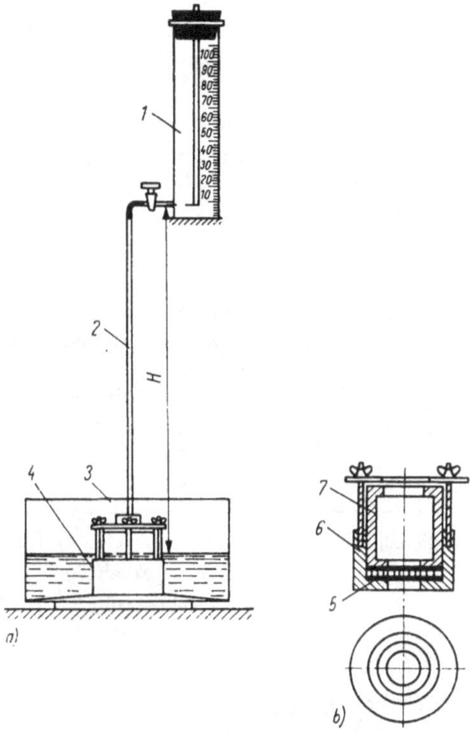

Abb. 9. Schema einer Vorrichtung zur Bestimmung des Durchtrittskoeffizienten k einer Membran (a) mit Detailzeichnung der Zelle (b)

1 – MARIOTTEsche Flasche *2* – Glasrohr
3 – Glasschale *4* – Meßzelle *5* – Membranprobe
6 – äußerer Zylinder *7* – innerer Zylinder

Der absolute Durchtrittskoeffizient wird auf folgende Weise bestimmt:

Die unter Vakuum mit Wasser gesättigte Membranprobe wird zwischen den oberen und unteren Zylinder (6) und (7) einer Zelle aus organischem Glas (siehe dazu Abb. 9) eingespannt. An den oberen Zylinder wird ein gläsernes Rohr hermetisch angeschlossen, welches mit einer MARIOTTEschen Flasche verbunden ist. Die Zelle wird in eine wassergefüllte Kristallisationsschale gestellt, um ein Austrocknen der Membranprobe zu verhindern. Der Versuch wird mit destilliertem Wasser durchgeführt, seine Dauer beträgt 30 min.

5.2.4. Widerstandsfähigkeit gegen Temperaturänderung, Einheitlichkeit, chemische Beständigkeit und Stabilität von Austauschermembranen

Die Beständigkeit gegen Temperaturänderungen sowie die Arbeitsfähigkeit bei erhöhten Temperaturen sind mit die wichtigsten Eigenschaften von Ionenaustauschermembranen, die für Elektrodialysezwecke eingesetzt werden sollen, da bei solchen Prozessen im allgemeinen eine Erwärmung des Elektrolyten auf höhere Temperaturen erfolgt.

Ebenfalls unbedingt erforderlich ist die chemische Beständigkeit der Austauschermembranen gegenüber aggressiven Agentien sowie gegen die Einwirkung der Elektrolyte oder der Reaktionsprodukte an den Elektroden (beispielsweise von Chlor). Diese Eigenschaften der Ionenaustauschermembranen werden wesent-

Tabelle 2
Beständigkeit von Ionenaustauschermembranen
gegen Temperaturänderung und Einwirkung chemischer Agentien

Membrantyp	Maximale Arbeits-Temperatur in °C für die Na^+- bzw. Cl^--Form der Membran	Einfluß von Trocknung und Entwässerung	Beständigkeit gegenüber Lösungsmitteln
Amberplex C-1 A-1	95 95 (für alkalische Lösungen 50)	keine Schwierigkeiten, wenn die Membranen nicht in starre Rahmen eingespannt werden	völlig befriedigend, mit Ausnahme gegen aliphatische und aromatische Kohlenwasserstoffe
Nepton CR-51		wird beim Trocknen zerstört	Matrix ist gegen nichtoxydierende wäßrige Lösungen unter pH = 10 beständig
CR-61 AR-111		dto. dto.	Beständig gegen die meisten oxydierenden und reduzierenden Stoffe und organischen Lösungsmittel
Permutit C-1373 A-1373	60 60	schnelle, ungleichmäßige Trocknung zerstört die Membran	gute Beständigkeit gegen anorganische Säuren, schlechte gegen organische Lösungsmittel
Permaplex C-10 A-10	60 60	keine Schwierigkeiten, wenn die Membranen nicht in starre Rahmen eingespannt werden	völlig befriedigend, mit Ausnahme einiger Kohlenwasserstoffe

lich durch die der Membrankomponenten bestimmt. Demzufolge muß bei der Wahl der Membranrezeptur auch auf die Widerstandsfähigkeit der Ausgangsstoffe gegenüber diesen Agentien gebührend geachtet werden.

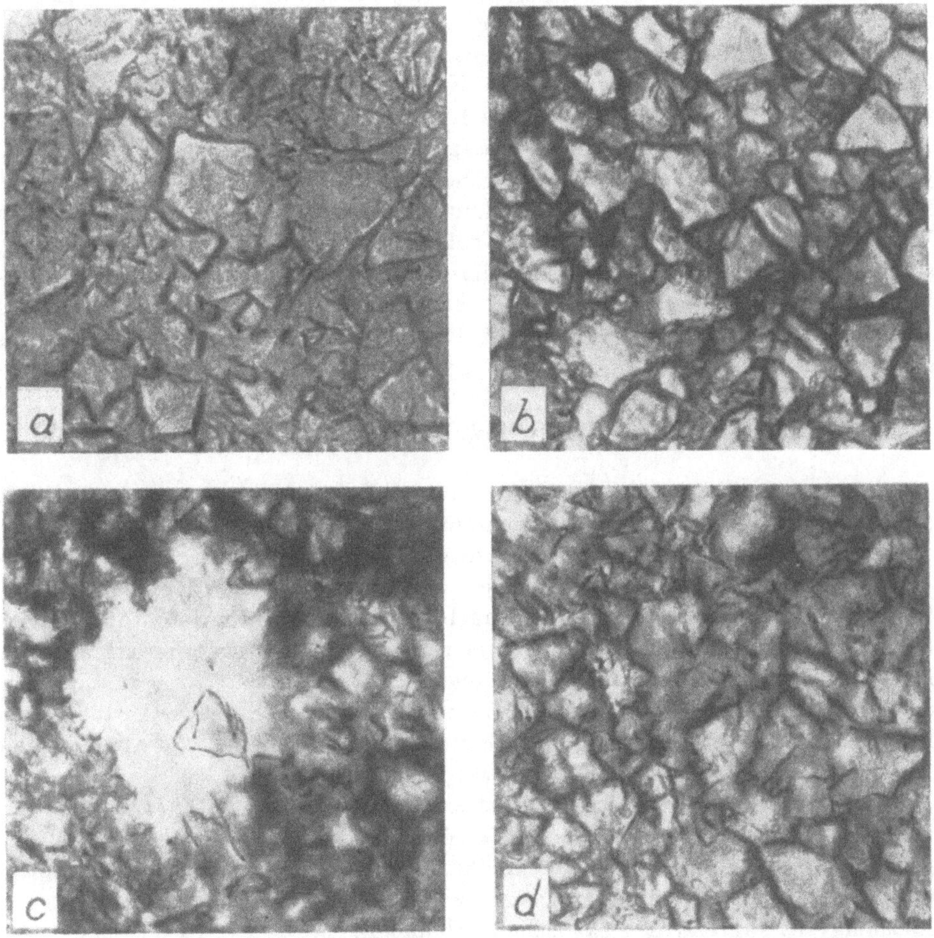

Abb. 10. Mikrofotografien der Dünnschnitte von Ionenaustauschermembranen
a – DPV (60%) *b* – KU-2 (80%) auf SKN-26 *c* – Permaplex A-10 *d* – Amberplex C-1

Die bis heute großtechnisch hergestellten Membranen vermögen diese Forderungen jedoch noch nicht in genügendem Maße zu erfüllen, was natürlich ihr Anwendungsgebiet stark einschränkt.

Die zu diesen Fragen in der Literatur zu findenden Angaben sind in der Tab. 2 zusammengefaßt.

Aus dieser Tabelle geht hervor, daß nur einzelne Muster von Ionenaustauschermembranen bei hohen Temperaturen arbeitsfähig sind. Im allgemeinen verschlechtern sich mit Erhöhung der Temperatur mechanische Beständigkeit und selektive Ionendurchlässigkeit der Austauschermembranen. Allgemein gültige Untersuchungsmethoden für diese Eigenschaften von Ionenaustauschermembranen sind in der Literatur nicht anzutreffen. Jeder Produzent verwendet eigene Methoden, die sich als brauchbar erwiesen haben.

Eine hohe Einheitlichkeit der Eigenschaften heterogener Austauschermembranen wird erreicht, wenn bei ihrer Herstellung feinstgemahlenes Ionenaustauscherharz (Teilchengröße etwa 5 bis 10 Mikron) verwendet und auf eine gute Durchmischung des Ionenaustauscherharzes mit dem Bindemittel geachtet wird.

Der Grad der Einheitlichkeit einer heterogenen Membran wird durch ihre Mikrostruktur charakterisiert. Dünnschnitte einiger Membranproben in 160facher Vergrößerung zeigt die Abb. 10. Die eingebetteten Harzkörner in den Membranen sind ausgezeichnet zu erkennen. Die Mikrostruktur der Proben heterogener Membranen, die unter Verwendung einer Vibrationsmühle für die Feinmahlung des Ionenaustauscherharzes hergestellt wurden, zeigt eine relativ einheitliche Korngröße des Harzes.

5.3. *Elektrische Leitfähigkeit*

Wie bereits im Kapitel 3.4 erwähnt, ist für die Entwicklung einer quantitativen, phänomenologischen Theorie der Membranprozesse die Kenntnis gewisser empirischer Gesetzmäßigkeiten sowie der diese Gesetzmäßigkeiten charakterisierenden Parameter erforderlich. Die elektrische Leitfähigkeit ist eines der beiden Hauptkriterien für die Beurteilung der elektrochemischen Eigenschaften großtechnisch hergestellter Ionenaustauschermembranen. Weiter oben wurde bereits ausführlich über die Erscheinung der elektrischen Leitfähigkeit in Ionenaustauschermembranen gesprochen, weshalb an dieser Stelle lediglich einige Ausführungen zur quantitativen Beurteilung der elektrischen Leitfähigkeit in Abhängigkeit von verschiedenen Faktoren gemacht werden sollen.

Der Untersuchung elektrochemischer Parameter von Ionenaustauschermembranen, insbesondere ihrer elektrischen Leitfähigkeit, wurde bereits eine große Zahl von Arbeiten gewidmet. Die homogenen Ionenaustauschermembranen, die vollständig aus Ionenaustauscherharz bestehen, zeigen eine hohe elektrische Leitfähigkeit, während die elektrische Leitfähigkeit heterogener Ionenaustauschermembranen in starkem Maße vom Kontakt, den die einzelnen, in ihnen enthaltenen Ionenaustauscherharzteilchen miteinander haben, abhängig ist. Bei der Membranherstellung muß man deshalb großen Wert auf einen hohen Füllungsgrad, auf intensive Feinmahlung des Ionenaustauscherharzes und des Bindemittels sowie auf eine sorgfältige Durchmischung der Ausgangsprodukte legen. Auch die Art und Weise des Verpressens der Membranen unter Druck ist auf deren elektrische Leitfähigkeit von wesentlichem Einfluß.

Da die elektrische Leitfähigkeit von Ionenaustauschermembranen ihrem Wesen nach eine Ionen-Leitfähigkeit ist, wird sie von den gleichen Faktoren beeinflußt wie die elektrische Leitfähigkeit von Lösungen reiner Ionen. Beispielsweise ist die elektrische Leitfähigkeit einer Kationenaustauschermembran des stark sauren Typs in der H^+-Form höher als in der Salzform, und die OH^--Form einer stark basischen Anionenaustauschermembran besitzt eine höhere elektrische Leitfähigkeit als die Salzform der gleichen Membran. Dies entspricht der bekannten Tatsache, daß die wäßrigen Lösungen starker Säuren oder starker Basen den elektrischen Strom besser leiten als die Lösungen ihrer Salze.

Die elektrische Leitfähigkeit heterogener Membranen ist in starkem Maße von ihrem prozentualen Gehalt an Ionenaustauscherharzen abhängig.

Um diese Abhängigkeit zu untersuchen, führten die Autoren des vorliegenden Buches Messungen der spezifischen elektrischen Leitfähigkeit $\varkappa$ [$Ohm^{-1} \cdot cm^{-1}$] an Mustern von Kationenaustauschermembranen aus den Harzen SBS-1, SBS 2, SDV-3 sowie von Anionenaustauschermembranen aus dem Harz EDE-10P*) in 0,1 n NaCl-Lösung durch. Die Ergebnisse dieser Messungen sind in den Tabellen 3 bis 6 zusammengefaßt.

Aus diesen Tabellen ist zu ersehen, daß sich die elektrische Leitfähigkeit der Membranen mit steigendem prozentualen Gehalt an Ionenaustauscherharz in der Membran stark erhöht. Ganz ähnliche Resultate wurden bei Untersuchung anderer Membranen von Tajima, Kosaka und Sato [1] erhalten.

Die Abhängigkeit der elektrischen Leitfähigkeit von Ionenaustauschermembranen vom Quellungsvermögen der Ionenaustauscherharze oder — anders aus-

Tabelle 3

Abhängigkeit der spezifischen elektrischen Leitfähigkeit vom prozentualen Gehalt an Harz SDV-3 in der Membran

Prozentualer Gehalt	$\varkappa \cdot 10^3$ [$Ohm^{-1} \cdot cm^{-1}$] in 0,1 n NaCl-Lösung
60	0,334
65	0,776
70	1,72

Tabelle 4

Abhängigkeit der spezifischen elektrischen Leitfähigkeit vom prozentualen Gehalt an Harz SBS-2 in der Membran

Prozentualer Gehalt	$\varkappa \cdot 10^3$ [$Ohm^{-1} \cdot cm^{-1}$] in 0,1 n NaCl-Lösung
50	0,117
60	0,284
70	2,32
75	2,63
80	4,63

*) Die verwendeten Ionenaustauschermembran-Proben wurden im MATI unter Leitung von Trostjanskaja hergestellt.

Tabelle 5
Abhängigkeit der spezifischen elektrischen Leitfähigkeit vom prozentualen Gehalt an Harz SBS-1 in der Membran

Prozentualer Gehalt	$\varkappa \cdot 10^3$ [$Ohm^{-1} \cdot cm^{-1}$] in 0,1 n NaCl-Lösung
50	0,0532
70	0,174
75	0,762
80	1,43

Tabelle 6
Abhängigkeit der spezifischen elektrischen Leitfähigkeit vom prozentualen Gehalt an Harz EDE-10P in der Membran

Prozentualer Gehalt	$\varkappa \cdot 10^3$ [$Ohm^{-1} \cdot cm^{-1}$] in 0,1 n NaCl-Lösung
60	2,59
65	3,35
67	5,07
70	6,72

gedrückt — vom Vernetzungsgrad der Ionenaustauschermatrix wurde von Spiegler [2] untersucht. Dieser fand, daß die spezifische elektrische Leitfähigkeit von Membranen auf Basis Phenolsulfonsäureharz mit steigendem Vernetzungsgrad, d. h. mit sinkendem Quellvermögen abnimmt. Dieser Effekt ist darauf zurückzuführen, daß mit zunehmendem Vernetzungsgrad eine immer stärker werdende Verfestigung der Gelstruktur und damit im Zusammenhang eine Verringerung des Wassergehaltes der Membran eintritt. Von den Autoren des vorliegenden Buches wurde die gleiche Abhängigkeit am Beispiel von Membranen auf Basis SBS-Harz untersucht.

Das Harz SBS-2 besitzt ein wesentlich größeres Quellvermögen als das Harz SBS-1, und wie man aus den Tabellen 4 und 5 entnehmen kann, zeigen die auf Basis SBS-2-Harz hergestellten Membranen bei gleichem prozentualen Gehalt an Harz einen wesentlich geringeren elektrischen Widerstand als die Ionenaustauschermembranen auf Basis SBS-1-Harz. Dieses Problem bildet auch den Gegenstand der Untersuchungen von Titov [3] sowie von Tajima und Mitarbeitern [1].

Wie bereits weiter oben erwähnt, übt die elektrische Leitfähigkeit der durch die Membran voneinander getrennten Elektrolyte ebenfalls einen entscheidenden Einfluß auf die elektrische Leitfähigkeit der Membran aus. Spiegler [2] führt Versuchsergebnisse an, die bei der Untersuchung der spezifischen elektrischen Leitfähigkeit der Kationenaustauschermembran „Nepton CR-51" in Abhängigkeit von der Konzentration der mit der Membran in Berührung stehenden Elektrolytlösungen erhalten wurden (Abb. 11).

Bei geringer Konzentration der Elektrolytlösung ist die elektrische Leitfähigkeit der Membran von der Konzentration der Lösung nahezu unabhängig. Mit Erhöhung der Konzentration der sich im Gleichgewicht mit der Membran befindenden Elektrolytlösung erhöht sich auch die elektrische Leitfähigkeit der Membran, jedoch nur bis zu einem bestimmten Grenzwert. Nach Durchlaufen dieses Maximums sinkt die elektrische Leitfähigkeit der Membran mit weiterer Steigerung der Konzentration der mit ihr im Gleichgewicht befindlichen Lösung wieder etwas ab. Dieser Effekt läßt sich dadurch erklären, daß mit Verringerung des Abstandes zwischen den Ionen die Anziehungskräfte zwischen diesen zunehmen, wodurch es zu einer Verringerung der Ionenbeweglichkeit kommt. Außerdem wirkt die mit zunehmender Konzentration eintretende Verringerung des Dissoziationsgrades des Elektrolyten ebenfalls in Richtung auf eine Verringerung der elektrischen Leitfähigkeit.

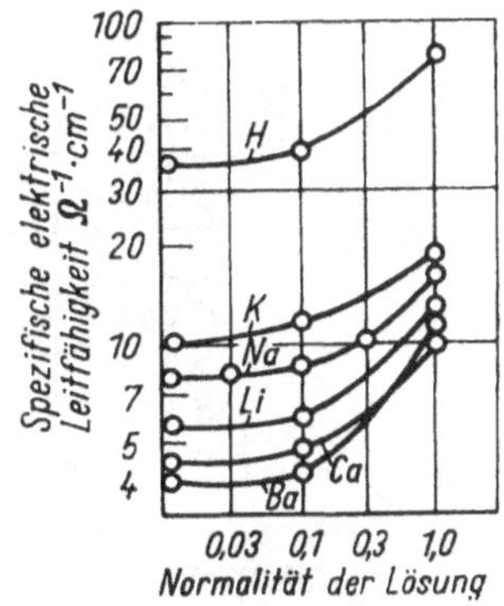

Abb. 11. Abhängigkeit der elektrischen Leitfähigkeit einer Membran von ihrer Ionenform

In Tab. 7 sind Ergebnisse von Untersuchungen über die Abhängigkeit der elektrischen Leitfähigkeit von Ionenaustauschermembranen von der Konzentration verschiedener Elektrolytlösungen zusammengefaßt. Eine quantitative Auswertung der gefundenen Gesetzmäßigkeiten findet sich in einer Arbeit von Despic und Hills [4] (Tab. 8). Dabei muß beachtet werden, daß bei hohen Elektrolytkonzentrationen sich nicht nur die Gegenionen in der Membran befinden, sondern auch der Elektrolyt in die Membran eindringt. Dies hat zur Folge, daß man die Membran bei hohen

Tabelle 7

Spezifischer elektrischer Widerstand ϱ und Oberflächenwiderstand ϱ' von Ionenaustauschermembranen in Abhängigkeit von der Elektrolytkonzentration

Festelektrolyt-konzentration	Maßeinheiten	Außenelektrolytkonzentration 0,01 n KCl	0,1 n KCl	1,0 n KCl
Membran mit 75% EDE-10-P-Harz	ϱ, Ohm · cm	2160,0	221,0	131,0
	ϱ', Ohm · cm²	190,0	19,0	11,4
Membran mit 67% SDV-3-Harz	ϱ, Ohm · cm	1938,0	384,0	194,0
	ϱ', Ohm · cm²	190,0	38,0	19,0
Membran mit 75% SBS-1-Harz	ϱ, Ohm · cm	16850,0	6820,0	1920,0
	ϱ', Ohm · cm²	1340,0	532,0	184,0

Tabelle 8
Spezifische elektrische Leitfähigkeit von Carboxyl- und Sulfogruppen enthaltenden interpolymeren Membranen in der K^+- und Ca^{++}-Form

Membran-Marke	Elektrolyt-konzentration, n	Spez. elektr. Leitfähigkeit	
		$K^m_{K^+} \cdot 10^4$	$K^m_{Ca^{++}} \cdot 10^4$
C-1	0,2	2,15	0,863
C-1	0,02	1,715	0,592
C-1	0,002	1,20 ± 0,5	0,55 ± 0,03
C-2	0,2	6,0	0,812
C-2	0,02	2,17	0,730
C-2	0,002	1,13 ± 0,4	0,30 ± 0,03
S-1	0,2	4,8	1,17
S-1	0,02	2,89	1,20
S-1	0,002	1,60 ± 1,5	1,20 ± 0,6

Elektrolytkonzentrationen nicht mehr als reinen kationischen oder anionischen Leiter für den elektrischen Strom ansehen kann.

Das Eindringen von Elektrolytlösung in die Membran wird durch das sich an der Phasengrenze zwischen Membran und Lösung einstellende und bereits von vielen Autoren untersuchte Donnan-Gleichgewicht bestimmt. Der Mechanismus dieses Effektes wurde schon weiter oben einer näheren Betrachtung unterzogen.

Bekanntlich wird das in den Poren der Membran befindliche Lösungsmittel bei der Bewegung der Gegenionen durch die Membran von diesen in ihrer Bewegungsrichtung verdrängt. Die dadurch entstehende Konvektionsbewegung des Lösungsmittels bringt eine zusätzliche konvektive elektrische Leitfähigkeit mit sich.

Die Erscheinung der konvektiven elektrischen Leitfähigkeit, deren theoretischer Deutung eine eingehende Untersuchung von Schmid [5] gewidmet ist, bildet auch den Gegenstand einiger Arbeiten von Scatchard und Helfferich [6] sowie von Mackay und Meares [7]. Besonders interessant ist die letztgenannte Arbeit, in der die Autoren den Mechanismus solcher Erscheinungen wie der elektrischen Leitfähigkeit, der Elektroosmose, der Permeabilität und der Selbstdiffusion (Eigendiffusion) unter Anwendung der Theorie der Thermodynamik irreversibler Prozesse einer eingehenden Untersuchung unterzogen.

Mit steigender Temperatur nimmt sowohl die elektrische Leitfähigkeit von Elektrolytlösungen als auch die von Ionenaustauschermembranen zu. Eine Erhöhung der Austauschkapazität des Ionenaustauscherharzes bewirkt auch eine Verbesserung der spezifischen Leitfähigkeit der aus diesem Austauscher hergestellten Membran, wie durch die Arbeiten von Titov [3] sowie von Tajima und Mitarbeitern [1] nachgewiesen werden konnte.

Die obengenannten, die Größe der elektrischen Leitfähigkeit von Membranen beeinflussenden Faktoren wurden in der Mehrzahl der Fälle an Ionenaustauschermembranen studiert, die mit Lösungen einwertiger Elektrolyte im Gleichgewicht standen. Mit Erdalkali-Ionen beladene Membranen besitzen gegenüber solchen in der Na^+- oder K^+-Form bereits eine wesentlich geringere elektrische Leitfähigkeit (Abb. 11), s. S. 51.

Die spezifische elektrische Leitfähigkeit von Ionenaustauschermembranen im Gleichgewicht mit mehrwertige Ionen enthaltenden Elektrolytlösungen ist geringer als die von Membranen im Gleichgewicht mit Lösungen einwertiger Elektrolyte. Dieser Effekt findet seine Erklärung in der gegenüber einwertigen Gegenionen stärkeren Wechselwirkung zwischen den mehrwertigen Kationen bzw. Anionen und den in der Membran fixierten austauschaktiven Gruppen. Der Einfluß von verschiedenartigen Gegen- und Koionen und deren Wertigkeit auf die elektrische Leitfähigkeit von Ionenaustauschermembranen wurde in Arbeiten von GRUBB [8], MANECKE und OTTO-LAUPENMÜHLEN [9], TAJIMA und Mitarbeitern [1] sowie in Arbeiten anderer Autoren untersucht.

Das Verhalten von Ionenaustauschermembranen in Lösungen gemischter Elektrolyte, insbesondere das Verhalten von Kationenaustauschermembranen in K^+- und Ca^{++}-Ionen enthaltenden Lösungen bildete den Gegenstand einer Untersuchung von GREGOR und WETSTONE [10]. Diese Autoren konnten nachweisen, daß die spezifische elektrische Leitfähigkeit von mit Ca^{++}-Ionen beladenen Membranen genau halb so groß ist wie die elektrische Leitfähigkeit der jeweils gleichen, aber mit K^+-Ionen beladenen Membranen.

Gewöhnlich mißt man nicht die elektrische Leitfähigkeit von Ionenaustauschermembranen, sondern deren reziproken Wert, den elektrischen Widerstand der Membranen. Dabei kommen zwei experimentelle Methoden zur Bestimmung des elektrischen Widerstandes von Ionenaustauschermembranen zur Anwendung.

1. Direkte Messung des Widerstandes der feuchten, gequollenen Membran;
2. Bestimmung des Widerstandes als Differenz zwischen dem Widerstand einer Zelle mit einem Elektrolyten, der durch eine Ionenaustauschermembran getrennt ist und dem Widerstand der gleichen Zelle mit Elektrolyten, aber ohne Membran (dem sogenannten „Leer- oder Blindwiderstand“ der Zelle).

CLARKE und Mitarbeiter [11], ROSENBERG, GEORGE und POTTER [12], GRAYDON und STEWART [13], SPIEGLER und CORYELL [14] sowie WYLLIE und KANAAN [15] verwendeten die Methode der direkten Messung des Membranwiderstandes. Dabei verfuhren sie so, daß sie mit einem Elektrolyten getränkte Streifen, Scheiben oder Stangen der Ionenaustauschermembran zwischen zwei Elektroden einspannten, wobei sie dafür sorgten, daß die Proben während der Messung keine Feuchtigkeit verloren. Die Messungen wurden in Zellen unterschiedlicher Form, jedoch meist unter Verwendung von Platinelektroden und Wechselstrombrücken mit einer Frequenz von 50 bis 60 Hz durchgeführt.

NAGAMATSU, SEIYAMA und SAKAI [16] bedienten sich ebenfalls der Methode der direkten Messung des Widerstandes der von ihnen benutzten Ionenaustauschermembranen, indem sie die feuchten Proben zwischen Quecksilberelektroden anordneten. Für ihre Messungen benutzten sie eine KOHLRAUSCH-Brücke mit einer Arbeitsfrequenz von 60 Hz. Als Nullgerät diente ihnen ein Telephon.

Alle soeben genannten Meßmethoden sind durch eine schlechte Reproduzierbarkeit der Meßergebnisse charakterisiert. Außerdem berücksichtigten die oben erwähnten Autoren nicht den zusätzlichen Widerstand der Kontakte der Meßanordnung und brachten auch keine Korrektur an, die dem kapazitiven Widerstand der Probe selbst Rechnung trägt. Genauere Widerstandsmessungen nach der genannten direkten Methode wurden von HILLS, KITCHENER und OVENDEN [17] erhalten.

Diese bestimmten den Widerstand stabförmiger Proben aus dreidimensional vernetzter Polymethacrylsäure in der Kaliumform unter Benutzung einer WHEATSTONEschen Brücke. Die Meßzelle bestand aus zwei scherenförmigen Einspannvorrichtungen, die an ihren inneren, zum Festhalten der Probe bestimmten Flächen mit einem dünnen Überzug aus platiniertem Platin versehen waren. Die Konstruktion der Klemmen ermöglichte eine gute Reproduzierbarkeit des elektrischen Kontaktes an jeder beliebigen Stelle des Probestabes. Die Meßzelle befand sich in einem Behälter aus Glas, in dem ständig eine Stickstoffatmosphäre aufrechterhalten wurde. Der Stickstoff war mit Wasserdampf gesättigt, und die gesamte Meßanordnung befand sich in einem gefüllten Wasser-Thermostaten.

Diese Meßmethode wurde später von den Autoren noch folgendermaßen vervollkommnet: Die Messung der elektrischen Leitfähigkeit der stabförmigen Proben erfolgte mit Hilfe zweier beweglicher und zweier unbeweglicher Paare von Platinelektroden. Die Verwendung der beiden beweglichen Leitungselektroden ermöglichte die Eliminierung des Widerstandes der Kontakte bei der Messung.

Die Methode von HILLS wurde auch von MACKAY und MEARES [7] zur Messung des Widerstandes von streifenförmigen Membranproben der Marke Zeocarb-315 in der Natriumform unter Benutzung einer Plexiglas-Zelle mit vier platinierten Platinelektroden und unter Verwendung von Wechselstrom mit einer Frequenz von 1000 Hz übernommen. Die gesamte Meßanordnung wurde dabei mit Hilfe eines Thermostaten auf einer konstanten Temperatur von 25 °C gehalten.

Die letztgenannten Autoren beschreiben darüber hinaus noch eine Methode zur Messung des Widerstandes von Membranproben mittels Gleichstrom in einer aus vier Ag/AgCl-Elektroden bestehenden Meßzelle nach einem von LORIMER und Mitarbeitern vorgeschlagenen Verfahren. Das Meßprinzip besteht bei dieser Methode darin, daß an Stelle der Stromstärke zwischen den äußeren Ag/AgCl-Elektroden, die mit der Zelle in eine Kette geschaltet sind, der Wert des elektrischen Widerstandes gemessen wird, welcher die gleiche Potentialdifferenz liefert, wie sie zwischen den Meßelektroden herrscht, die zu beiden Seiten der zu untersuchenden Membranprobe angeordnet sind. Die Messung der Potentialdifferenz erfolgte mittels eines Röhren-Elektrometers mit Potentiometer nach TINSLEY. Es werden bei diesem Meßverfahren zwei Messungen bei unterschiedlicher Polarität der Elektroden der Meßzelle durchgeführt und aus den erhaltenen zwei Meßergebnissen der arithmetische Mittelwert gebildet. Auf diese Weise eliminiert man den Einfluß der Differenz zwischen den Standard-Potentialen der Meßelektroden und vermeidet die Anbringung einer Korrektur, die normalerweise infolge von Änderungen der Konzentration, hervorgerufen durch Elektrolyseprozesse in der Elektrodenkammer, erforderlich wäre. Außerdem gestattet das beschriebene Verfahren die Ausschaltung von Fehlern, die durch den Widerstand der Elektrodenkontakte hervorgerufen werden, und schließlich ist es nach dieser Methode möglich, die elektrische „Scheinleitfähigkeit", d. h. die elektrische Leitfähigkeit der Lösung zwischen Decke und Boden der Meßzelle, zu bestimmen.

Wyllie und Kanaan [18] bestimmten den Widerstand heterogener Membranen auf Basis von Amberlite-Harz sowie homogener Kationenaustauschermembranen auf Permutit-Basis unter Verwendung zylindrischer Formlinge. Der Widerstand der Proben wurde in einer mit Elektroden aus platiniertem Platin versehenen Meßzelle nach dem Prinzip der Brückenschaltung ermittelt. Die Meßbrücke arbeitete mit Wechselstrom der Frequenz 1000 Hz, und das Meßverfahren sah die Möglichkeit einer Korrektur des durch den kapazitiven Widerstand der Zelle hervorgerufenen Fehlers vor. Als Nullindikator diente ein Oszillograph. Die Reproduzierbarkeit der Meßergebnisse betrug $\pm$ 5%. Diese soeben beschriebene Meßmethodik zeichnet sich vor den weiter oben angeführten Verfahren durch die hohe Empfindlichkeit des Null-Gerätes sowie durch die Kompensation des Kontaktwiderstandes und des kapazitiven Widerstandes der Meßzelle aus.

Manecke und Bonhoeffer [19] sowie Lorimer, Boterenbrood und Hermans [20] bestimmten den Widerstand von Ionenaustauschermembranen nach dem zuletzt genannten Verfahren, und zwar brachten sie die zu untersuchende Probe zwischen die beiden Hälften einer symmetrischen Zelle aus Plexiglas und ermittelten den Widerstand der Zelle mit der in ihr enthaltenen und durch die Membran geteilten Lösung sowie den „Blindwiderstand" der Zelle. Die Messungen erfolgten unter Verwendung von Wechselstrom-Brücken mit Wechselstrom der Frequenz 50 bis 1000 Hz und in einer in einem Thermostaten untergebrachten Zelle.

In ganz analoger Weise führten Gregor und Wetstone [10] ihre Messungen durch. Sie bestimmten den Widerstand von Membranproben in der Kaliumform unter Verwendung 0,1 m Kaliumchloridlösungen und einer mit Platinelektroden ausgestatteten Meßzelle. Auch sie benutzten das Prinzip der Brückenschaltung; der von ihnen verwendete Wechselstrom hatte eine Frequenz von 1000 Hz.

Tajima und Mitarbeiter [1] bestimmten den Widerstand von Ionenaustauschermembranen auf Basis Amberlite—Harz. Dabei waren die Membranen mit verschiedenen Ionen beladen, und zwar die Kationenaustauschermembranen mit H^+-, Na^+-, K^+-, Mg^{++}- und Ba^{++}-Ionen und die Anionenaustauschermembranen mit OH^--, Cl^-- und SO_4^{--}-Ionen. Die Messungen wurden nach dem gleichen, soeben beschriebenen Prinzip unter Verwendung einer mit Platinelektroden versehenen und mit Lösungen unterschiedlicher Konzentration gefüllten Zelle durchgeführt. Die Meßapparatur enthielt eine Wechselstrombrücke, einen Generator mit einer Frequenz von 1000 Hz und einen Röhrenverstärker.

Grigorov und Mitarbeiter [21] bestimmten den Widerstand von Membranen mittels Normal-Kalomelelektroden unmittelbar in einem Dreikammerelektrodialysator, indem sie die Fühler der Kalomelelektroden an verschiedenen Stellen des Elektrolyse-Apparates in die Elektrolytlösung eintauchten (diese Meßpunkte mußten allerdings auf gleicher Höhe liegen) und die sich ergebenden Potentialdifferenzen an einem Potentiometer ablasen.

Im Leningrader „Lensowjet"-Institut für Chemische Technologie wurde die Messung des Widerstandes von Membranproben nach Tränken der Membranen unter Vakuum in einer 1%igen KCl-Lösung vorgenommen. Die Proben wurden dann fest zwischen zwei Elektroden aus platiniertem Platin eingespannt und zusammen mit diesen in eine mit 1%iger KCl-Lösung gefüllte und in einem Thermostaten befindliche Meßzelle eingetaucht.

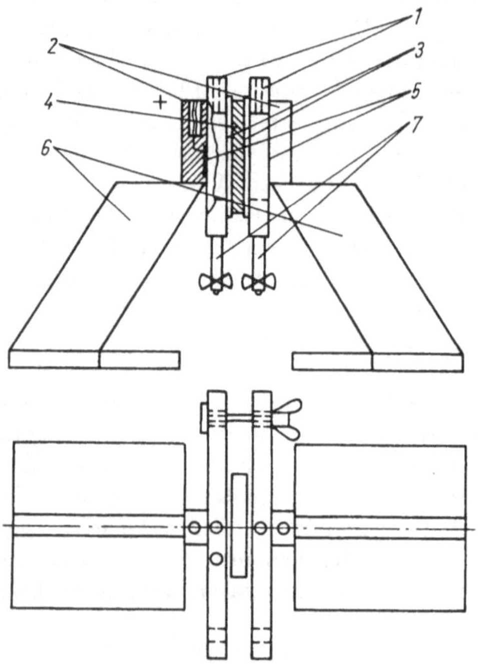

Abb. 12. Zelle zur Bestimmung der elektrischen Leitfähigkeit von Membranen

1 – mit Elektrolytlösung gefüllte Kammern
2 – elektrische Kontakte 3 – Gummiringe
4 – Ionenaustauschermembran
5 – Elektroden (platiniertes Platin)
6 – Ständer (Plexiglas) 7 – Gummischläuche

Materova und Belinskaja [22] bestimmten den Widerstand von Membranproben in einer Zelle mit platinierten Platinelektroden bei Gegenwart von 0,1 n Salzsäure. Sie verwendeten dabei eine Wechselstrom-Brücke.

Die nach dem zweiten der von uns oben genannten Verfahren durchgeführten Messungen des elektrischen Widerstandes von Membranen sind wesentlich genauer als die nach dem ersten Verfahren vorgenommenen. Jedoch werden auch bei dieser Methode noch einige die Genauigkeit der Messung beeinflussende Faktoren nicht berücksichtigt, wodurch Reproduzierbarkeit und Genauigkeit der Meßergebnisse häufig noch zu wünschen übrig lassen.

Im Institut Vodgeo erfolgt die Messung des elektrischen Widerstandes von Ionenaustauschern ebenfalls nach dem zweiten Verfahren, und zwar in einer Plexiglas-Zelle aus zwei symmetrischen Hälften und mit platinierten Platinelektroden (Abb. 12). Zur Bestimmung des elektrischen Widerstandes der Zelle mit der in ihr enthaltenen Membranprobe verwendet man im Vodgeo ein spezielles Leitfähigkeits-Meßgerät, das aus einer von einem Generator mit einer sinusförmigen Wechselspannung von 1800 Hz gespeisten Wechselstrombrücke, einem Röhrenverstärker für das Abgleichen der Brücke und einem optischen Anzeigegerät besteht. Der Moment, in dem sich die Meßbrücke im Gleichgewicht befindet, wird durch eine maximale Öffnung des dunklen Sektors des magischen Auges angezeigt. Das Gerät kann an das normale Wechselstromnetz angeschlossen werden und arbeitet mit einer Genauigkeit von $\pm 5\%$.

In Fällen, bei denen der elektrische Widerstand von Ionenaustauschermembran-Proben mit größerer Genauigkeit gemessen werden muß, verwendet man eine Brückenschaltung gemäß Abb. 13.

Diese Schaltung enthält im Prinzip auch nichts anderes als eine gewöhnliche Wechselstrom-Widerstandsmeßbrücke. Als Spannungsquelle für die Meßbrücke dient ein Frequenz-Generator vom Typ 3G-10 mit einer Frequenz von 1000 Hz. Zwei Zweige der Brückenschaltung werden durch konstante Vergleichswider-

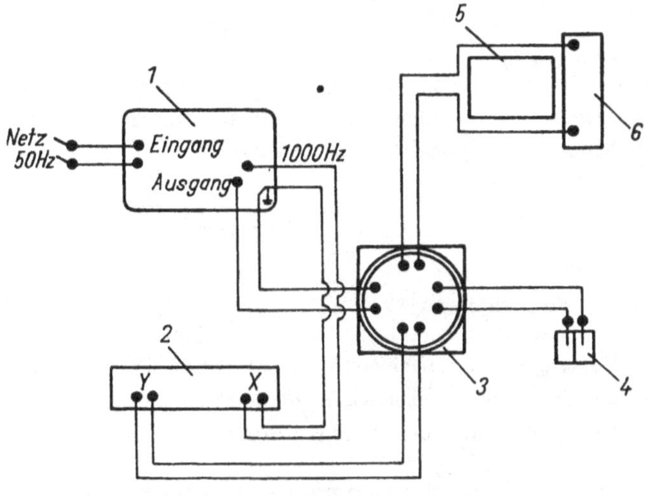

Abb. 13. Schaltschema für die Bestimmung der elektrischen Leitfähigkeit

1 – Frequenzgenerator 3G-10 *2* – oszillografisches Null-Anzeigegerät INO-3 *3* – Wechselstrombrücke *4* – Meßzelle zur Bestimmung der elektrischen Leitfähigkeit (Platinelektroden), R_X *5* – Abgleichwiderstand MSR-54, R_M *6* – Kapazitätssystem R-513

stände gebildet. Die die Ionenaustauschermembran enthaltende Zelle zur Messung der elektrischen Leitfähigkeit stellt den dritten, unbekannten Widerstand der Meßbrücke dar und wird mit R_x bezeichnet. Als vierter Zweig der Brücke dient ein Abgleichwiderstand R_M vom Typ MSR-54. Der kapazitive Widerstand der Meßzelle wird durch ein System von Kapazitäten sowie durch einen veränderlichen Kondensator in diesem Zweig der Brücke kompensiert. Als visueller Indikator zur Ausbalancierung der Brücke dient ein Oszillograph vom Typ INO-3, der in der in Abb. 13 wiedergegebenen Schaltung mit enthalten ist.

An die vertikal ablenkenden Platten Y der Elektronenstrahlröhre des Nullinstruments legt man die an der Ausgangsdiagonalen der Brücke liegende Spannung an, während an die mit X bezeichneten Platten die Spannung angelegt wird, die die Brücke speist, d. h. die vom Generator 3 G-10 gelieferte Spannung. Solange die Meßbrücke noch nicht im Gleichgewicht ist, erscheint auf dem Bildschirm der BRAUNschen Röhre eine Ellipse. Der Zustand vollkommenen Gleichgewichts der Brücke ist erreicht, wenn an der Ausgangsdiagonalen der Brücke Nullspannung herrscht. In diesem Falle ist auf dem Bildschirm der BRAUNschen Röhre des Oszillographen eine Gerade zu sehen, die mit der durch die Mitte des Schirmes gehenden Horizontalen zusammenfällt.

Der Vorteil dieses Meßverfahrens besteht in seiner hohen Meßgenauigkeit, die auf die außerordentlich hohe Empfindlichkeit des Oszillographen INO-3 und auf die hohe Präzision des zum Abgleichen der Brücke dienenden Widerstandsmagazins zurückzuführen ist. Außerdem besitzt die beschriebene Meßanordnung den Vorteil, daß sie in jedem beliebigen Laboratorium leicht aufgebaut werden kann, denn alle ihre Bauelemente — mit Ausnahme der Wechselstrombrücke — werden serienmäßig hergestellt.

Zum Vergleich der elektrischen Leitfähigkeiten unterschiedlicher Proben von Ionenaustauschermembranen verwendeten wir bei unseren Messungen den spezifischen elektrischen Widerstand der Membranen*) ϱ_M:

$$\varrho_M = R_M \frac{F}{\delta} \, [\mathrm{Ohm} \cdot \mathrm{cm}]$$

In dieser Gleichung bedeuten

R_M = der durch Messung ermittelte Widerstand der Membran-Probe [Ohm],
F = die Oberfläche der zu untersuchenden Membran-Probe [cm^2],
δ = die Dicke der zu untersuchenden Membran-Probe [cm].

Außerdem wurde zur Charakterisierung des Widerstandes einer Membran auch noch die Größe

$$\varrho_M' = R_M \cdot F \, [\mathrm{Ohm} \cdot \mathrm{cm}^2]$$

benutzt.

Den Membranwiderstand R_M ermittelten wir als die Differenz zwischen dem Widerstand der mit Elektrolytlösung gefüllten und durch die Membran in zwei Räume geteilten Zelle und dem „Blindwiderstand" der Zelle ohne Membran, während die Größe F für alle zu untersuchenden Proben durch den Zellendurchmesser von 22 mm festgelegt war. Damit ergab sich für F stets der Wert 3,8 cm^2. Die Dicke δ der zu untersuchenden Membranproben wurde mittels Mikrometerschraube gemessen.

Wir führten die Messungen des elektrischen Widerstandes von Ionenaustauschermembran-Proben unter Verwendung zweier „Arbeitslösungen", und zwar 0,1 und 2,0 n NaCl-Lösung, durch.

*) Die ausführliche Beschreibung einer Methode zur Messung des spezifischen elektrischen Widerstandes von Membran-Proben sowie eines Verfahrens zur Bestimmung von Überführungszahlen und Membranpotentialen findet sich in einer Arbeit von M. N. GANTMAN [23].

5.4. Die Permselektivität von Ionenaustauschermembranen

Die selektive Ionendurchlässigkeit, auch Permselektivität genannt, ist eine der wichtigsten Eigenschaften der Ionenaustauschermembranen. Durch diese selektive Ionendurchlässigkeit unterscheiden sich die Ionenaustauschermembranen von den normalen porösen Membranen aus Inertmaterial; denn auf ihr beruht ihre besondere elektrochemische Aktivität. Die homogenen Ionenaustauschermembranen besitzen — wie zu erwarten — eine höhere selektive Ionendurchlässigkeit als die heterogenen Membranen.

Die Größe der selektiven Ionendurchlässigkeit wird von einer ganzen Reihe von Faktoren bestimmt, die man in zwei Gruppen unterteilen kann: in die durch die Struktur der Membran bedingten Faktoren, die einen entscheidenden Einfluß auf die Kinetik der Ionenaustauschprozesse in der Membran ausüben, und in diejenigen Faktoren, die im eigentlichen Sinne die Prozesse des Ionendurchgangs durch die Membran beeinflussen.

Die selektive Ionendurchlässigkeit von Ionenaustauschermembranen hat ihre Ursache im Vorhandensein von in den Poren der Membranen fixierten, geladenen, ionenaustauschaktiven Gruppen, d. h. sie hängt vom Charakter der im Harz enthaltenen ionogenen Gruppen sowie von der Austauschkapazität der zur Herstellung der Membranen verwendeten Ionenaustauscherharze ab. Diese Abhängigkeit wurde beispielsweise von Trostjanskaja und Mitarbeitern [24] sowie von Titov [3] untersucht. Von vornherein ist klar, daß bei sonst gleichbleibenden Versuchsbedingungen die selektive Ionendurchlässigkeit einer Ionenaustauschermembran mit Erhöhung der Austauschkapazität des zu ihrer Herstellung verwendeten Ionenaustauscherharzes besser werden muß.

Eine Erhöhung des Vernetzungsgrades des Ionenaustauscherharzes bringt ebenfalls eine Verbesserung der Selektivität der daraus hergestellten Membranen mit sich. Dies kann man insbesondere den in einer Arbeit von Hall und McConley [25] angeführten Versuchsergebnissen entnehmen. Diese Autoren beschäftigten sich in Serienversuchen mit einer ganzen Reihe von heterogenen Membranen auf Basis von sulfoniertem Polystyrolharz mit Polyäthylen als inertem Bindematerial, wobei das Austauscherharz jeweils unterschiedliche Mengen von Divinylbenzol als Vernetzungsmittel enthielt und damit einen unterschiedlichen Vernetzungsgrad besaß.

Gregor, Hamilton, Oza und Bernstein [26] bestimmten die Selektivitätskoeffizienten für die Ionen Li^+, Na^+ und K^+ unter Verwendung von Kationenaustauschermembranen unterschiedlicher Vernetzungsgrade. Die Ionen-Selektivität nimmt von K^+ über das Na^+ zum Li^+ hin zu, wobei sich diese Abhängigkeit mit Erhöhung des Vernetzungsgrades des in der Membran enthaltenen Ionenaustauschers immer stärker ausgeprägt. Jedoch führt eine Erhöhung des Vernetzungsgrades des die Membran aufbauenden Harzes — wie im vorangegangenen Kapitel erwähnt — zu einer Verschlechterung der elektrischen Leitfähigkeit der Membran, was natürlich äußerst unerwünscht ist.

Tabelle 9

Scheinbare Überführungszahlen für Na^+-Ionen in Membranen aus Ionenaustauscherharzen unterschiedlichen Vernetzungsgrades

Gehalt des Kationenaustauscherharzes an Divinylbenzol [%]	Scheinbare Überführungszahl für Na^+-Ionen
2	0,675
5	0,808
10	0,858
15	0,889

Gehen wir nunmehr zur Behandlung der Faktoren über, die unmittelbar die Prozesse des Durchgangs von Ionen durch Ionenaustauschermembranen beeinflussen! Weiter oben wurde bereits erwähnt, daß folgende Hauptprozesse für den Durchgang von Ionen und von Lösungsmittel durch eine in einem elektrischen Feld befindliche Ionenaustauschermembran verantwortlich zu machen sind: Die Migration geladener Teilchen, die Diffusion, die Elektroosmose und die Osmose. Die Abhängigkeit dieser Prozesse und damit die Abhängigkeit der Permselektivität einer Membran von der Konzentration der jeweils verwendeten, mit der Membran im Gleichgewicht stehenden Elektrolytlösungen sowie vom Konzentrationsgradienten ist außerordentlich stark. Mit Erhöhung der Elektrolytkonzentration tritt eine starke Verschlechterung der Selektivität der Ionenaustauschermembranen ein, und zwar deshalb, weil durch Erhöhung der Elektrolytkonzentration das Eindringen des Elektrolyten in das Innere der Ionenaustauschermembran begünstigt wird.

Die Abhängigkeit zwischen den Überführungszahlen, die ein quantitatives Maß für die selektive Ionendurchlässigkeit einer Membran darstellen, und der Elektrolytkonzentration wurde von vielen Wissenschaftlern untersucht. So ermittelte z. B. Spiegler [2] die in Tab. 10 zusammengefaßten Werte, während die von den Autoren des vorliegenden Buches unter Verwendung von 0,01 n und 0,1 n NaCl-Lösungen ermittelten Überführungszahlen für Na^+-Ionen in Ionenaustauschermembranen in den Tab. 11 und 12 wiedergegeben sind.

Kressman und Tye [27] studierten den Einfluß der Elektrolytkonzentration auf die Überführungszahlen von Ionen durch Ionenaustauschermembranen der Marke Permaplex. Sie bestimmten auf experimentellem Wege die Überführungszahlen von Li^+-Ionen bei Verwendung von LiOH- und Li_2SO_4-Lösungen verschiedener Konzentration. Bei Erhöhung der Konzentration der LiOH-Lösung von 0,5 n auf 4,0 n sank die Überführungszahl für Li^+-Ionen von 0,7 auf 0,4 ab.

Die Änderung der selektiven Durchlässigkeit der Permaplex-Membranmarken A-10 und C-10 in konzentrierten Natriumchloridlösungen (3 bis 29% NaCl) wurde in einer Arbeit von Madgwick [28] untersucht. Aus den Ergebnissen dieser Arbeit läßt sich entnehmen, daß bei einem hohen Konzentrationsunterschied auf beiden Seiten der Membran die zu untersuchenden Membranen ihre Selektivität in dem

Tabelle 10
Permselektivität großtechnisch hergestellter Ionenaustauschermembranen

Membranmarke	Permselektivität		
	0,03 n NaCl	0,1 n NaCl	1,0 n NaCl
Amberplex C-1	0,97	0,95	0,78
A-1	0,99	0,96	0,76
Nepton CR-51	0,95	0,92	0,52
CR-61	0,99	0,98	0,90
AR-111	0,98	0,95	0,81
Permutit C-1373	0,98	0,96	0,84
A-1373	0,93	0,88	0,49
Permaplex C-10	—	0,90	0,86
A-10	—	0,90	0,81

Tabelle 11
Die Überführungszahlen für Na^+-Ionen in Kationenaustauschermembranen

Membranmarke	n_{Na} in NaCl-Lösung	
	0,01 n	0,1 n
SBS-1 (80%)	0,950	0,750
SBS-2 (80%)	0,930	0,765
SDV-3 (67%)	0,970	0,870
Amberplex C-1	0,960	0,790
Permaplex C-10	0,945	0,775

Tabelle 12
Die Überführungszahlen für Cl^--Ionen in Anionenaustauschermembranen

Membranmarke	$n_{\bar{Cl}}$ in NaCl-Lösung	
	0,01 n	0,1 n
EDE-10 (67%)	0,910	0,73
Amberplex A-1	0,855	0,69
Permaplex A-10	0,870	0,77

bei der Untersuchung erfaßten Konzentrationsbereich bewahren, wenngleich natürlich quantitativ eine Verschlechterung der Selektivität zu verzeichnen ist.

Der Einfluß der Diffusion auf die Bewegung der Gegenionen, der Koionen und des Lösungsmittels in der Membran wurde in einer Arbeit von Schlögl [29] einer eingehenden Untersuchung unterzogen, darüber hinaus aber auch noch in der bekannten Monographie von Helfferich [30]. Helfferich beschränkte sich allerdings bei seinen Untersuchungen auf den einfach zu behandelnden Fall der homogenen Membranen.

Der Mechanismus dieses durch den Einfluß der Diffusion auf die Wanderung der Gegen- und Koionen sowie des Lösungsmittels durch die Membran hervorgerufenen Effektes wurde von uns bereits im Abschnitt 3.3. des vorliegenden Buches für das System Elektrolytlösung / homogene Membran / Elektrolytlösung ausführlich dargelegt. Die Wanderung von Ionen durch die Membran ist auch von einem Durchgang des Lösungsmittels — meist Wasser — durch die Membran begleitet. Die Wanderung des Wassers kann einmal auf Grund von Elektroosmose-Effekten (d. h. Durchgang des Lösungsmittels durch die Membran auf Grund der Wirkung eines elektrischen Feldes oder in Form der Hydrat-Hülle der durch die Membran hindurchwandernden beweglichen Ionen), zum anderen aber auch auf Grund von Unterschieden im osmotischen Druck auf beiden Seiten der Membran oder auf Grund von Unterschieden im hydrostatischen Druck zwischen den beiden Lösungen auf beiden Seiten der Membran erfolgen. Den letztgenannten Mechanismus bezeichnet man als „hydraulische Überführung" des Lösungsmittels.

Der Durchgang von Wasser durch Ionenaustauschermembranen verschlechtert deren selektive Ionendurchlässigkeit und damit den Wirkungsgrad von Prozessen, bei denen die Permselektivität von Ionenaustauschermembranen ausgenutzt wird, und zwar begrenzt das durch die Membran tretende Wasser die bei der Elektrodialyse maximal erzielbare Elektrolytkonzentration.

Von verschiedenen Autoren wurden Versuche im Hinblick auf eine quantitative Bestimmung des Wasserdurchgangs durch die Membran sowie in Richtung auf eine Deutung des Einflusses desselben auf die übrigen Eigenschaften der Membran unternommen. Gregor, Jacobson, Shair und Wetstone [31] führten Messungen des osmotischen Flusses von Wasser an interpolymeren Ionenaustauschermembranen durch. Die erhaltenen Ergebnisse sind jedoch nur für die untersuchten Membrantypen charakteristisch und können nicht ohne weiteres verallgemeinert werden.

Kobatake [32] untersuchte ebenfalls, und zwar unter Berücksichtigung des Druck-Gradienten, den osmotischen Fluß des Lösungsmittels durch Membranen und kam zu dem Schluß, daß die Versuchsergebnisse bei porösen Membranen und großen Konzentrationsunterschieden recht gut mit den theoretisch zu erwartenden Werten übereinstimmen. Bei Verwendung von Membranen geringer Porosität und bei nur geringen Konzentrationsunterschieden zwischen den auf beiden Seiten der Membran befindlichen Lösungen ist der Lösungsmittelfluß durch die Membran vernachlässigbar klein.

Graydon und Stewart [33] benutzten bei ihren Untersuchungen die Methode der direkten Messung des elektroosmotischen Wasserdurchganges durch die Membran. Ihrer Meinung nach beruhen die von ihnen festgestellten Abweichungen der Versuchsergebnisse vom idealen Verhalten bezüglich der Selektivität bei den von ihnen untersuchten Membranen nahezu ausschließlich auf dem Prozeß des rückläufigen Wasserdurchganges durch die Membranen.

Bei der Messung des Membranpotentials in einer speziellen Zelle bestimmten NAGAMATSU, SEIYAMA und SAKAI [34] die Wassermenge, die durch eine Kationenaustauschermembran aus der verdünnteren in die konzentriertere Lösung hinüberwandert, sowie die Geschwindigkeit der Diffusion des Elektrolyten aus der konzentrierten in die verdünnte Lösung. Sie konnten feststellen, daß der Wasserdurchgang und die Elektrolyt-Diffusion durch die Membran eine lineare Abhängigkeit von der Zeit zeigen, und daß der Wert der Diffusionskonstanten des Elektrolyten von der Austauschkapazität und insbesondere auch vom Wassergehalt der Membran abhängig ist. Außerdem konnten sie bei ihren Untersuchungen die Feststellung machen, daß der Wasserdurchgang durch die Membran und die in entgegengesetzter Richtung erfolgende Diffusion des Elektrolyten im Laufe der Zeit eine Verringerung des Membranpotentials bewirken.

MCKELVEY, SPIEGLER und WYLLIE [35] untersuchten ebenfalls den Durchgang von Ionen und Wasser durch Ionenaustauschermembranen. Dabei bestimmten sie den Durchgang des Wassers einmal direkt durch Titration mittels einer Bürette unter Anbringung von Korrekturen und zum anderen indirekt durch Mittelwertbildung aus der Volumenabnahme in der Anodenkammer und der Volumenzunahme in der Katodenkammer. Die Genauigkeit der Messungen betrug $\pm$ 5%.

SPIEGLER [2] weist darauf hin, daß bei Verwendung der Thoriumform der Membrantype Nepton CR-61 der elektroosmotische Fluß des Wassers der Bewegungsrichtung der Kationen entgegengerichtet ist. Dieser Effekt findet seine Erklärung in der Bildung stabiler Komplexe zwischen Thorium- und Chloridionen. Diese Komplexe werden anschließend vom Austauscherharz adsorbiert. Ist die Bindung zwischen den Festionen in der Membran und den Thoriumionen fester als die zwischen den Thorium- und den Chloridionen, dann können die in der Membran fixierten ionogenen Gruppen eine Änderung ihres Ladungssinnes erfahren, so daß sich im Endeffekt die ursprünglich vorhandene Kationenaustauschermembran in eine Anionenaustauschermembran verwandelt. Auf diese Weise kommt es schließlich zu einer Umkehrung der Richtung des elektroosmotischen Durchganges durch die Membran.

WINGER, FERGUSON und KUNIN [36] führten Messungen des elektroosmotischen Durchganges von Wasser durch Amberplex-Membranen durch, wobei sie dessen Abhängigkeit von der äußeren und inneren Elektrolytkonzentration, von der Stromdichte, der Natur des Elektrolyten und der Beschaffenheit der Membran selbst untersuchten. Der Einfluß der Osmose und der Diffusion auf den elektroosmotischen Durchgang des Wassers durch die Membranen wurde durch geeignete Wahl der Versuchsbedingungen eliminiert. Die von den genannten Autoren erhaltenen Resultate, die in Tab. 13 wiedergegeben sind, finden ihre Erklärung, wenn man von der Annahme ausgeht, daß sich die im Endeffekt von der einen auf die andere Seite der Membran übergegangene Wassermenge als die Differenz zwischen der mit den beweglichen Anionen und der mit den beweglichen Kationen durch die Membran hindurchgewanderten Wassermengen ergibt.

ODA und JAWATAJA [37] untersuchten sowohl den osmotischen als auch den durch Potentialdifferenzen zwischen den beiden Oberflächen der Membran her-

Tabelle 13
Der elektroosmotische Fluß von Wasser durch eine Membran der Marke Amberplex C-1 (Temperatur: 25 °C, Stromdichte: 1—3 mA/cm²)

Elektrolytlösung	mittlere Normalität C, val	Wasserdurchgang Mol H_2O pro Mol Kation
LiCl	0,19	14,4 (Mittelwert aus 2 Versuchen)
NaCl	0,125	11,2
KCl	0,235	6,9 (Mittelwert aus 2 Versuchen)
RbCl	0,20	7,0
CsCl	0,20	6,9
$(CH_3)_4NCl$	0,108	21,4
$CH_3C_6H_4(CH_3)_3NCl$	0,232	30,0
HCl	0,24	5,5

vorgerufenen elektroosmotischen Fluß von Wasser durch Ionenaustauschermembranen. Zur Berechnung des elektroosmotischen Flusses von Wasser geben sie folgende Formel an

$$v = \beta I t$$

Dabei ist

β = das Volumen des infolge Elektroosmose (in der Zeit $t = 1$ und bei einer Stromstärke $I = 1$) durch die Membran hindurchgegangenen Wassers.

Die Größe β stellt also eine für eine gegebene Membran charakteristische Konstante dar.

Die letztgenannte Veröffentlichung ist von außerordentlichem Interesse für die Aufklärung des Mechanismus beim elektroosmotischen Durchgang von Wasser durch Membranen auf der Basis von sulfonierten Phenol- und sulfonierten Polystyrolharzen. In diesen Arbeiten von Oda und Jawataja werden Methoden zur Messung der Ionen-Überführungszahlen beschrieben, und zwar sowohl der wahren als auch der Hittorfschen, der Menge des durch die Membran hindurchgegangenen Wassers, der Donnan-Sorption des Elektrolyten und der Festionen-Konzentration in der Membran bei der Elektrodialyse vonLiCl-, NaCl-, NH_4Cl-, KCl-, und HCl-Lösungen unterschiedlicher Konzentration. Auf Grund ihrer Untersuchungen kamen die Autoren zu Schlußfolgerungen, die eine Bestätigung der bereits von Graydon und Stewart [33] sowie von Winger, Ferguson und Kunin [36] gezogenen Schlüsse darstellen, und zwar:

a) Die erste Schicht der Hydrathülle der beweglichen Ionen wandert mit der gleichen Geschwindigkeit wie das Ion selbst.

b) Der zu beobachtende elektroosmotische Fluß stellt die Differenz zwischen den Flüssen der wandernden Kationen und Anionen dar.

Auf dem Kongreß der *Faraday-Gesellschaft* im Jahre 1956 bildete die Erscheinung der Elektroosmose in Ionenaustauschermembranen den Gegenstand lang andauernder Debatten während der Diskussion [38].

Die Wertigkeit der Gegen- und Koionen ist ebenfalls von Einfluß auf die selektive Ionendurchlässigkeit von Ionenaustauschermembranen. Mit Erhöhung der Wertigkeit und damit der Ladung, sowie mit Vergrößerung des Ionenradius verringert sich die Chance eines Eindringens der Koionen in die Membran.

Gregor und Wetstone [10] bestimmten das Verhältnis des Durchganges von K^+- und Ca^{++}-Ionen durch eine Kationenaustauschermembran bei gemeinsamem Vorliegen dieser beiden Ionenarten in Lösung und konnten dabei feststellen, daß die Wanderungsgeschwindigkeit der K^+-Ionen durch die Membran bedeutend größer ist als die der Ca^{++}-Ionen.

Oda, Murakoshi, Saito und Matsuoda [39] untersuchten die relativen Überführungszahlen für verschiedene Kationen unter Verwendung von Kationenaustauschermembranen auf Basis Phenolsulfosäure-Formaldehyd. Als Kationen setzten sie für ihre Versuche K^+-, Mg^{++}- und Ca^{++}-Ionen ein und verglichen die erhaltenen Überführungszahlen mit der als Standard gewählten Überführungszahl des Na^+-Ions.

Die relativen Überführungszahlen sind durch den Quotienten

$$T_{\mathrm{Na}}^{M} = \frac{t_M/t_{Na}}{C_M/C_{Na}}$$

gegeben.

In obiger Formel bedeuten:

t_M = die durch die Membran hindurchgegangene Menge an zu untersuchendem Kation in val,
t_{Na} = die Menge an durch die Membran hindurchgegangenen Na^+-Ionen, ebenfalls in val,
C_M = die Konzentration des interessierenden Kations in der Lösung,
C_{Na} = die Konzentration der Lösung an Na^+-Ionen.

Es wurde bei diesen Untersuchungen gefunden, daß $T_{\mathrm{Na}}^{\mathrm{Mg}}$ und $T_{\mathrm{Na}}^{\mathrm{Ca}}$ nur im Konzentrationsbereich zwischen 0,5 n und 1,5 n größer als 1 sind, während $\mathrm{T}_{\mathrm{Na}}^{\mathrm{K}}$ bei allen Konzentrationen größer als 1 ist.

Nagamatsu, Seiyama und Sakai [16] bestimmten die Festigkeit der Bindung zwischen verschiedenen Ionen und den Festionen einer Kationenaustauschermembran, wobei sie feststellten, daß die Festigkeit der Bindung der Kationen an die Membran in der Reihenfolge

$$Ba^{++} > Cd^{++} > Ca^{++} > K^{+} > H^{+}$$

abnimmt.

Mackay und Meares [7] studierten den Einfluß der Elektrolytkonzentration auf die Wechselwirkung zwischen den Gegenionen und den Festionen einer Membran der Marke Zeocarb-315 und kamen zu dem Ergebnis, daß hier die elektrostatische Anziehung zwischen den Ionen überwiegt gegenüber spezifischen Wechselwirkungen wie beispielsweise bei der Ionenpaarbildung oder gegenüber Kräften, die bei unvollständiger Dissoziation wirksam werden.

An heterogenen Kationenaustauschermembranen (H^+- und K^+-Form) konnte eine Änderung der relativen Beweglichkeit der Kationen festgestellt werden, die wesentlich stärker ausgeprägt war als bei Vorliegen der freien Ionen in wäßriger Lösung ohne Anwesenheit einer Membran.

Helfferich [30] stellt ganz allgemein fest, daß im Falle des Gleichgewichtes zwischen einer Membran und einer verdünnten Lösung, die mehrere Gegenionen unterschiedlicher Wertigkeit enthält, die Membran zunächst vorzugsweise die Gegenionen mit höherer Wertigkeit adsorbiert, auch wenn deren Konzentration gegenüber den anderen Ionen in der Lösung niedrig ist. Die Beweglichkeit dieser Gegenionen höherer Wertigkeit in der Membran ist jedoch gering.

Ein hoher Konzentrationsgradient kann eine Polarisation der Ionenaustauschermembran bewirken. Unter dem Effekt der Polarisation einer Ionenaustauschermembran versteht man den Fall, daß der Stromtransport in der Membran vorwiegend durch die stets vorhandenen H^+- und OH^--Ionen an Stelle der den Stromtransport normalerweise besorgenden Gegenionen erfolgt. Diesen Effekt kann man folgendermaßen erklären: Infolge der Tatsache, daß die Wanderungsgeschwindigkeit der Gegenionen in der freien Lösung geringer ist als im Innern der Membran, kommt es zu einer starken Verringerung der Konzentration der Gegenionen in der Nähe der Membran, d. h. zu einer Zone relativer Verarmung an Gegenionen zwischen der Membran und der verdünnten Elektrolytlösung. Nach einiger Zeit tritt eine Konzentrationsdiffusion ein zwischen der daran verarmten Zone in unmittelbarer Nachbarschaft der Membran und dem restlichen Teil der Lösung, wodurch sich die Zahl der Gegenionen in der an Gegenionen verarmten Zone wieder etwas erhöht. Schießlich kann unter diesen Umständen die Menge an in der Membran befindlichen Gegenionen zur Aufrechterhaltung des Stromtransportes durch die Membran nicht mehr ausreichen, so daß nunmehr OH^-- oder H^+-Ionen den Stromtransport zu einem Teil übernehmen müssen. Die H^+- oder OH^--Ionen treten also bezüglich der Übernahme des Stromtransportes mit den Gegenionen in Konkurrenz. Eine Polarisation der Ionenaustauschermembranen tritt meist bei Elektrodialyseprozessen ein, da man bei diesen Prozessen mit hohen Stromdichten arbeitet. Man erkennt das Auftreten einer Polarisation am Anwachsen des Ohmschen Widerstandes der Ionenaustauschermembran. Die Erscheinung der Polarisation wurde auch von Kressman und Tye [40] untersucht.

Frilette [41] sowie auch Oda, Murakoshi und Saito [42] befaßten sich mit der Untersuchung von ihnen selbst hergestellter, sogenannter bipolarer oder Doppelschicht-Membranen. Diese Doppelschicht-Membranen tragen auf ihren beiden Seiten verschiedenartige austauschaktive Gruppen, und zwar die eine Seite stark basische und die andere stark saure.

Frilette macht darauf aufmerksam, daß diese bipolaren Membranen im Unterschied zu den gewöhnlichen Membranen unter dynamischen Bedingungen getestet werden müssen, weil sie bereits bei relativ geringen Stromdichten polarisiert werden; d. h. das spezifische Charakteristikum dieser Doppelschicht-Membranen besteht in ihrer leichten Polarisierbarkeit. Die Polarisation tritt besonders stark in Erscheinung, wenn die Membran mit der zum Kationenaustausch befähigten Seite zur Kathode hin zeigt; in diesem Falle erhält man einen hohen dynamischen Widerstand, und die Membran zeigt eine hohe Protonenselektivität.

Frilette benutzte derartige bipolare Membranen in einer Achtkammerzelle mit alternierend dazwischen geschalteten Kationenaustauschermembranen zur Elektrodialyse einer Salzlösung und erzielte dabei eine Trennung in reine Säure und Lauge.

Ein gewisses Interesse besitzen Versuche zur Herstellung und Anwendung solcher Ionenaustauschermembranen, die nicht nur einfach eine Selektivität gegenüber Ionen eines bestimmten Vorzeichens der Ladung, sondern sogar eine ausgeprägte Affinität gegenüber einem ganz bestimmten Ion besitzen. So wurde z. B. nach einer Information von Bonhoeffer [43] eine Membran synthetisiert, die eine ausgesprochene Affinität gegenüber K^+-Ionen besitzt. Der Eigendiffusionskoeffizient dieser Membran für K^+-Ionen ist wesentlich geringer als der für Na^+-Ionen, d. h. die Kaliumionen werden von der Membran stärker festgehalten als die Na^+-Ionen.

Weiterhin gelang Richter [43] die Herstellung und Untersuchung einer Membran mit unterschiedlicher Affinität gegenüber Cl^-- und Br^--Ionen.

Zur quantitativen Bestimmung der Permselektivität von Ionenaustauschermembranen stehen zwei prinzipiell verschiedene Methoden zur Verfügung, welche in einer Arbeit von Grigorov, Karpov und Mitarbeitern [44] kurz beschrieben sind.

Die erste Methode besteht in einer direkten analytischen Bestimmung der Konzentrationsänderungen der auf beiden Seiten der Ionenaustauschermembran befindlichen Lösungen unter der Wirkung des elektrischen Stromes.

Die zweite Methode beruht auf der Messung des Membranpotentials einer zwischen zwei Lösungen unterschiedlicher Konzentration angeordneten Ionenaustauschermembran. Das Membranpotential ist mit der Ionenbeweglichkeit durch die Nernstsche Gleichung unmittelbar verknüpft.

Jede dieser beiden Methoden besitzt ihre Vor- und Nachteile. Die Messung des Membranpotentials ist recht einfach und kann relativ schnell durchgeführt werden, jedoch handelt es sich hierbei um eine indirekte Bestimmung bei stromloser Kette. Aus diesem Grunde ist es zweckmäßig, zusätzlich parallel zur Bestimmung des Membranpotentials Messungen der Überführungszahlen der Ionen durch die Ionenaustauschermembran nach irgendeiner der bekannten Methoden durchzuführen, wodurch man zu aussagekräftigeren Ergebnissen kommt.

Bei der direkten analytischen Bestimmung der Überführungszahlen verwendet man meist eine Zweikammerzelle.

Hills, Kitchener und Ovenden [17] bestimmten die Ionen-Überführungszahlen nach der von Hittorf vorgeschlagenen Methode. Sie ermittelten aus der Änderung der Konzentrationen in den Elektrodenkammern einer H-förmigen Zweikammer-Zelle unter Verwendung von wässriger KOH die „scheinbaren" Überführungszahlen ohne Berücksichtigung des unvermeidbaren Durchganges von Wasser durch die Membran sowie unter Außerachtlassen möglicher Diffusions- und Konvektionsvorgänge während der Messung. Dabei wurde der Strom sowohl durch die Zelle als auch durch ein Silbercoulometer geschickt.

Nachdem eine Elektrizitätsmenge von beispielsweise 100 Coulomb durch die Zelle hindurchgegangen war, wurden die Lösungen zu beiden Seiten der Membran mittels eines hindurchgeleiteten Stickstoffstroms durchgemischt und schließlich aus beiden Abteilungen der Zelle Proben entnommen. Diese Proben wurden mit einem Säure-Standard titriert.

Lorimer, Boterenbrood und Hermans [20] ermittelten die Überführungszahlen unter Verwendung einer „Remy-Zelle" mit Ag/AgCl-Elektroden. Die Membran spannten sie zwischen zwei mit zwei kalibrierten und verschlossenen Elektrodenkammern aus Glas fest verbundenen Plexiglas-Flanschen ein. Die gesamte Zelle befand sich in einem Wasser-Thermostaten. Als Stromquelle diente ein 24-V-Akkumulator. Die Messung des Widerstandes der Membran erfolgte durch Vergleich des Spannungsabfalles mit dem durch einen Standard-Widerstand bewirkten Spannungsabfall. Vor und nach dem Versuch wurde eine konduktometrische Analyse der Lösungen durchgeführt. Die kalibrierten Kammern ermöglichten eine genaue Berücksichtigung des Wasserflusses durch die Membran.

Gregor und Wetstone [10] verwendeten bei ihren Untersuchungen ebenfalls mit Ag/AgCl-Elektroden ausgestattete Kunststoffzellen mit gummierten Flanschen; das Kammervolumen betrug 375 m*l*. Bei geringen Stromstärken dienten Trockenelemente als Spannungsquellen, bei höheren Stromstärken wurde gleichgerichteter Wechselstrom verwendet. Die Meßkette bestand aus der Stromquelle, einem Regelwiderstand, einem Meßinstrument, einem Coulometer und zwei Meßzellen. Der Wasserdurchgang durch die Membran wurde nicht berücksichtigt. Die halbe Konzentrationsdifferenz zwischen Kathoden- und Anodenkammer wurde als „Überführungsäquivalent" bezeichnet. Für die Messungen gelangten 0,002- und 0,2-n-Lösungen zum Einsatz.

Spiegler [2] beschreibt eine mit Platinelektroden ausgestattete Zweikammerzelle, die sich sowohl zur Bestimmung der Überführungszahlen als auch zur Messung von Membranpotentialen eignet. Die Durchmischung der Lösungen in den Kammern erfolgt bei dieser Zelle mittels Magnetrührern. Die Kammern waren, um den Wasserdurchgang durch die Membran berücksichtigen zu können, kalibriert.

Rosenberg, George und Potter [12] bestimmten die Hittorfschen Überführungszahlen unter Verwendung einer 4-Kammerzelle aus drei alternierend hintereinander angeordneten Silberplättchen und zwei Membranen, die jeweils durch Kunststoffringe von 1 cm Dicke voneinander getrennt waren. Diese Ringe dienten als Zellenkammern. Die in diesen Kammern befindlichen Lösungen waren also jeweils auf der einen Seite von einer Silberelektrode und auf der anderen von einer Membran begrenzt. Die Kammern waren mit zwei Stutzen für den Zu- und Abfluß der Lösung versehen. Die Spannung wurde an die äußersten beiden Silberelektroden angelegt. Es wurde so lange Strom durch die Zelle hindurchgeschickt, bis eine Konzentrationsverschiebung um 20% zu verzeichnen war. Bei diesen Versuchen wurde sowohl der Wasserfluß durch die Membran als auch die Kationen-Überführungszahl ermittelt.

Beachtung verdient in diesem Zusammenhang auch die bereits erwähnte Arbeit von Kressman und Tye (40], deren Gegenstand die Untersuchung des Einflusses der Stromdichte auf die Überführungszahlen bildete, und zwar unter Bedingungen, die etwa den Arbeitsbedingungen von Ionenaustauschermembranen in der Praxis entsprachen.

Für diese Untersuchungen wurde eine an den äußeren Kammern mit Platinelektroden versehene 5-Kammerzelle aus Glas verwendet, welche jeweils durch zwei Kationen- und Anionenaustauschermembranen — alternierend angeordnet — unterteilt war. Die Überführungszahl ergibt sich hierbei als die Summe der Durchgangszahlen durch die beiden inneren, zentralen Membranen der mittleren Zelle. Die äußeren Membranen dienten lediglich dem Schutz der „zentralen Zelle“ vor der Einwirkung der Elektrolyseprodukte. Die gesamte Zelle war in einem Thermostaten untergebracht. Die Meßkette bestand aus der eine Spannung von 100 V liefernden Stromquelle, einem Regelwiderstand, einem Milliamperemeter und einem Jod-Coulometer. Die Durchmischung der Lösungen erfolgte durch zwei Luftströme, die in der Nähe der Membranflächen vorbeigeführt wurden. Kressman und Tye bestimmten auch einzelne Überführungszahlen, wobei sie eine entsprechende wäßrige Suspension des feingemahlenen Ionenaustauschermembran-Materials verwendeten.

Stender [45] führte Bestimmungen von Überführungszahlen in einer mit Platin- oder Platin—Nickel-Elektroden ausgestatteten H-förmigen Zweikammerzelle aus Glas durch.

Grigorov und Mitarbeiter [44] ermittelten bei ihren Untersuchungen die Überführungszahlen in einer relativ kompliziert gebauten, mit U-förmigen Rohren als Kontrollkammern versehenen Sechskammerzelle aus Glas. Die Apparatur arbeitete mit Gleichstrom. Die durch die Zelle hindurchgeflossene Elektrizitätsmenge wurde mittels eines Kistjakovski-Voltameters gemessen. Als Elektroden dienten Kupferplatten in einer Kupfersulfat-Lösung. Für die Versuche gelangten 0,01 n Kaliumchloridlösungen zum Einsatz. Die Dauer eines Versuches betrug 2 Stunden. Nach dem Versuch wurden die aus den „Arbeitskammern“ der Zelle entnommenen Lösungen auf einer technischen Waage gewogen oder mittels eines Meßzylinders ausgemessen. Die Konzentration der Lösungen an Chloridionen wurde durch Titration mittels Silbernitrat oder potentiometrisch bestimmt. Als Kriterium für die richtige Durchführung der Versuche diente die Übereinstimmung zwischen den Ausgangs- und den Endkonzentrationen der in den Kontrollkammern befindlichen Lösungen.

Zukov und Jurženko [46] bestimmten Überführungszahlen an elektrochemisch aktiven Membranen in einer gläsernen 6-Kammerzelle der gleichen Konstruktion, wobei sie als Untersuchungsobjekte KCl- und HCl-Lösungen geringer Konzentration (0,01 und 0,001 n) benutzten. Die durch die Zelle geflossene Elektrizitätsmenge wurde mittels eines mit der Zelle in Reihe, und zwar im Anschluß an die Zelle, geschalteten Silber-Coulometers registriert. Die gesamte Zelle befand sich während der Messung in einem Thermostaten. Der für den Betrieb der Apparatur benutzte Gleichstrom wurde von einer Gleichrichterröhre geliefert. Parallel zu den Ionenüberführungszahlen wurde der Wasserdurchgang durch die Membran mittels eines Schönefeld-Gerätes gemessen.

Die Bestimmung von Überführungszahlen unter Verwendung von Zweikammerzellen ist nicht sehr genau, da hierbei nicht nur die normalen Meßfehler auftreten, sondern weil der Einfluß der Elektrolyseprodukte bei einer solchen Zelle nicht eliminiert werden kann, wodurch die Aussagekraft der Versuchsergebnisse stark beeinträchtigt wird. Eine ganze Reihe von Autoren ermittelte die Überführungszahlen von Ionen durch Ionenaustauschermembranen mit Hilfe von Radioisotopen. HELFFERICH sowie SCHLÖGL [29] bestimmten die Eigendiffusions-Koeffizienten für Na^{24} und Br^{82} in einer Membran. Hat man den Eigendiffusionskoeffizienten ermittelt, dann kann man die Beweglichkeit von Kationen nach der EINSTEINschen Gleichung berechnen:

$$D_+ = u_+ RT\,,$$

wobei D^+ den Eigendiffusionskoeffizienten und u^+ die Beweglichkeit des Kations darstellen. Die Eigendiffusionskoeffizienten wurden in einer Zweikammerzelle gemessen, wobei auf der einen Seite der die Zelle unterteilenden Membran die Lösung mit dem radioaktiven und auf der anderen Seite die Lösung mit dem inaktiven Ion untergebracht wurde. Die Konzentration der auf beiden Seiten der Membran befindlichen Lösungen war die gleiche. In beiden Kammern der Zelle wurde für eine intensive Rührung der Lösungen gesorgt, und nachdem sich ein stationärer Zustand eingestellt hatte, wurde die Strahlungsintensität der ursprünglich nur inaktive Ionen enthaltenden Lösung gemessen. Die Strahlungsintensität nahm linear mit der Zeit zu.

MEARES und USSING [47] bestimmten die Eigendiffusionskoeffizienten bei ihren Untersuchungen nach einem ganz ähnlichen Verfahren. Die Vorteile dieses Verfahrens liegen darin, daß störende Effekte bei der Messung ausgeschaltet werden. Es kann keine Änderung der chemischen Konzentrationen eintreten, d. h., der Einfluß der Diffusion sowie der asymmetrischen Quellung der Membran sind ausgeschaltet. Ebenso ist bei dieser Methode auch der Einfluß der Konvektion eliminiert.

MC KELVEY, SPIEGLER und WYLLIE [35] arbeiteten ebenfalls mit radioaktiven Indikatoren und unternahmen einen interessanten Versuch zur Ausschaltung des Einflusses von Elektrodenreaktionen auf die Meßergebnisse. Sie führten ihre Untersuchungen in einer mit Platinelektroden, kalibrierten Büretten, Thermometer und Probenahmevorrichtung versehenen Zweikammerzelle durch. Die Membran wurde zwischen zwei dünnen, perforierten Lewisit-Platten angeordnet und zusammen mit diesen in die Zelle eingespannt. Die Durchmischung der Lösungen erfolgte mit Hilfe von Magnetrührern. Zur Messung der durch die Zelle fließenden Elektrizitätsmenge wurde ein Silber-Coulometer verwendet. Die Änderung der Konzentration der Lösungen sowie eine Beeinflussung der Meßergebnisse durch Elektrodenreaktionen wurden durch den Zusatz von als Puffersubstanzen wirkenden Ionenaustauscherharzen sowohl in die Anoden- als auch in die Kathodenkammer verhindert.

Im VODGEO* wurde zur Bestimmung der Überführungszahlen eine im Prinzip der von GRIGOROV und Mitarbeitern [44] vorgeschlagenen entsprechende Methode

*) s. S. 76 letzter Absatz.

angewandt. An Stelle der beschriebenen komplizierten Zelle wurde jedoch eine einfachere Konstruktion verwendet.

In dieser Zelle waren durch den Einbau von qualitativ hochwertigen, inerten, porösen Membranen hohe Meßgenauigkeiten zu erzielen, besonders, wenn diese Inertmembranen einen geringen elektrischen Widerstand sowie eine nur äußerst geringe Wasserdurchlässigkeit zeigten und die Ionen die Membranen gleichzeitig ungehindert in beiden Richtungen passieren konnten. Bei der Wahl der porösen Inertmembranen wurde eine große Zahl unterschiedlicher Muster ausprobiert (Zellophan, Perfol, Glasgewebe usw.). Die besten Ergebnisse wurden mit mikroporösem Ebonit sowie mit Kollodiummembranen erhalten. Die eigentlichen Messungen von Überführungszahlen wurden mit Membranen aus mikroporösem Ebonit durchgeführt. Die Zelle zur Bestimmung der Überführungszahlen besteht aus organischem Glas (Abb. 14).

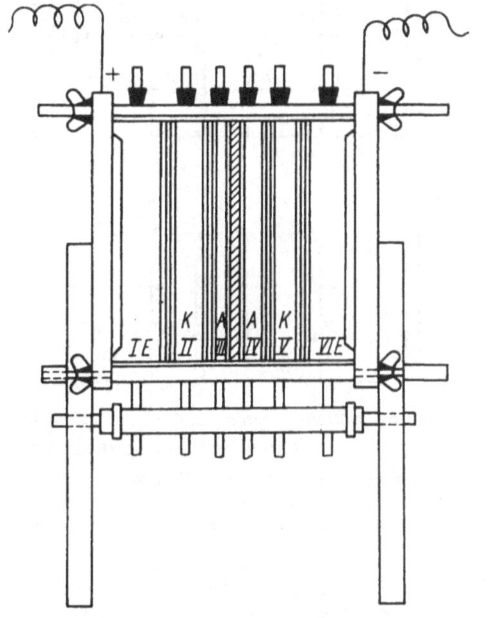

Abb. 14. Zelle zur Bestimmung der Ionenüberführungszahl (Erklärung siehe Abb. 15)

Die mittleren Sektionen der Zelle tragen Abflußstutzen an mit Gummidichtungen versehenen Ringen. An den Wänden der äußersten Elektrodenkammern sind spiralförmig als Elektroden dienende Platindrähte angebracht. Die einzelnen Kammern werden durch vier Gewindebolzen mit Flügelmuttern zusammengehalten. Bei der Montage der Zelle werden die Kammern durch die bereits erwähnten Inertmembranen aus mikroporösem Ebonit voneinander getrennt (Abb. 15). Zwischen den Kammern *III* und *IV* befindet sich die zu untersuchende Ionenaustauschermembran. Die an den unteren Ablaßstutzen der einzelnen Kammern befestigten Gummischläuche sind allesamt an einer als Schlauchklemme wirkenden Haltevorrichtung befestigt. Dadurch ist es möglich, alle Kammern der Zelle gleichzeitig mit Lösung zu füllen, oder aus allen Kammern gleichzeitig die Lösung abzulassen. Die Füllung der Zelle erfolgt, indem die Lösung über eine Sammelleitung von unten nach oben gleichzeitig in alle Kammern gedrückt wird, und zwar fließt die Lösung aus einem Hochbehälter in die durch Gummischläuche mit den Kammern der Zelle verbundene Sammelleitung.

Die Zelle ist kalibriert, der Inhalt einer jeden Kammer kann mit einer Genauigkeit von $\pm$ 0,2 ml bestimmt werden. Die Zelle arbeitet mit Gleichstrom aus einem elektronischen Gleichrichter mit Stromstabilisator. Die Stromstärke wird mittels eines in die Kette eingebauten Milliamperemeters gemessen, während zur Messung der an der Zelle liegenden Spannung ein Voltmeter dient. Das Schaltschema der beschriebenen Anordnung zur Messung von Ionen-Überführungszahlen ist in Abb. 16 wiedergegeben.

Die Verwendung des erwähnten elektronisch arbeitenden Stromstabilisators gestattet im Bereich zwischen drei und 100 mA eine außerordentlich genaue Konstanthaltung der gewünschten Stromstärke und damit eine sehr genaue Berechnung der während der Messung durch die Zelle geflossenen Elektrizitätsmenge, so daß die Benutzung eines speziellen Coulometers überflüssig wird.

Die Ionen-Überführungszahlen durch die Ionenaustauschermembranen wurden auf analytischem Wege bestimmt. Für die Untersuchungen wurden zwei Natriumchloridlösungen unterschiedlicher Konzentration (0,01 n und 0,1 n) verwendet.

Im allgemeinen wurden mit jeder Membran drei Parallelversuche durchgeführt. Wenn die erhaltenen Ergebnisse untereinander größere Abweichungen aufwiesen, wurde die Messung wiederholt. Für die mit 0,01 n NaCl-Lösung durchgeführten Versuche wurden die zulässigen Abweichungen der einzelnen Meßergebnisse untereinander auf maximal $\pm$ 0,02 festgelegt, während die Abweichungen zwischen den Einzelergebnissen der Parallelbestimmungen bei den mit 0,1n NaCl-Lösung durchgeführten Messungen $\pm$ 0,05 nicht überschreiten durften.

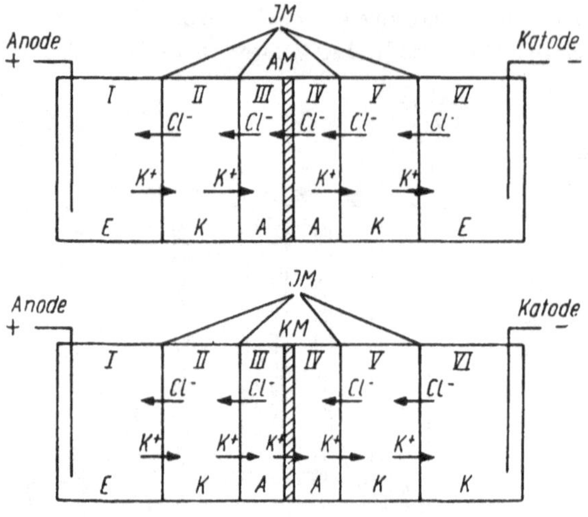

Abb. 15. Schema einer Zelle zur Bestimmung der Ionenüberführungszahl

E – Elektrodenkammer *K* – Kontrollkammer *A* – Arbeitskammer *AM* – Anionenaustauschermembran *KM* – Kationenaustauschermembran *IM* – inerte Membran

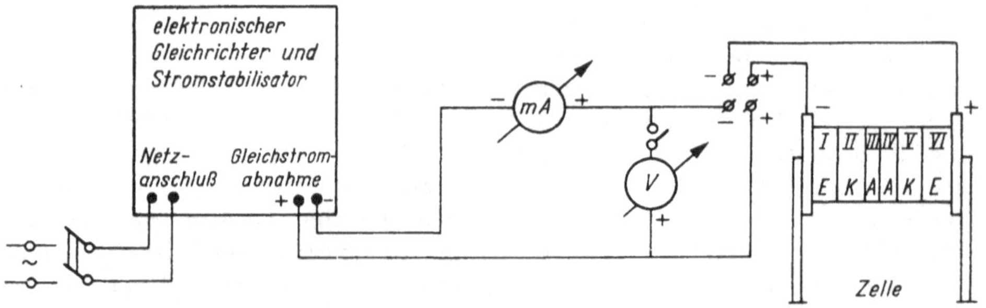

Abb. 16. Schaltschema für die Bestimmung der Ionenüberführungszahl

Die Überführungszahlen lassen sich nach folgenden Formeln berechnen:

$$n_{\mathrm{Cl}}^{-} + n_{\mathrm{Na}}^{+} = 1 \quad \text{und} \quad n_{\mathrm{Cl}}^{-} = \frac{\Sigma \Delta q_{gemessen}}{\Sigma \Delta q_{theoretisch}}$$

Dabei bedeuten:

n_{Cl}^{-} = die Überführungszahl der Chlorid-Ionen;

n_{Na}^{+} = die Überführungszahl der Natrium-Ionen;

$q_{theoretisch}$ = die Menge an Chlorid-Ionen, die bei Abwesenheit der Membran in einer Lösung gleicher Konzentration von der Katode zur Anode wandern würde. Man kann diesen Wert berechnen, wenn das elektrochemische Äquivalent der überführten Chlorid-Ionen bei gegebener Konzentration und gegebener, während des Versuches durch die Lösung geflossener Elektrizitätsmenge bekannt ist;

$q_{gemessen}$ = Menge Chlorid-Ionen, die durch die Membran hindurchgegangen ist. Dieser Wert ergibt sich als die algebraische Summe der Differenzen ($q_{Ende} - q_0$) in den Kammern *IV*, *V* und *VI* der Zelle (s. Abb. 15); q_0 ist hierbei die Ausgangskonzentration an Chlorid-Ionen in der Versuchslösung, während q_{Ende} die Chlorid-Ionen-Konzentration der Lösung nach dem Versuch darstellt.

5.5. Die Bestimmung des Membranpotentials von Ionenaustauschermembranen

Zur Bestimmung des Membranpotentials verwendet man im allgemeinen eine Zweikammerzelle. Die grundlegende Bedingung für eine genaue Messung des Membranpotentials ist die genaue Aufrechterhaltung der Ausgangskonzentrationen der Betriebslösungen auf beiden Seiten der Membran während der Dauer der gesamten Untersuchung.

Je nach der Methode, mit deren Hilfe die Einhaltung dieser Grundbedingung gewährleistet wird, kann man alle bisher bekannten Verfahren der Membranpotentialmessung in zwei Gruppen unterteilen:

1. Bestimmung des Membranpotentials bei ruhenden Arbeitslösungen;
2. Bestimmung des Membranpotentials bei strömenden Arbeitslösungen.

Die Messung des Membranpotentials bei ruhenden Arbeitslösungen wurde bereits von einer ganzen Reihe von Autoren beschrieben.

KRESSMAN [48] führte mit Hilfe eines CAMBRIDGE-Elektrometers Messungen der elektromotorischen Kraft (EMK) folgender Kette durch:

$$GKE \left[\; M^{+}(a_1) \; \middle\| \; \begin{array}{c} \textit{Membran} \\ \text{Zeocarb} \\ 315 \end{array} \; \middle\| \; M^{+}(a_2) \; \right] GKE$$

(*GKE* = gesättigte Kalomel-Elektrode). Die Meßzelle bestand aus einer Membranelektrode, die mit der 0,01 m Lösung eines Kations gefüllt war und in eine 0,1 m Lösung des gleichen Kations eintauchte. In gewissen Zeitabständen wurden beide Lösungen erneuert.

Tajima, Kosaka, Nisida und Sato [49] führten Messungen des Membranpotentials durch, indem sie die EMK folgender Kette bestimmten:

$$\mathrm{Hg,\ Hg_2Cl_2} \;\Big|\; \mathrm{KCl}\ \textit{gesättigt} \;\Big|\; \mathrm{KCl}\ c_1 \;\Big\|\; \textit{Membran} \;\Big\|\; \mathrm{KCl}\ c_2 \;\Big|\; \mathrm{KCl}\ \textit{gesättigt} \;\Big|\; \mathrm{Hg,\ Hg_2Cl_2}$$

Oda und Jawataja [37] bestimmten die EMK einer ganz ähnlichen Kette. Der Unterschied zu obiger Kette bestand lediglich darin, daß bei Oda und Jawataja [37] die Membran zwischen zwei NaCl- statt KCl-Lösungen unterschiedlicher Konzentration (c_1 und c_2) angeordnet war.

Von Meares und Ussing [47] wurden die Potentialdifferenzen für folgende Zelle gemessen:

$$\mathrm{Hg,\ Hg_2Cl_2} \;\Big|\; \mathrm{KCl}\ \textit{gesättigt} \;\Big|\; \mathrm{NaCl}\ 1\,\mathrm{m} \;\Big|\; \mathrm{NaCl}\ c_1 \;\Big\|\; \textit{Membran} \;\Big\|\; \mathrm{NaCl}\ c_2 \;\Big|\; \mathrm{NaCl}\ 1\,\mathrm{m} \;\Big|\; \mathrm{KCl}\ \textit{gesättigt} \;\Big|\; \mathrm{Hg,\ Hg_2Cl_2}$$

Die Meßergebnisse wurden noch mit einer auf Grund des Flüssigkeits-Grenzpotentials erforderlichen Korrektur versehen.

Graydon und Stewart [50] ermittelten in einer Zweikammerzelle die EMK folgender Kette:

$$\mathrm{Ag-AgCl} \;\Big|\; \mathrm{NaCl}\ c_1 \;\Big\|\; \textit{Membran} \;\Big\|\; \mathrm{NaCl}\ c_2 \;\Big|\; \mathrm{Ag-AgCl}$$

Die Lösungen c_1 und c_2 wurden in gewissen Zeitabständen erneuert, das Membranpotential wurde mittels eines mit einem Galvanometer der Empfindlichkeit 10^{-11} A/cm ausgestatteten Potentiometers nach Leeds bestimmt. Das Asymmetriepotential der Elektroden wurde nicht berücksichtigt.

Nagamatsu, Seiyama und Sakai [16, 34] bestimmten das Membranpotential in einer Spezialzelle, in welcher die gleichzeitige Messung des Membranpotentials, der Leitfähigkeit der Lösung, der Diffusion des Elektrolyten und des Wasserdurchganges durch die Membran möglich war. Bei der Messung des Membranpotentials mittels eines Potentiometers verwendeten sie sowohl Kalomel- als auch Ag-AgCl-Elektroden in Lösungen der Chloride ein- und zweiwertiger Kationen. Die Lösungen wurden auf beiden Seiten der Membran durchmischt.

Spiegler [2] und auch Kahlweit [51] beschreiben eine Methode zur Bestimmung der EMK mittels einer Zweikammerzelle, bei der die Lösungen auf beiden Seiten der Membran mittels Rührern in Bewegung gehalten wurden. Die Messungen erfolgten an den Ketten:

$$\mathrm{Ag-AgCl} \;\Big|\; \textit{Lösung}\ c_1 \;\Big\|\; \textit{Membran} \;\Big\|\; \textit{Lösung}\ c_2 \;\Big|\; \mathrm{Ag-AgCl}$$

und

$$\mathrm{GKE} \;\Big|\; \textit{Lösung}\ c_1 \;\Big\|\; \textit{Membran} \;\Big\|\; \textit{Lösung}\ c_2 \;\Big|\; \mathrm{GKE}$$

Gregor und Wetstone [10] sowie Wyllie und Kanaan [18] bestimmten das Membranpotential ihrer Proben in Zweikammerzellen unter Verwendung von Kalomelelektroden und bei einer Temperatur von 25 °C. Die Lösungen wurden gerührt. Die Messungen erfolgten mittels eines Potentiometers; die an zweiter Stelle genannten Autoren benutzten zusätzlich noch einen Thermoionenverstärker.

Rosenberg, George und Potter [12] bedienten sich einer ganz ähnlichen Methode zur Bestimmung des Membranpotentials homogener Membranen; sie verwendeten Ag—AgCl-Elektroden in Chloridionen enthaltenden Lösungen.

Spiegler, Wyllie und Joest [52] führten Membranpotentialmessungen in einer Tiselius-Zelle durch, wobei die Membranen zwischen NaCl-Lösungen angeordnet waren. Sie verwendeten Ag—AgCl-Elektroden, welche mit einem pH-Meßgerät verbunden waren. An den Ausgang des pH-Meters war ein elektronischer „Recorder" nach Braun angeschlossen. Die Genauigkeit der Messungen betrug 0,5 mV.

Grigorov [44] bestimmte das Diffusionspotential von in der Kaliumform vorliegenden Kollodium-, Zellophan- und Gelatinemembranen unter Verwendung von Ag-AgCl-Elektroden in Lösungen unterschiedlicher Konzentration. Vorher wurde jeweils das Asymmetriepotential der Elektroden gemessen. Als Meßgerät diente eine Potentiometerapparatur.

Eine Reihe von Autoren bediente sich des von uns weiter oben an zweiter Stelle genannten Verfahrens zur Messung von Membranpotentialen, d. h., sie arbeiteten mit strömenden Arbeitslösungen.

Smit-Bruk [53] bestimmte das Membranpotential der von ihm selbst durch Kondensation der Magnesium- oder Kaliumsalze von p-Phenolsulfosäure mit Formaldehyd in den Poren eines Glasfilters hergestellten Membranen unter Verwendung von Durchflußzellen, in denen das Verhältnis der Konzentrationen konstant gehalten wurde. Nach einer Versuchsdauer von einigen Stunden stellte sich ein konstanter Wert E_M für das Membranpotential ein.

Clarke und Mitarbeiter [11] sowie Hills, Kitchener und Ovenden [17] führten Membranpotentialmessungen in H-förmigen Zweikammerzellen unter Verwendung von gesättigten Kalomelelektroden durch. Die erstgenannten Autoren benutzten Metallchloride enthaltende Lösungen, während die zweitgenannten mit wäßriger KOH arbeiteten, welche zur Vermeidung von Diffusionseffekten dicht an den Membranflächen entlanggeleitet wurde.

Lorimer, Boterenbrood und Hermans [20], Scatchard und Helfferich [6] sowie Hall und Mc Conley [25] bestimmten das Membranpotential in mit speziellen Düsen ausgestatteten Zweikammerzellen, wobei die Düsen den Zweck hatten, die Lösungen mit konstanter Geschwindigkeit unmittelbar an die Oberfläche der zu untersuchenden Membran heranzuführen. Für die Messungen wurden Ag—AgCl-Elektroden sowie ein Potentiometer nach Leeds-Nortrup und ein empfindliches Galvanometer verwendet. Analoge Messungen mit einer Zelle ganz ähnlicher Konstruktion, allerdings unter Verwendung von Kalomelelektroden an Stelle von Ag—AgCl-Elektroden, wurden von Nagasawa und Kogawa [54] durchgeführt, und zwar ermittelten diese Autoren die Membranpotentiale von Membranen der Marke Nepton CR-51 in verschiedenen Elektrolyten.

MATEROVA und BELINSKAJA [22] bestimmten Membranpotentiale von Ionenaustauschermembranen in verschiedenen Elektrolyten unter Verwendung einer mit strömenden Lösungen arbeitenden Zweikammerzelle aus Glas. Die Meßkette enthielt Ag—AgCl- oder Chinhydronelektroden, ein Potentiometer und einen Röhrenverstärker. Der Meßanordnung lag eine gewöhnliche Kompensationsschaltung zugrunde.

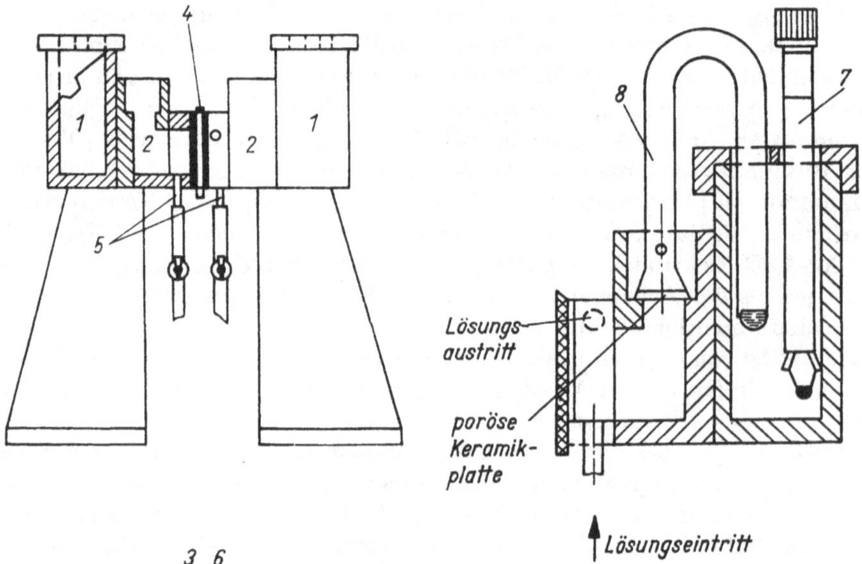

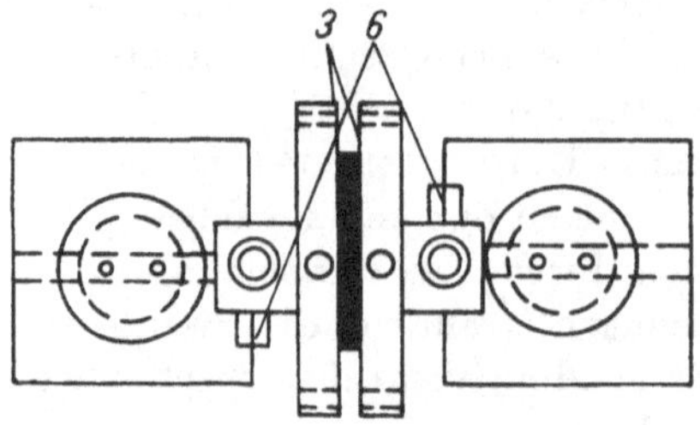

Abb. 17. Zelle zur Bestimmung des Membranpotentials

1 – Elektrodenkammern 2 – Arbeitskammern 3 – Gummidichtungen 4 – Ionenaustauschermembran 5 – Stutzen zum Ablassen der Lösungen 6 – Stutzen zum Einlassen der Lösungen 7 – Kalomel-Elektrode 8 – Stromschlüssel mit gesättigter KCl-Lösung

Es ist offensichtlich so, daß die besten Meßbedingungen dann vorliegen und eine hinreichend schnelle Stabilisierung des Membranpotentials dann erreicht wird, wenn die Arbeitslösungen mit genau konstanter Geschwindigkeit an den Membranflächen vorbeiströmen.

Im Unions-Forschungsinstitut für Wasserversorgung, Kanalisierung, hydrotechnische Anlagen und Ingenieurhydrogeologie (VODGEO) bediente man sich zur Bestimmung des Membranpotentials der in Abb. 17 schematisch dargestellten Zelle. Der Mittelteil war zur Vermeidung von elektrischen Verlusten aus Polystyrol angefertigt, während die übrigen Teile der Zelle aus organischem Glas bestanden. Als Elektroden wurden gesättigte Kalomel- oder Ag—AgCl-Elektroden benutzt. Bei Verwendung der letzteren waren die Elektroden unmittelbar in den Arbeitskammern der Zelle untergebracht, und zwar waren sie an den Deckeln befestigt, mit denen die Arbeitskammern verschlossen wurden. Wurde mit Kalomelelektroden gearbeitet, dann befanden sich diese in eigenen Elektrodenkammern, welche mittels eines Stromschlüssels (gesättigte KCl-Lösung) mit den Arbeitskammern verbunden waren. Der Kontakt zwischen diesem Stromschlüssel und den Arbeitskammern war durch eine spezielle, in den Glaskörper des Stromschlüssels eingeschmolzene, feinporige Keramikplatte gewährleistet, die ein Ineinanderdiffundieren der Lösungen praktisch vollkommen verhindert. Die zu untersuchende Membranprobe wurde zwischen die Flansche der beiden Arbeitskammern der Zelle eingespannt.

Bei der Bestimmung des Membranpotentials ließ man die Arbeitslösungen von unten nach oben an beiden Flächen der Ionenaustauschermembran vorbeiströmen. Die Arbeitslösungen wurden aus höher als die Zelle stehenden MARIOTTEschen Flaschen in die Kammern der Zelle eingedrückt. Unterhalb der Zelle befanden sich zwei Auffangflaschen für die überlaufenden Lösungen.

Die Lösungen wurden durch spezielle Überlaufstutzen in der Weise abgelassen, daß beim Arbeiten mit Kalomelelektroden die Keramikpfropfen der Stromschlüssel stets vollständig in die Lösungen eintauchten.

Die Höhe des Membranpotentials wurde durch Kompensation mit Hilfe eines hochohmigen Gleichstrom-Potentiometers vom Typ PPTV-1 gemessen. Das Prinzip der Messung mit dieser Anordnung besteht in einem Vergleich der zu bestimmenden EMK mit einer EMK bekannter Größe.

Das Potentiometer PPTV-1 besitzt einen hohen Eingangswiderstand von 10000 Ohm/V, wodurch bei einem Widerstand der zu untersuchenden Membranprobe von maximal 5000 Ohm noch die Messung außerordentlich geringer EMK ohne vorherige Verstärkung möglich ist (Empfindlichkeit etwa $1 \cdot 10^{-5}$ V). Die Meßgenauigkeit des Gerätes beträgt $\pm$ 0,03%.

Das bei der Messung angewandte Schaltschema ist in der Abb. 18 wiedergegeben. In diesem Schema ist als Stromquelle ein Trockenelement (1,5 V) angegeben. Als Nullgerät wurde ein Spiegelgalvanometer mit horizontaler Ablesung und einer durch einen 6-V-Transformator gespeisten Beleuchtungsanlage verwendet. Die Empfindlichkeit des Galvanometers betrug 200 mm/mA · m.

Die Membranpotentialmessungen erfolgten in NaCl-Lösungen folgender Konzentration: 0,01 m/0,05 m und 0,1m/0,2 m. 48 Stunden vor der Messung wurden die frisch hergestellten Membranproben (Durchmesser von 40 mm) bereits in die verdünntere der beiden für die Messung ausgewählten Lösungen eingelegt.

Der theoretische Wert des Membranpotentials $E_{ber.}$ in Lösungen bekannten Konzentrationsverhältnisses läßt sich mit Hilfe der NERNSTschen Gleichung berechnen. Das Verhältnis $E_{gemessen}/E_{berechnet}$ stellt den Qoutienten aus dem auf experimentellem Wege ermittelten und dem nach der NERNSTschen Gleichung errechneten Membranpotential dar und wird darüberhinaus als Maß für die Selektivität einer Ionenaustauschermembranprobe benutzt. Für den Fall der Messung

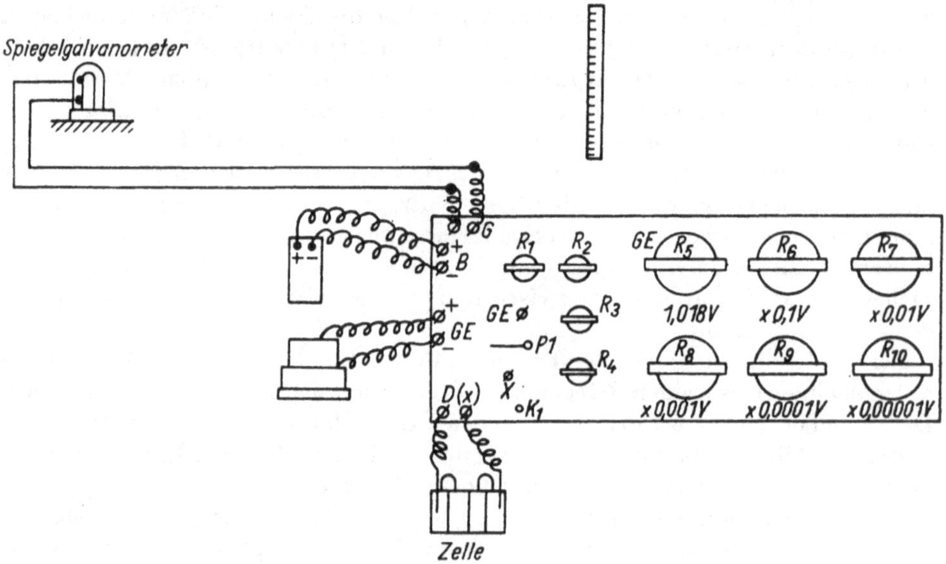

Abb. 18. Schaltschema für die Bestimmung des Membranpotentials

des Membranpotentials mit Hilfe von Kalomelelektroden ergibt sich folgende Meßkette

Hg, Hg_2Cl_2	KCl *gesättigt*	NaCl c'	‖ *Membran* ‖	NaCl c''	KCl *gesättigt*	Hg, Hg_2Cl_2

Die Berechnung des theoretischen Membranpotentials sieht dann folgendermaßen aus:

$$E_{ber.} = \frac{RT}{z \cdot F} \cdot 2{,}3 \lg a'_{\mathrm{Na}} - \frac{RT}{z \cdot F} \cdot 2{,}3 \lg a''_{\mathrm{Na}} \approx \frac{RT}{z \cdot F} \cdot 2{,}3 \lg \frac{a'_{\pm\mathrm{NaCl}}}{a''_{\pm\mathrm{NaCl}}}.$$

Dabei sind

R = die universelle Gaskonstante (1,9865 cal · $\mathrm{Grad}^{-1} \cdot \mathrm{Mol}^{-1}$);
T = die absolute Temperatur (°K);
z = die Wertigkeit des Ions;
F = die FARADAYsche Zahl (23·060 cal · mV^{-1});
$a_{\pm\mathrm{NaCl}}$ = die mittlere Aktivität der NaCl-Lösung, gleich $m\gamma\pm$ (die Werte für $\gamma\pm$ finden sich tabellarisch zusammengestellt im „Handbuch des Chemikers“, Band III, Goschimizdat, Moskau, 1958);
m = die molare Konzentration der Lösung.

Beim Arbeiten mit NaCl-Lösungen der Konzentration 0,1 m/0,2 m ergibt sich für ideal permselektive Membranen der Wert $E_{ber.}$ nach der NERNSTschen Formel zu 16 mV, beim Arbeiten mit NaCl-Lösungen der Konzentration 0,01 m/0,05 m dagegen bei sonst gleichbleibenden Bedingungen zu 38,4 mV.

Literatur

[1] TAJIMA, KOSAKA, Y., SATO: J. Electrochem. Soc. Japan **22** (1954), 2
[2] SPIEGLER, K. S.: Elektrochemical operations in „Ion exchange technology". unter der Redaktion von F. NACHOD und J. SCHUBERT, New York, 1956
[3] TITOV, V. S.: „Chemische Wissenschaft und Industrie" (russ.) **4**, Nr. 1 (1959); „Plastmassen", Nr. 3 (1959); Kap. IV aus dem Buch von K. M. SALDADZE, A. B. PAŠKOV, V. S. TITOV „Ionenaustauschende hochmolekulare Verbindungen", Moskau, Goschimizdat, 1960
[4] DESPIC, A., HILLS, G.: J. Disc. Farad. Soc. **21** (1956)
[5] SCHMID, G.: Z. für Electrochem. **56** (1952), 35, 181; J. Chim. Phys. und Phys.-Chim. biol. **55** (1958), 3
[6] SCATCHARD, G., HELFFERICH, F.: Disc. Farad. Soc. **21** (1956)
[7] MACKAY, D., MEARES, R.: Trans. Farad. Soc. **55** (1959), 7, 1221
[8] GRUBB, W. T.: J. Phys. Chem. **63** (1959), 1, 55—58
[9] MANECKE, G., OTTO-LAUPENMÜHLEN, E.: Z. Phys. Chem. **2** (1954), 336
[10] GREGOR, H. P., WETSTONE, D. M.: Disc. Farad. Soc., Nr. 21 (1956)
[11] CLARKE, J. T., MARINSKY, J. A., JUDA, W., ROSENBERG, N. W., ALEXANDER, S.: J. Phys. Chem. **56** (1952), 1
[12] ROSENBERG, N. W., GEORGE, I. H., POTTER, W.: J. Electrochem. Soc. **104** (1957), 2
[13] GRAYDON, W. R., STEWART, R. J.: J. Phys. Chem. **60** (1956), 6
[14] SPIEGLER, K. S., CORYELL, C. D.: J. Phys. Chem. **57** (1953), 7; **56** (1952), 106
[15] WYLLIE, M. R. J., KANAAN, S. L., HILLS, G. J., KITCHENER, J. A., OVENDEN, R.: Trans. Farad. Soc. **51** (1955), 719
[16] NAGAMATSU, M., SEIYAMA, T., SAKAI, W.: J. Electrochem. Soc. Japan **22**, Nr. 3, (1954, 6/7
[17] HILLS, G. J., KITCHENER, J. A., OVENDEN, R.: J. Trans. Farad. Soc. **51** (1955), 719; J. Polymer Science, XIX, (1956), 92, 382
[18] WYLLIE, M. R. I., KANAAN, S. L.: J. Phys. Chem. **58**, Nr. 1 (1954), 73
[19] MANECKE, G., BONHOEFFER, K. F.: Z. Electrochem. **55** (1951), 475
[20] LORIMER, BOTERENBROOD, HERMANS: Disc. Farad. Soc. **21** (1956)
[21] GRIGOROV, O. H., KOZMINA, Z. P., MARKOVIČ, D. A., FRIDRICHSBERG, D. A.: „Elektrokinetische Eigenschaften kapillarer Systeme". Verlag der Akademie der Wissenschaften der UdSSR, 1956
[22] MATEROVA, E. A., BELINSKAJA, F. A.: Mitteilungsblatt der Leningrader Staatlichen Universität, Nr. 16 (1957), 85
[23] GANTMAN, M. N.: „Untersuchungen zur Wasseraufbereitung", Sammelband Nr. 3, Moskau, Gosstrojizdat, 1959
[24] TROSTJANSKAJA, E. B., LOSEV, I. P., TEVLINA, A. S.: Journal f. analyt. Chem. (russ.) **12** (1957), 2, 214
[25] HALL, D. K., MC CONLEY, D. J.: General Discussion, Disc. Farad. Soc., Nr. 21 (1956)
[26] GREGOR, H. P., HAMILTON, M. J., OZA, R., BERNSTEIN, F.: J. Phys. Chem. **60** (1956), 3
[27] KRESSMAN, T. R., TYE, F. L.: Trans. Farad. Soc. **55** (1959), 8, 1441
[28] MADGWICK, G. G.: Chem. Engng Science, Genic chimique **6**, Nr. 3 (1957)
[29] SCHLÖGL, R.: Z. Electrochem. **57** (1953), 3
[30] HELFFERICH, F.: Ionenaustauscher **1** (1959)
[31] GREGOR, H. P., JACOBSON, H., SHAIR, R. C., WETSTONE, D. M.: J. Phys. Chem. **61** (1957), 2

[32] Kobatake, Y.: J. Chem. Phys. **28** (1958), 3, 442
[33] Graydon, W. R., Stewart, R. J.: J. Phys. Chem. **61** (1957), 2
[34] Nagamatsu, M., Seiyama, T., Sakai, W.: J. Electrochem. Soc. Japan **23** (1955), 5
[35] Mc Kelvey, Spiegler, K. S., Wyllie, M. R.: J. Electrochem. Soc. **104** (1957), 6
[36] Winger, A., Ferguson, R., Kunin, R.: J. Phys. Chem. **60** (1956), 5
[37] Oda, Jawataja: Bull. Chem. Soc. Japan **28** (1955), 4; 30 (1957), 3
[38] Hills, G. J., Despic, A., Elton, G., Schmid, Meares, R.: General discussion, Disc. Farad. Soc., Nr. 21 (1956)
[39] Oda, K., Murakoshi, M., Saito, T., Matsuoda, S.: J. Electrochem. Soc., Japan **25** (1957), 328
[40] Kressman, T. R. E., Tye, F. L.: Disc. Farad. Soc. Nr. 21 (1956)
[41] Frilette, V.: J. Phys. Chem. **60** (1956), 4
[42] Oda, Murakoshi, Saito: J. Electrochem. Soc. Japan **25** (1957), 10
[43] Bonhoeffer, K. F.: General discussion, Disc. Farad. Soc., Nr. 21 (1956)
[44] Grigorov, O. N., Karpova, I. F., Kozmina, Z. P., Fridrichsberg, D. A.: „Anleitung zu praktischen Übungen in der Kolloidchemie", Leningrader Staatliche Universität, 1955
[45] Stender, V. V.: „Diaphragmen für die Elektrolyse wäßriger Lösungen", Moskau, Goschimizdat, 1948
[46] Žukov, I. I., Jurženko, I. A.: J. angew. Chem. (russ.) **9** (1960), 136
[47] Meares, R., Ussing, H. H.: Trans. Farad. Soc. **55** (1959), 1—11, 142
[48] Kressman, T. R. E.: J. Appl. Chem. **4** (1954), 3
[49] Tajima, S., Kosaka, Nisida, Sato: J. Electrochem. Soc. Japan **21** (1953)
[50] Graydon, W. R., Stewart, R. J.: J. Phys. Chem. **59** (1955), 1
[51] Kahlweit, M.: Z. Phys. Chem. **6**, Heft 1/2 (1956)
[52] Spiegler, K. S., Joest, R. L., Wyllie, M. R.: Disc. Farad. Soc., Nr. 21 (1956)
[53] Schmit-Bruk, Ref. J. Chem. (russ.), Nr. 18 (1954), 83
[54] Nagasawa, M., Kagawa, J.: Disc. Farad. Soc., Nr. 21 (1956)

6. ZWEI-, DREI- UND MEHRKAMMER-ELEKTRODIALYSEZELLEN; DIE HAUPTANWENDUNGSGEBIETE DER ELEKTRODIALYSE MIT IONENAUSTAUSCHERMEMBRANEN

6.1. Zwei-, Drei- und Mehrkammer-Elektrodialysezellen

Der einfachste Fall der Anwendung von Ionenaustauschermembranen bei der Elektrodialyse liegt bei Arbeiten mit einer eine Ionenaustauschermembran enthaltenden Zweikammerelektrodialysezelle vor.

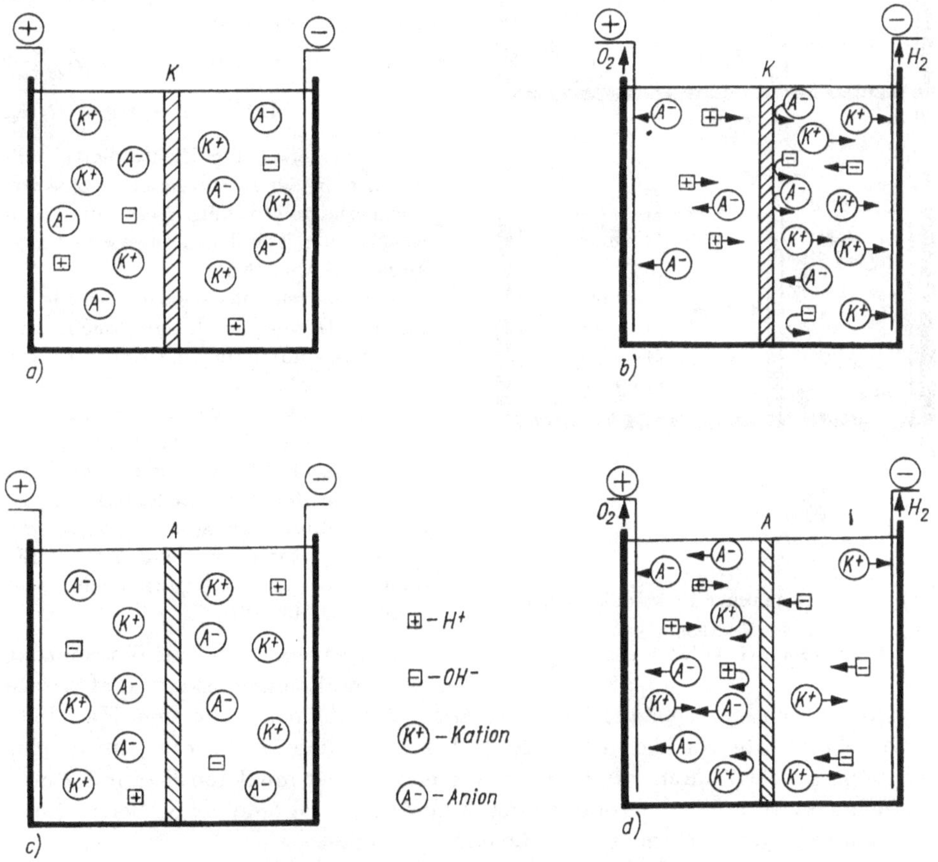

Abb. 19. Zweikammer-Elektrodialysezelle

a – mit Kationenaustauschermembranen vor und *b* – nach Anlegen des elektrischen Feldes
c – mit Anionenaustauschermembran vor und *d* – nach Anlegen des elektrischen Feldes

Zur Vereinfachung der zu betrachtenden Frage nehmen wir einmal an, daß mit idealen Ionenaustauschermembranen gearbeitet wird.

Es sind dann prinzipiell zwei Varianten möglich:

1. Die mit Elektrolytlösung gefüllte Elektrodialysezelle wird durch eine Kationenaustauschermembran in eine Katoden- und eine Anodenkammer unterteilt (s. Abb. 19a). Beim Einschalten des elektrischen Stromes wandern die Kationen zur Katode. Die gerade in der Anodenkammer befindlichen Kationen werden durch die Membran in die Katodenkammer übergehen. Da eine ideale Kationenaustauschermembran für Anionen völlig undurchlässig ist, kann ein Übergang von Anionen aus der Katoden- in die Anodenkammer nicht erfolgen. Während der Elektrodialyse gehen folgende Reaktionen vor sich:

Anode: $\frac{1}{2}H_2O \rightarrow H^+ + \frac{1}{4}O_2 + e$,

Katode: $H_2O + e \rightarrow OH^- + \frac{1}{2}H_2$.

Im Endergebnis der Elektrodialyse bildet sich in der Anodenkammer eine von Verunreinigungen völlig freie Säure, während in der Katodenkammer eine Lauge anfällt (s. Abb. 19b).

2. Die mit der gleichen Elektrolytlösung gefüllte Zelle wird durch eine Anionenaustauschermembran in eine Katoden- und eine Anodenkammer unterteilt (s. Abb. 19c). In diesem Falle werden bei Einschalten des elektrischen Stromes die Anionen ungehindert aus der Katodenkammer durch die Membran hindurch in die Anodenkammer übergehen können, wodurch es in ersterer im Endeffekt zur Bildung einer verunreinigungsfreien Lauge kommt (s. Abb. 19d).

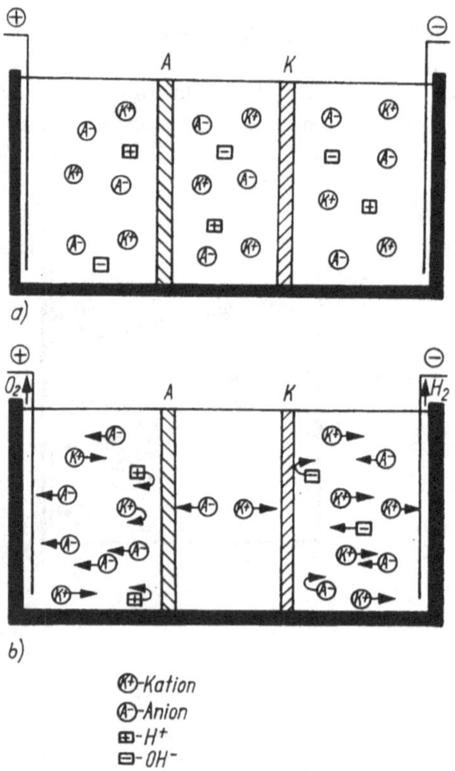

Abb. 20. Dreikammer-Elektrodialysezelle
a – vor Anlegen des elektrischen Feldes *b* – nach Anlegen des elektrischen Feldes

Gehen wir nunmehr zur Betrachtung einer Dreikammer-Elektrodialysezelle mit zwei idealen Ionenaustauschermembranen, einer Anionen- und einer Kationenaustauschermembran, über (Abb. 20a). Wird an diese Zelle von außen eine Spannung angelegt, dann wandern die Anionen aus der mittleren Kammer durch die Anionenaustauschermembran hindurch zur Anode, während die Kationen durch die Kationenaustauschermembran zur Katode wandern.

Die Anionen aus der Katodenkammer stoßen auf ihrem Wege zur Anode auf die Kationenaustauschermembran, die sie nicht passieren können. Dies bedeutet, daß sie nicht in die mittlere Kammer gelangen können. Auch den Kationen aus der

Anodenkammer ist der Weg in die mittlere Kammer entsprechend durch die Anionenaustauschermembran versperrt (Abb. 20b). Auf diese Weise ermöglicht eine Dreikammerzelle die Befreiung einer Lösung von Salzverunreinigungen oder die Entsalzung von Wasser.

Das Prinzip der Arbeitsweise einer Mehrkammer-Elektrodialysezelle, beispielsweise einer Siebenkammerzelle, wie sie die Abb. 21 schematisch wiedergibt, ist etwas anders. Bei der Montage einer derartigen Mehrkammerzelle werden die Kationen- und Anionenaustauschermembranen alternierend angeordnet. Nehmen wir einmal an, daß ursprünglich alle Kammern der Zelle mit der gleichen NaCl-Lösung gefüllt sind (Abb. 21a). Nach Anlegen einer Spannung an die Zelle laufen in den verschiedenen Kammern unterschiedliche Prozesse ab.

In der ersten — einer Anodenkammer — wandern die Chloridanionen zur Anode, an der Cl_2 entwickelt wird, während die in dieser Anodenkammer befindlichen Kationen nicht durch die Anionenaustauschermembran in die zweite Kammer abwandern können. Die ursprünglich in der zweiten Kammer vorhandenen Na^+-Ionen gehen durch die Kationenaustauschermembran in die dritte Kammer über, während die ursprünglich in der zweiten Kammer befindlichen Cl^--Ionen durch die Anionenaustauschermembran in die erste Kammer übergehen. Da die Kationen aus der ersten und die Anionen aus der dritten Kammer nicht in die zweite Kammer überzugehen vermögen (die Kationen werden von der Anionen- und die Anionen von der Kationenaustauschermembran zurückgehalten), verringert sich in dieser zweiten Kammer die NaCl-Konzentration ständig. In die dritte Kammer der Zelle gehen aus den benachbarten beiden Kammern die von der Kathode angezogenen Kationen und die von der Anode angezogenen Anionen über. Ihre weitere Wanderung zu den Elektroden ist jedoch nicht möglich, da den Anionen der Weg zur Anode durch eine Kationenaustauschermembran und den Kationen der Weg zur Katode durch eine Anionenaustauschermembran versperrt ist. Folglich stellt diese dritte Kammer eine regelrechte Ionenfalle dar. Die Ionen können aus ihr nicht in die benachbarten Kammern übergehen, wodurch es zu einer ständigen Erhöhung der NaCl-Konzentration in dieser Kammer kommt.

In der vierten und in der sechsten Kammer geht der gleiche Prozeß vor sich wie in der zweiten Kammer, d. h. in diesen Kammern verringert sich die Salzkonzentration bis zur völligen Entsalzung der Lösung, während in der fünften Kammer der gleiche Prozeß wie in der dritten Kammer, nämlich eine ständige Konzentrierung der Lösung an Na^+- und Cl^--Ionen vonstatten geht. In der siebenten, der Katodenkammer, schließlich werden die ursprünglich in dieser Kammer vorhandenen und die aus der sechsten Kammer durch die Kationenaustauschermembran in die siebente übergegangenen Na^+-Ionen an der Katode entladen, die neutralen Na-Atome verbinden sich mit den Hydroxylgruppen des Wassers, und es kommt auf diese Weise an der Katode zur Entwicklung von molekularem Wasserstoff H_2.

Betrachtet man an Stelle einer Siebenkammerzelle, die eine relativ einfache Variante einer Mehrkammerzelle darstellt, eine aus einer wesentlich größeren Zahl von Kammern bestehende Mehrkammer-Elektrodialysezelle, dann ent-

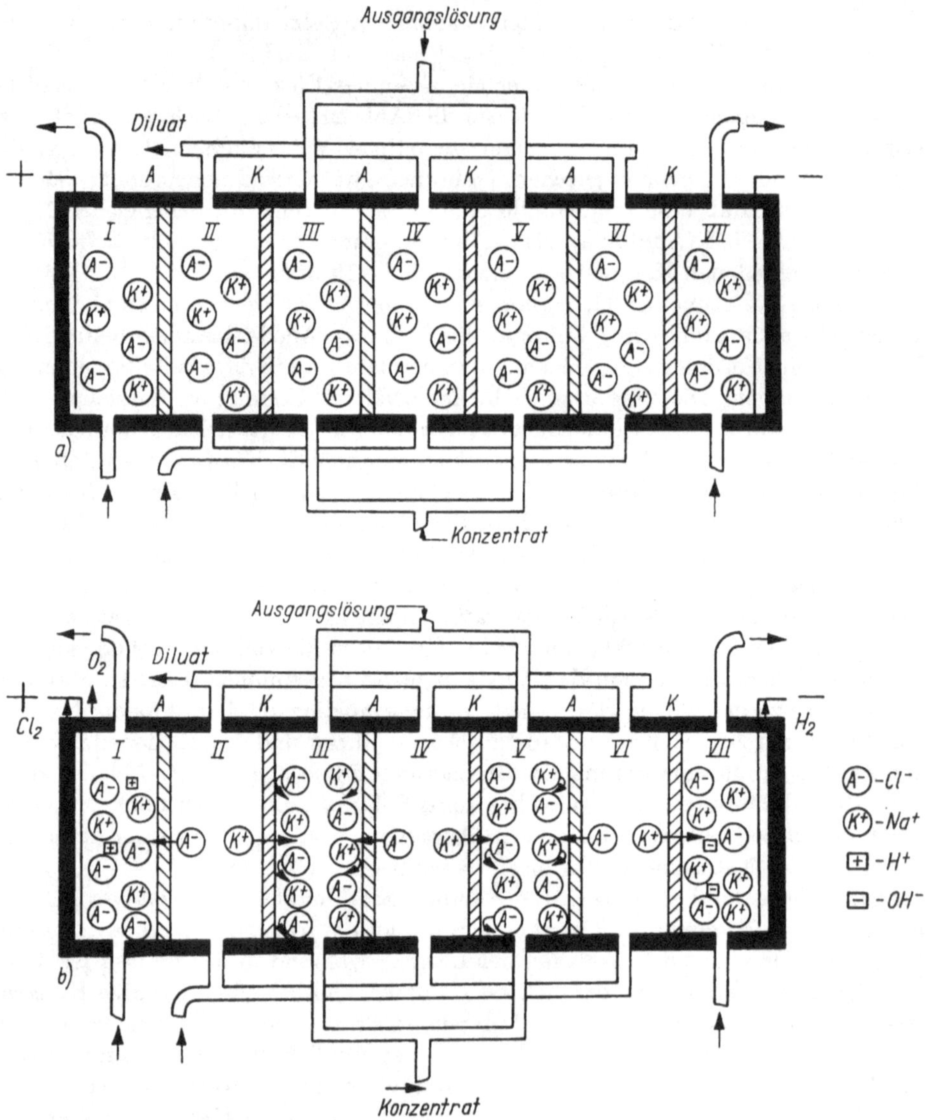

Abb. 21. Siebenkammer-Elektrodialysezelle

a – vor Anlegen des elektrischen Feldes *b* – nach Anlegen des elektrischen Feldes sprechen die Verhältnisse in den geradzahligen Kammern jeweils den in der zweiten Kammer vorliegenden, während die in den ungeradzahligen Kammern stattfindenden Prozesse jeweils mit den in der dritten Kammer der oben beschriebenen Siebenkammerzelle ablaufenden Prozessen übereinstimmen. Die Elektrodenkammern verhalten sich stets wie die erste und die siebente Kammer der Siebenkammerzelle, die wir als Beispiel gewählt haben. Es existieren bereits Mehrkammerzellen aus bis zu 300 Einzelkammern.

6.2. Die Hauptanwendungsgebiete der Elektrodialyse mit Ionenaustauschermembranen

Die physikochemischen Eigenschaften von Ionenaustauschermembranen, die im vorangegangenen Kapitel eingehend abgehandelt wurden, insbesondere aber ihre spezifischen elektrochemischen Eigenschaften sind dazu angetan, daß sowohl Wissenschaftler als auch Technologen den Ionenaustauschermembranen größtes Interesse entgegenbringen. In den letzten Jahren wurde eine große Zahl von Arbeiten veröffentlicht, in denen die Anwendung von Ionenaustauschermembranen bei Laboratoriumsuntersuchungen, aber auch bei den unterschiedlichsten elektrochemischen Prozessen in der Industrie beschrieben wird. Es gibt also bereits jetzt eine ganze Reihe von Anwendungsmöglichkeiten für Ionenaustauschermembranen; die Zahl der Anwendungsgebiete ist ständig im Steigen begriffen. Als Fortschrittsberichte zum Thema der Anwendung von Ionenaustauschermembranen sind die Arbeiten von Spiegler [1], Kljačko [2], Hookway [3], Maruiti und Mitarbeitern [4] sowie Saldadze, Paškov und Titov [5] zu nennen.

Das erste und auch heute noch das Hauptanwendungsgebiet für Ionenaustauschermembranen in der Technik ist die elektrochemische Wasserentsalzung. Aus diesem Grunde erscheint es uns angebracht, etwas ausführlicher auf die Verfahren zur Entsalzung von Wasser mittels Ionenaustauschermembranen einzugehen. Dieses Anwendungsgebiet für Membranen, das bisher von allen Verwendungsmöglichkeiten die weiteste Verbreitung gefunden hat, ist in seinen Grundzügen den anderen Anwendungsmöglichkeiten ähnlich.

Die Entsalzung von Salz- oder Brackwässern ist vor allem für viele, ganz oder teilweise in Dürregebieten gelegene Länder von außerordentlicher Wichtigkeit. In der gegenwärtigen Zeit erfordern sogar in Ländern mit großen natürlichen Süßwasserreserven die Entwicklung der Industrie, die Steigerung der landwirtschaftlichen Produktion und das Wachstum der Bevölkerung eine ständig steigende Bereitstellung von Süßwasser, so daß auch diese Länder in absehbarer Zeit dazu werden übergehen müssen, Salz- oder Brackwässer zu entsalzen. Es existieren mehrere Verfahren zur Entsalzung von Wasser: die Destillation, das Ausfrieren, die Entsalzung mittels Ionenaustauscherharzen, die Entsalzung mittels Sonnenenergie und die elektrochemische Entsalzung. Am weitesten verbreitet sind destillative Verfahren zur Entsalzung von Wasser.

Ein Überblick und eine vergleichende Betrachtung der verschiedenen Wasserentsalzungsverfahren findet sich in den Arbeiten von JENKINS [6], HOWE [7], JACKSON [8], POWELL [9], MC KEE [10] u. a. m.

Die elektrodialytische Wasserentsalzung unterscheidet sich von der destillativen und der Ausfrierentsalzung dadurch, daß das Wasser während des Elektrodialysevorganges keine Änderung des Aggregatszustandes durchzumachen braucht. Während des Elektrodialyseprozesses ist also keine Änderung der Temperatur des Wassers erforderlich, d. h., es braucht weder Wärme zu- noch abgeführt zu werden. Bei der Elektrodialyse handelt es sich um eine Entfernung der Salze aus dem Wasser und nicht umgekehrt, wie beispielsweise bei der destillativen Entsalzung. Daher ist die Menge an für die Entsalzung aufzuwendender Elektroenergie der aus dem Wasser zu entfernenden Salzmenge proportional.

Außerdem gestattet die Elektrodialyse eine Beendigung oder Unterbrechung des Entsalzungsprozesses bei Erreichen eines beliebigen Reinheitsgrades des Wassers.

Das elektrochemische Verfahren der Wasserentsalzung ist schon seit längerer Zeit bekannt. Als erster schlug SCHWERIN im Jahre 1923 ein Verfahren zur Entfernung von Salzen aus Wasser durch Elektroosmose vor. Später ersetzte BILLITER [11] die flachen, inerten, porösen Diaphragmen durch röhrenförmige. Im Jahre 1935 beschäftigten sich GRIGOROV, MARKOVIČ, ŽUKOV und NIKOLSKIJ [12] mit der Elektrodialyse von Meer- und Flußwasser. Die von ihnen verwendeten porösen, inerten Keramikdiaphragmen wiesen zwei ganz entscheidende Unzulänglichkeiten auf, durch welche eine elektroosmotische Wasserentsalzung mit Hilfe dieser Diaphragmen unwirtschaftlich wurde: Der hohe elektrische Widerstand der Diaphragmen, vor allem gegen Ende des Prozesses, und der geringe Widerstand, den sie einer rückläufigen Diffusion der Ionen entgegenzusetzen vermochten. Der elektrische Widerstand derartiger poröser Inertdiaphragmen wird durch die elektrische Leitfähigkeit des in die Poren des Diaphragmas eindringenden Elektrolyten bestimmt.

Später wurden die letztgenannten Untersuchungen fortgesetzt, wie Arbeiten von GRIGOROV und AFANASEVA [13], GRIGOROV und Mitarbeitern [14] und ŽUKOV und Mitarbeitern [15] zeigen. Bei diesen Untersuchungen wurden probeweise zwecks Erhöhung der Wirtschaftlichkeit des Verfahresn elektrochemisch aktive Anodendiaphragmen verwendet, hergestellt beispielsweise auf Basis Gelatine, Bakelitgelatine und Kollodium. Diese Diapragmen besaßen jedoch nur eine relativ geringe elektrochemische Aktivität und darüberhinaus eine völlig ungenügende mechanische Festigkeit, was einen Einsatz dieser Diaphragmen in industriellen Elektrodialyseanlagen unmöglich machte.

Erst durch die Entwicklung der Ionenaustauschermembranen ergab sich die Möglichkeit des elektrochemischen Wasserentsalzungsverfahrens. In einigen Fällen kann dieses Verfahren zur Zeit bereits mit dem Destillationsverfahren konkurrieren.

Die geschichtliche Entwicklung der Wasserentsalzung durch Elektrodialyse unter Verwendung von Ionenaustauschermembranen sowie der gegenwärtige

Stand auf diesem Gebiet sind in den durch das VODGEO-Institut veröffentlichten Arbeiten [16] sehr umfassend dargestellt. Als Übersichtsveröffentlichungen seien ferner die in den letzten Jahren erschienenen Arbeiten von KRUL [17], WHALLEY [18], KATZ [19], KERKHEM [20], WOLKMAN [21], KRESSMAN [22], CYWIN und FINCH [23], BOBY [24], COOKE [25], VINCK [26], GOMELLA [27], WEGELIN [28] u. v. a. m. genannt.

Elektrodialytische Wasserentsalzung

Der Prozeß der elektrodialytischen Wasserentsalzung wird in Mehrkammer-Elektrodialysezellen durchgeführt, die nach Art der Filterpressen konstruiert sind. Das Arbeitsprinzip eines solchen Mehrkammer-Elektrodialysators, wie er in Abb. 22 dargestellt ist, wurde am Beispiel einer Siebenkammerzelle

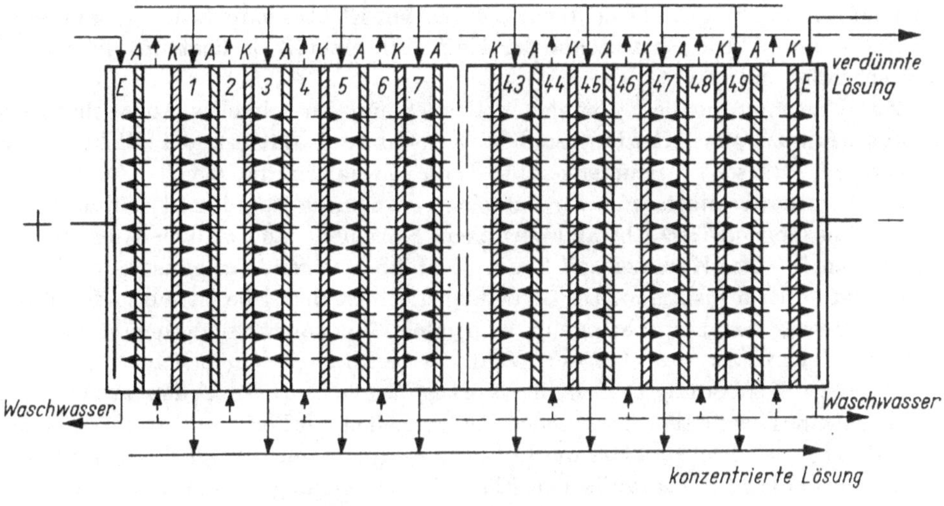

Abb. 22. Vielkammer-Elektrodialysezelle

eingehend erläutert. Auch hier (Abb. 22) findet in allen geradzahligen Kammern der Entsalzungsvorgang und in den ungeradzahligen Kammern eine Konzentrationssteigerung der Lösung statt. Unter realen Bedingungen muß man jedoch die bei elektrochemischen Prozessen unvermeidlich auftretenden Verluste an Elektroenergie berücksichtigen, die auf Entwicklung von JOULEscher Wärme beruhen sowie durch den Ablauf von Elektrodenprozessen in den Anoden- und Katodenkammern bedingt sind, die zur Aufrechterhaltung der Konzentrationsdifferenzen zwischen den geradzahligen und den ungeradzahligen Kammern der Zelle dienen.

Die Wasserentsalzung durch Elektrodialyse kann sowohl kontinuierlich als auch diskontinuierlich gestaltet werden. Außerdem besteht die Möglichkeit eines

Arbeitens in einer oder mehreren Stufen, bei Gleichstrom oder bei Gegenstrom der Salzlauge und des Diluates. Schließlich können horizontal oder vertikal angeordnete Zellen benutzt werden. Die Wahl des in einem speziellen Fall gerade günstigsten technologischen Schemas hängt in starkem Maße von den jeweiligen Gegebenheiten ab.

So ist es z. B. bei der Elektrodialyse von Lösungen mit einem hohen Salzgehalt zweckmäßig, den Prozeß in mehreren, unterschiedlich arbeitenden Stufen durchzuführen. Mit Erniedrigung des Salzgehaltes im Diluat verringert sich bei gleichbleibender Stromstärke die Entsalzungsgeschwindigkeit pro Zeiteinheit, und die Spannung wächst an, d. h. es tritt eine Erhöhung des Verbrauches an Elektroenergie ein. Es dürfte klar sein, daß eine Durchrechnung der verschiedenen Varianten des Prozesses außerordentlich schwierig ist.

Gewöhnlich sieht man in einem Elektrodialysator n Verdünnungskammern, $(n + 1)$ Konzentrationskammern und zwei Pufferungskammern vor. Die Pufferungskammern liegen neben den Elektrodenkammern und dienen zum Schutz der übrigen Kammern der Zelle vor den bei den Elektrodenreaktionen entstehenden Produkten. Die Gesamtzahl der Kammern einer Zelle liegt im allgemeinen zwischen 50 und 150.

Zur Erleichterung der Montage, und auch um ein schnelles Auswechseln im Havariefall zu gewährleisten, sind stets mehrere Kammern des Elektrodialysators zu Paketen zusammengefaßt. Diese enthalten die gleiche Anzahl von Kammern und besitzen jedes für sich einen getrennten Zufluß und Abfluß für die Betriebslösungen. Der Abstand zwischen Kationen- und Anionenaustauschermembran in einer Kammer soll 3 mm nicht übersteigen; am günstigsten ist ein Abstand von 1,5 bis 2 mm. Der Arbeitsquerschnitt der Zelle ist meist durch den Durchmesser der zur Verfügung stehenden Ionenaustauschermembranen gegeben. Neuerdings wird bei der Wahl des technologischen Schemas meist den vertikalen Elektrodialysezellen der Vorzug gegeben. Diese Zellen arbeiten bei Anlegen eines vertikalen elektrischen Feldes. Zellen mit horizontalem elektrischem Feld sind — wie leicht erklärt werden kann — durch eine geringe Geschwindigkeit und eine schlechte Hydraulik der Flüssigkeitsbewegung in den einzelnen Kammern sowie durch eine schlechte Entgasung charakterisiert. Beim Arbeiten mit vertikalem elektrischem Feld sind diese Mängel ausgeschaltet. Vor Zuführung des zu entsalzenden Wassers in den Elektrodialysator muß man dieses sterilisieren, wobei im gegebenen Fall jeweils der spezielle Charakter des Ausgangswassers berücksichtigt werden muß.

Für einen der einfachsten Fälle eines Entsalzungsprozesses, bei dem die Kammern des Elektrodialysators parallel angeordnet sind, und bei dem Diluat und Konzentrat im Gleichstrom und darüber hinaus auch noch mit konstanter Geschwindigkeit geführt werden, ist die grundsätzliche Durchrechnung im technischen Bulletin von „Wasserkanalprojekt“ [29] wiedergegeben.

1. Zur Berechnung müssen folgende Ausgangsdaten bekannt sein:
   Die Nutzleistung Q [l/h],
   der Ausgangs-Salzgehalt S_0 [mval/l],

der End-Salzgehalt S [mval/l],
die geometrischen Abmessungen der Zelle: der Abstand zwischen den Membranen x [cm] und der Arbeitsquerschnitt der Zelle (Gesamtfläche) Σf [cm^2],
die Zahl der Verdünnungskammern (Entsalzungskammern) n_v,
die Dicke einer Membran δ [cm],

2. Für die Durchführung der Berechnung benötigt man ferner:
das Verhältnis der mittleren Konzentrationen von Salzlösung und Diluat

$$C_S : C_D = 4 : 1,$$

die Strömungs-Geschwindigkeit der Lösungen in den Kammern zu $\geqq$ 0,3 m/sec,
die zugeführte Menge an Ausgangs-Wasser zum Spülen der Konzentrationskammern

$$Q_{prakt.} = 0{,}25 \cdot Q_{ber.}\ [l/\mathrm{h}]$$

$$Q_{ber.} = Q + 5 \approx 10\ Q\ [l/\mathrm{h}],$$

die an der Zelle anliegende Spannung zu maximal 110 V,
die Elektrodenpotentiale

$$E_A + E_K = 3{,}0\ \mathrm{V},$$

das Membranpotential einer Membran zu 40 mV = 0,04 V.

Auf der Basis der zunächst haltenen experimentellen Ergebnisse kann man weiterhin eine graphische Darstellung erarbeiten, um daraus die für weiteren Berechnungen benötigten Abhängigkeiten zu entnehmen:

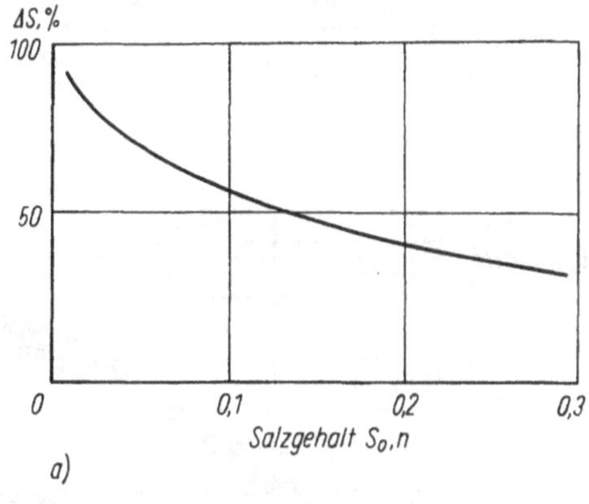

Abb. 23 a. Grafische Darstellung der empirischen Gesetzmäßigkeiten für die Berechnung
a – Einfluß des Salzgehaltes auf den Entsalzungsgrad

den Entsalzungsgrad ΔS und die Stromausbeute η, die sich aus der Höhe des Salzgehaltes ergeben (s. auch Abb. 23a und b);

die elektrische Leitfähigkeit, die sich ebenfalls aus dem Salzgehalt ergibt (s. auch Abb. 23c).

3. Bei der Berechnung ermittelt man:
die Zahl der erforderlichen Arbeitsstufen,
aus Abb. 23a entnimmt man die Grenzen für $\Delta S = S - S_0$ und erhält die Zahl der erforderlichen Arbeitsstufen,
die mittleren Konzentrationen S_{EA} [mval/l] in den Verdünnungskammern der Zelle für jede Stufe, wobei S_{EA} den arithmetischen Mittelwert aus den Konzentrationen des in die Kammer eintretenden und des die Kammer verlassenden Wassers darstellt,

$$S_{EA} = \frac{S_{Eintritt} + S_{Austritt}}{2},$$

die mittleren Konzentrationen S_S der Salzlösung in der Zelle für jede einzelne Stufe unter Berücksichtigung des Verhältnisses $C_S : C_D = 4 : 1$,

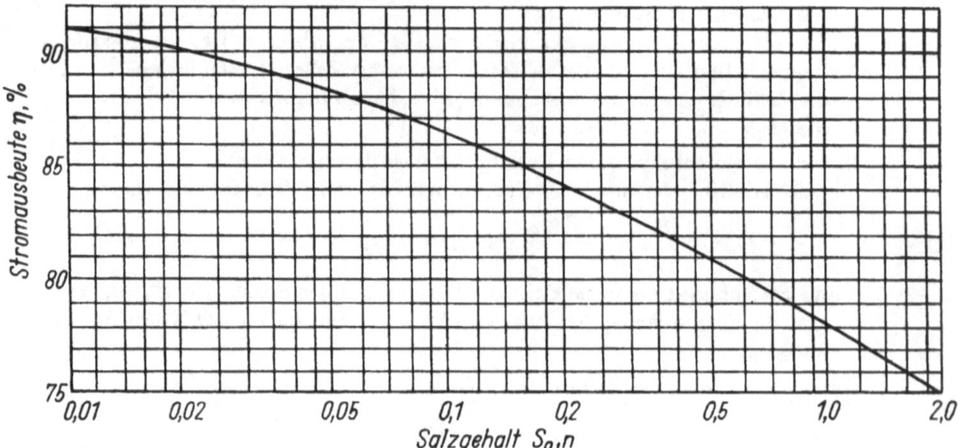

b)

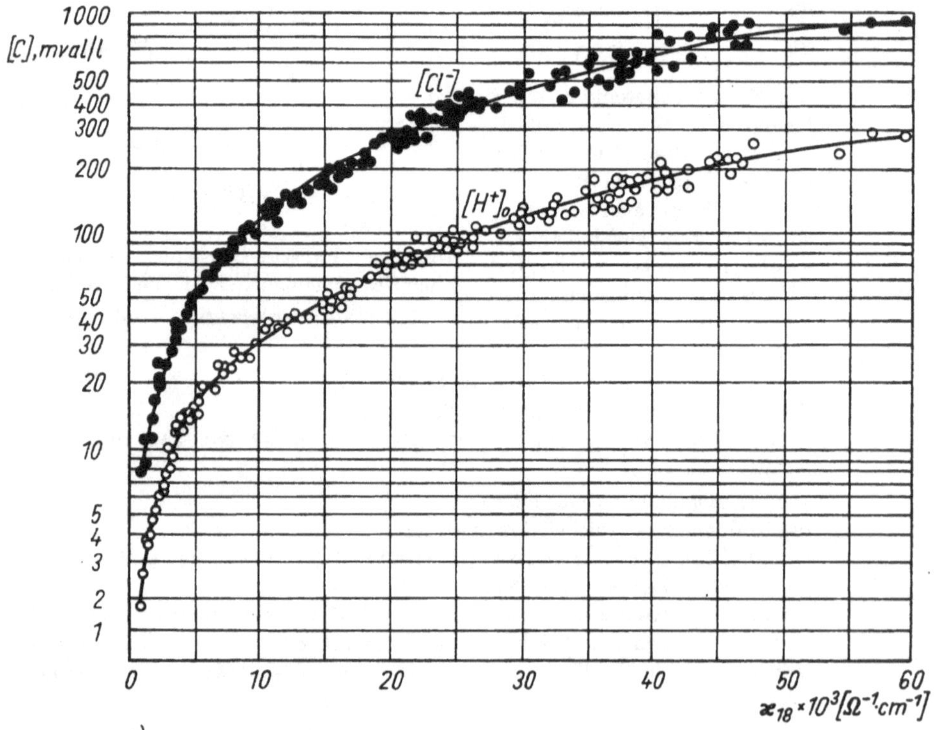

c)

Abb. 23 b und c. Grafische Darstellung der empirischen Gesetzmäßigkeiten für die Berechnung

b – Stromausbeute in Abhängigkeit vom Salzgehalt *c* – Spezifische Leitfähigkeit in Abhängigkeit vom Gehalt an Chloriden und Härtebildnern ff.

die Konzentration an den Membranen S_M, wobei:

$$S_M = \frac{S_{EA} + S_S}{2} \text{ ist},$$

die in jeder Stufe aus dem Wasser entfernte Salzmenge:

$$\Sigma I t = 2{,}68 \left[(S_{EA})_{Eintr.} - (S_{EA})_{Austritt}\right] \frac{Q_{EA}}{1000} \eta,$$

den Gesamt-Stromdurchgang durch alle Stufen (die Gesamt-Stromaufnahme des Aggregates):

$$\Sigma I = \Sigma I t / n_v t \text{ [A]},$$

die spezifischen elektrischen Leitfähigkeiten $\varkappa_{EA}$, $\varkappa_S$ und $\varkappa_M$ in Abhängigkeit von den Konzentrationen S_{EA}, S_S und S_M gemäß Abb. 23c für jede Entsalzungsstufe,

den Ohmschen Widerstand der einzelnen Elemente der Zelle für jede Entsalzungsstufe:

$$\Sigma R = x \cdot n_v / \varkappa \, \Sigma f \text{ [Ohm]},$$

den gesamten Ohmschen Widerstand der Zelle für jede Entsalzungsstufe:

$$\Sigma R_{gesamt} = \Sigma R_{EA} + \Sigma R_S + \Sigma R_M, \text{ [Ohm]},$$

die Gesamt-Gegen-EMK:

$$\Sigma E_{innen} = E_A + E_K + 0{,}04\, n_M \text{ [V]},$$

die maximale Stromaufnahme pro Zelle in den einzelnen Stufen in Abhängigkeit von der elektrischen Leitfähigkeit:

$$I_{max.} = \frac{E_{außen} - \Sigma E_{innen}}{\Sigma R_{gesamt}} \text{ [A]},$$

die Zahl der Zellen pro Stufe:

$$n_{EA} \geqq \Sigma I / I_{max.}$$

Die Abb. 24 zeigt die Gesamtansicht einer Entsalzungsanlage. Berechnungen für die unterschiedlichsten Varianten technologischer Schemata von Entsalzungsanlagen werden von zahlreichen Autoren gegeben. So wird beispielsweise in der bereits erwähnten Arbeit von Spiegler [1] eine Berechnung des Energiebedarfes der Elementarzelle eines Elektrodialysators gegeben, in welchem Konzentrat und Diluat im Gegenstrom geführt werden.

Das elektrodialytische Verfahren besitzt gegenüber den anderen erwähnten Verfahren zur Wasserentsalzung den Vorteil, daß sein Energiebedarf relativ gering ist. Speziell gegenüber der Entsalzung mit Ionenaustauschern besitzt es ferner den Vorteil, daß die Ionenaustauschermembranen im Gegensatz zu den Ionenaustauscherharzkolonnen keiner Regenerierung bedürfen, d. h. man kann bei Anwendung von Ionenaustauschermembranen das Entsalzungsverfahren kontinuierlich gestalten, wodurch die Möglichkeit einer vollkommenen Automatisierung der Entsalzungsanlage gegeben ist.

Heutzutage ist man zu der Überzeugung gelangt, daß die Grenzen, innerhalb deren das elektrochemische Wasserentsalzungsverfahren in ökonomischer Hin-

Abb. 24. Gesamtansicht einer Anlage für die elektrochemische Wasserentsalzung

sicht mit der destillativen Entsalzung zu konkurrieren vermag, bei Salzgehalten von 1 bis 10 g/l liegen. Die Anwendung der Elektrodialyse zur Vollentsalzung von Wasser ist unwirtschaftlich. In diesem Falle dürfte sich ein kombiniertes Verfahren als zweckmäßig erweisen, bei dem der Elektrodialyse eine Vollentsalzung mit Hilfe von Ionenaustauscherharzfiltern nachgeschaltet ist.

Es existiert bereits eine beachtliche Zahl von Anlagen zur Entsalzung salzhaltiger Wässer nach dem Elektrodialyseverfahren, gebaut von den verschiedensten Firmen. Besonders bekannt sind die Anlagen der Firmen „Ionics" [30] (von dieser Firma wurde beispielsweise die auf den Bahreininseln in Betrieb befindliche Anlage gebaut), „Boby“ (Großbritannien), von der die Anlage in Tobruk (Libyen) [31] errichtet wurde, „Bronswerk“ (Holland) [32], „SODEMI“ (mit einer Anlage in Algier) [33], „Asahi Chemical Industry Co.“ [34] u. a. m.

Die bisher größte Anlage befindet sich in der Südafrikanischen Republik. Sie besitzt eine Leistung (Kapazität) von 11500 m³ pro Tag [35].

Im Jahre 1958 wurde auf dem sowjetischen Dampfer „Tula“ eine Versuchsanlage zur elektrochemischen Entsalzung von Schwarzmeerwasser in Betrieb genommen.

Die Anstrengungen aller gegenwärtig mit dem Problem der elektrochemischen Wasserentsalzung beschäftigten Wissenschaftler sind in erster Linie darauf gerichtet, eine Erhöhung der Wirtschaftlichkeit des Verfahrens, eine Senkung der Kosten für das entsalzte Wasser und eine Erweiterung der Anwendbarkeit für das Verfahren zu erreichen.

6.3. Überblick über weitere Anwendungsmöglichkeiten für Ionenaustauschermembranen)*

6.3.1. Aufkonzentrierung von Salzlösungen

Die Verwendung von Ionenaustauschermembranen zur Anreicherung von Salzen in Lösungen ist bekannt. Bei der Entsalzung salzhaltiger Wässer fällt zwar eine relativ konzentrierte Salzlösung an, jedoch ist deren Konzentration unter den gegebenen Bedingungen noch zu gering. Man kann aber ohne weiteres den Prozeß der Entsalzung so führen, daß in den ungeradzahligen Kammern der Mehrkammer-Elektrodialysezellen eine hochkonzentrierte Salzlösung anfällt, die dann als Ausgangsprodukt für die Herstellung von Salzen dienen kann.

Besonders stark beschäftigen sich japanische Wissenschaftler mit diesem Problem. So existieren beispielsweise Patente von Tsunoda, Seko u. a. [37], Masasi und Iton [38], Tsutomu, Kuwata, Sadao und Yoshikawa [39], Myosi, Sempati, Okami, Yasucharu [40] sowie Nagai Judzi [41], in denen Verfahren zur Aufkonzentrierung von Meerwasser mit Hilfe von Ionenaustauschermembranen enthaltenden Drei- und Mehrkammerelektrodialysatoren vorgeschlagen werden.

Kuwabara, Seiyama und Sakai [42] gelang im Laboratoriumsmaßstab die Aufkonzentrierung einer NaCl-Lösung auf den zehnfachen Salzgehalt (von 0,1 n auf 1,0 n), wobei der Energieverbrauch nur den dreißigsten Teil des für die Eindampfung auf den gleichen Endsalzgehalt erforderlichen Energieaufwandes ausmachte.

Yoshikawa, Maragama und Kuwata [43] erhielten bei der Elektrodialyse einer NaCl-Lösung eine 6 n NaOH-Lösung und eine nahezu gesättigte NaCl-Lösung. Sie arbeiteten im Laboratoriumsmaßstab unter Verwendung eines mit

*) Mit Ausnahme des Einsatzes von Ionenaustauschermembranen bei der Naßmetallurgie des Urans und in der Kerntechnik, auf die in speziellen Kapiteln (7. bzw. 8.) ausführlich eingegangen wird.

einer hochselektiven Kationenaustauschermembran ausgestatteten Elektrodialysators.

Nakazawa, Onone und Mizutani [44] kamen als Ergebnis der von ihnen durchgeführten Experimente zu dem Schluß, daß für die Herstellung von einer Tonne 15%iger NaCl-Lösung durch Konzentrieren von Meerwasser nach dem Elektrodialyseverfahren 300 kWh Elektroenergie erforderlich sind.

In einer Veröffentlichung von Tanaka und Hideo [45] findet sich eine Übersicht über die verschiedenen Varianten von Verfahren zur Herstellung konzentrierter Salzlösungen aus Meerwasser durch Elektrodialyse unter Verwendung von Ionenaustauschermembranen.

6.3.2. Reinigung von Abwässern

Bei der Reinigung industrieller Abwässer sowie zur Wiedergewinnung von Wertstoffen aus Abwässern lassen sich zahlreiche Varianten der elektrochemischen Aufarbeitung mit Hilfe von Ionenaustauschermembranen anwenden. Als Beispiel sei die Regenerierung verbrauchter Ätzlaugen durch Elektrodialyse erwähnt. Bramer und Coull [46] führten Laboratoriumsuntersuchungen im Hinblick auf eine elektrolytische Regenerierung derartiger Laugen durch und übertrugen die Arbeiten anschließend in den halbtechnischen Maßstab. Die von ihnen erhaltenen Ergebnisse waren vielversprechend.

Horner, Winger, Bodamer und Kunin [47] benutzten zur Regenerierung verbrauchter Ätzbäder eine Zweikammer-Elektrolysezelle mit einer Anionenaustauschermembran der Marke Amberplex A-1, wobei die Anode aus Blei und die Katode aus nichtrostendem Stahl bestanden. Sie empfahlen, den Prozeß in einer Mehrkammer-Elektrodialysezelle durchzuführen; unter diesen Umständen wird der Elektrodialyseprozeß nämlich rentabler als das sonst geübte Verfahren der Neutralisierung der Abwässer mit Kalk. Harris [48] ließ sich ein Verfahren zur Regenerierung von Beizlaugen patentieren, bei dem in einer der Verfahrensstufen eine Elektrodialyse unter Anwendung einer Anionenaustauschermembran vorgeschlagen wird.

Evlanova, Genkin u. a. [49] führten ebenfalls Untersuchungen zur Regenerierung der verbrauchten Ätzbäder eines Stahl- und Walzwerkes durch. Sie verwendeten eine Labor-Elektrolysezelle mit Anionenaustauschermembranen auf Basis EDE-10P-Harz (hergestellt im Moskauer chemisch-technologischen D.-I.-Mendelejew-Institut). Die erhaltenen Ergebnisse zeigten, daß eine Wiedergewinnung von Schwefelsäure und metallischem Eisen aus verbrauchten Ätzbädern auf elektrodialytischem Wege möglich ist. Bekannt sind ferner Arbeiten, bei denen Elektrolyseverfahren unter Verwendung von Anionenaustauschermembranen zur Regenerierung chromhaltiger Laugen, zur Wiedergewinnung von Salzen, von wertvollen Metallen aus den Abwässern der Naßmetallurgie sowie für die Lösung einer Vielzahl ähnlicher Probleme zum Einsatz kommen.

6.3.3. Herstellung freier Säuren und Laugen aus Lösungen ihrer Salze durch Elektrodialyse mit Ionenaustauschermembranen

Bodamer [50] ließ sich ein Verfahren zur Herstellung der freien Säure aus einer Lösung ihres Salzes patentieren, bei dem eine Ionenaustauschermembranen enthaltende Dreikammer-Elektrolysezelle benutzt wird. In die Anodenkammer der Elektrolysezelle wird bei diesem Verfahren die Lösung einer starken Mineralsäure, in die mittlere Kammer die Lösung des Salzes der schwachen organischen Säure und in die Katodenkammer eine Elektrolytlösung gegeben. Bei der Elektrodialyse gehen H^+-Ionen aus der Anodenkammer in die mittlere Kammer über, während die Metallionen aus der mittleren Kammer in die Katodenkammer abwandern.

Ishibashi und Emura [51] untersuchten die Möglichkeit der Herstellung von NaOH und NH_4Cl gemäß der Reaktion $NaCl + NH_4OH \rightarrow NaOH + NH_4Cl$ in einer Fünfkammer-Elektrolysezelle mit alternierend angeordneten Kationen- und Anionenaustauschermembranen. Gleichzeitig studierten sie den Einfluß verschiedener, die oben angeführte Reaktion beeinflussender Faktoren auf das Verfahren. So untersuchten sie beispielsweise den Einfluß der Stromdichte und der NH_4OH-Konzentration auf die Stromausbeute. Unter optimalen Bedingungen wurden Stromausbeuten von 70% für NH_4Cl und von annähernd 60% für NaOH erreicht.

Oda und Keniti [52] wurde ein Patent erteilt auf eine Dreikammer-Elektrolysezelle, die mit einer Kationen- und einer Anionenaustauschermembran sowie Elektroden aus einer Pb—Ag-Legierung (1% Ag) ausgestattet war und die zur Elektrolyse jedes beliebigen Salzes eingesetzt werden kann. Bei der Elektrolyse von Glaubersalz erhielten die Autoren in der Katodenkammer eine Lösung mit einem Gehalt von 1,04 n NaOH und 1,46 n Na_2SO_4, während in der Anodenkammer eine Lösung mit 0,87 n H_2SO_4 und 1,66 n Na_2SO_4 anfiel.

Die gleichen Autoren [53] ließen sich eine Mehrkammer-Elektrolysezelle mit drei verschiedenen Kammerarten patentieren. In dieser Zelle waren — beginnend mit der Katode — hintereinander angeordnet: eine Anionenaustauschermembran, eine bipolare Membran mit ihrer zum Kationenaustausch befähigten Seite nach der Katode hin zeigend, eine Kationenaustauschermembran und anschließend wieder eine Anionenaustauschermembran usw. In die auf der einen Seite von einer Kationen- und auf der anderen Seite von einer Anionenaustauschermembran begrenzten Kammern wurde in kontinuierlichem Strom eine 0,5 n NaCl-Lösung eingespeist. Dagegen wurde den Kammern, welche auf der einen Seite von einer Kationen- oder einer Anionenaustauschermembran und auf der anderen Seite von einer bipolaren Membran begrenzt wurden, kontinuierlich Wasser zugeführt. Als Ergebnis der Elektrolyse erhält man einerseits eine an NaOH 1,45 n und an NaCl 0,26 n und andererseits eine an HCl 1,23 n und an NaCl 0,26 n-Lösung. Die Zelle wird mit einer Spannung von 25 V betrieben.

NAGAMATSU [54] studierte die Möglichkeit einer Herstellung von H_2SO_4 durch Elektrolyse einer Na_2SO_4-Lösung in einer durch eine Kationen- und eine Anionenaustauschermembran unterteilten Dreikammer-Elektrolysezelle mit Platinanode und Quecksilberkatode. Er probierte dabei verschiedene Verfahrensmöglichkeiten aus. Bei Verwendung von zwei Anionenaustauschermembranen und gleichzeitiger Rückführung des durch den Zwischenraum zwischen den beiden Anionenaustauschermembranen hindurchgegangenen Lösungsteils in die dem Anodenraum zugespeiste Lösung wurde eine Erhöhung der Stromausbeute auf 75 bis 80% erreicht. Die Spannung betrug maximal 10 bis 11 V, die Stromdichte $i = 10$ bis 13 A pro Quadratdezimeter Membranfläche.

RAFF, IDDINGS und MURPHY [55] untersuchten die Herstellung von Säuren und Basen aus ihren Salzen und verwendeten für ihre Untersuchungen folgende mit Platinelektroden ausgestattete Mehrkammerzelle:

$$Pt \mid H_2O \parallel Na_2SO_4 \parallel H_2O \mid \ldots \mid H_2O \parallel Na_2SO_4 \parallel H_2O \mid Pt$$

Die einzelnen Kammern dieser Zelle wurden durch alternierend angeordnete Kationen- und Anionenaustauschermembranen gebildet. Sie benutzten Membranen der Marken Amberplex oder Nalfilm-1 und Nalfilm-2. Bei Anlegen eines elektrischen Feldes an die Zelle wanderten die SO_4^{2-}- und die Na^+-Ionen durch die entsprechenden für sie durchlässigen Membranen, so daß im Endeffekt wäßrige H_2SO_4- und NaOH-Lösungen erhalten wurden.

Bei der Elektrodialyse einer Na_2SO_4-Lösung in einer Siebenkammerzelle betrug die Produktausbeute 2 val/Faraday (1F)*). Bei einer Fünfzehnkammerzelle wurden bereits Produktausbeuten von 4 val/Faraday (1F) erzielt. Die erforderliche Spannung, in der Größenordnung von 20 bis 30 Volt liegend, wird durch den Widerstand der wassergefüllten Kammern bestimmt.

6.3.4. Trennung von Elektrolyten von Nichtelektrolyten

Zur Trennung von Elektrolyte und Nichtelektrolyte enthaltenden Lösungen sowie für die Fraktionierung von Elektrolyten wurde von ROSENBERG [56] eine Apparatur zur „Entfernung von Elektrolyten aus Lösungen" vorgeschlagen. Diese Vorrichtung stellt ein Paket aus durch Zwischenwände voneinander getrennten Ionenaustauschermembranen dar. Im Innern der Kammer zirkuliert die Lösung durch einen gewundenen Kanal, der aus den Zwischenwänden herausgeschnitten wurde.

LIGHTFOOT und FRIEDMAN [57] wiesen auf die Möglichkeit einer Entfernung organischer Säuren und ihrer Salze aus Lösungen starker Elektrolyte hin. Zur Reinigung von Ölsäure, Capronsäure, Caprylsäure und Itaconsäure

---

*) 1 Faraday = 1 F = 96490 Coulumb (Amperesekunden)
= 1 val Ionen

wurden mit Erfolg Membranen der Amberplex eingesetzt. Die genannten Autoren ermittelten ferner die Anionenüberführungszahlen in Gemischen aus organischen Säuren (Zitronensäure, Essigsäure, Itaconsäure) und Schwefelsäure. Dabei zeigte sich, daß die Überführungszahl mit zunehmender Zahl der C-Atome im organischen Anion stark abnimmt. Zweibasige Anionen zeigen höhere Überführungszahlen als einbasige gleichen Molekulargewichtes.

Manecke und Heller [58] studierten die Bedingungen, die bei der Durchführung eines kontinuierlichen Verfahrens zur Entfernung von Ionen aus gemischten Elektrolyt—Nichtelektrolyt-Lösungen herrschen. Zu diesem Zweck bestimmten sie die Abhängigkeit der Permeabilität von Kationenaustauschermembranen auf Basis Phenolsulfonsäure-Formaldehyd-Harz für H^+, Na^+- und Mg^{++}-Ionen sowie für Nichtelektrolyte wie z. B. Aceton, Formaldehyd, Ameisen- und Essigsäure usw., von verschiedenen Faktoren, als da sind: Intensität der Durchmischung, Diffusion, Konzentrationsgefälle, Elektroosmose und Natur des Elektrolyten.

Jarwis und Tye [59] untersuchten die Elektroosmose glycerinhaltiger wäßriger Kochsalzlösungen in einer Fünfkammerzelle mit Kationen- und Anionenaustauschermembranen. Es zeigte sich, daß bei der Dialyse auch die Nichtelektrolyte teilweise durch die Ionenaustauschermembranen hindurchwandern, und daß dieser Effekt auf Elektroosmose- und Diffusionsvorgängen beruht. Außerdem ergaben diese Untersuchungen allgemein, daß die durch die Membran hindurchwandernde Menge an Nichtelektrolyten nicht von der Nichtelektrolytkonzentration abhängt, jedoch mit zunehmender Salzkonzentration größer wird. Vorzugsweise wandert mit den Salzen Wasser durch die Membranen hindurch.

Verschiedene Autoren geben auch Daten über eine Trennung verschiedener Elektrolyte voneinander. So wurde z. B. von Katz und Rosenberg [60] eine Apparatur entwickelt und ein Verfahren vorgeschlagen zur kontinuierlichen Trennung einer Elektrolytlösung in einen sich ständig konzentrierenden und einen sich ständig verdünnenden Teil. Das Verfahren wird in einer Mehrkammer-Elektrodialysezelle mit alternierend angeordneten Kationen- und Anionenaustauschermembranen durchgeführt. Konzentrations- und Verdünnungsstrom bewegen sich dabei im Gegenstrom.

Oda und Keniti [61] bedienen sich zur elektrochemischen Fraktionierung von Elektrolyten ebenfalls einer Mehrkammer-Elektrodialysezelle, die durch Ionenaustauschermembranen in einzelne Kammern unterteilt ist. Sie trennten ein Elektrolytgemisch der Zusammensetzung 0,5 n NaCl- und 0,01 n KCl-Lösung. Jeder geradzahligen Kammer der Zelle wird bei diesem Verfahren das zu fraktionierende Elektrolytgemisch zugeführt, während die jeweils benachbarten ungeradzahligen Kammern mit Wasser beschickt werden. Mit Hilfe dieser Anlage kann man aus dem Ausgangsgemisch 0,041 n KCl- und auf der anderen Seite 0,44 n NaCl-Lösungen gewinnen.

Siehe hierzu auch das Kapitel 9.1. „Trennung von Elementen ähnlicher Eigenschaften; Möglichkeiten zur Isotopentrennung mittels Elektrodialyse.“

6.3.5. Anwendung in Akkumulatoren

Ionenaustauschermembranen können als Batterieseparatoren eingesetzt werden, wie z. B. aus Arbeiten von BERTHET [62] und MANECKE [63] hervorgeht. In der Literatur wurden auch Versuche beschrieben, Ionenaustauschermembranen zur Herstellung sogenannter Membranakkumulatoren aus alternierend angeordneten Kationen- und Anionenaustauschermembranen zu verwenden.

MASLOV und OVODOVA [64] untersuchten eine Kette, die sich aus einer Kationen- und einer Anionenaustauschermembran zusammensetzte, welche zwischen Tantal- oder Nickelplatten eingespannt waren. Derartige Ketten zeigen Gleichrichtereigenschaften. Die Gleichrichterwirkung wurde bei niedrigen Frequenzen bis zu 30 Hz beobachtet; bei Frequenzen über 100 Hz ist keine Gleichrichterwirkung mehr festzustellen.

6.3.6. Anwendungsbeispiele auf medizinischem Gebiet

Mit Hilfe von Ionenaustauschermembranen wird es möglich sein, auf dem Gebiete der Medizin und Pharmazie die unterschiedlichsten Präparate von darin als Verunreinigungen enthaltenen Salzen zu befreien. Nach diesem Verfahren kann man in Fünf- oder Mehrkammerzellen Seren, Impfstoffe, Vitaminlösungen und die verschiedenartigsten Arzneimittel reinigen. Bei Anwendung entsprechend hoher Spannungen bei der Elektrodialyse läßt sich eine weitgehende Entsalzung der Präparate erreichen. Zur Entsalzung medizinischer und pharmazeutischer Präparate eine Dreikammer-Elektrodialysezelle anzuwenden, empfiehlt sich nicht. Eine solche Zelle muß unbedingt zwei äußere Pufferungskammern enthalten, um den Schutz der Präparate vor den bei den Elektrodenreaktionen entstehenden Produkten gewährleisten zu können. Auch ein kombiniertes Verfahren zur Reinigung medizinischer Präparate ist zu empfehlen. Der elektrochemischen Vorreinigung wird eine Intensivreinigung mit Hilfe von Ionenaustauscherharzen nachgeschaltet.

Bekannt sind ferner Arbeiten von MARKOVIČ und Mitarbeitern [66] über die Reinigung und Fraktionierung von Eiweißkörpern durch Elektrodialyse, vor allem Versuche zur Entfernung niedermolekularer Zersetzungsprodukte der Eiweißkörper. Die Arbeiten haben interessante Ergebnisse gezeitigt, obwohl die Elektrodialyse nur in Drei- oder Fünfkammerzellen durchgeführt wurde und die verwendeten Membranen aus Inertmaterial bestanden oder eine nur geringe elektrochemische Affinität aufwiesen. Auf diesem Gebiet dürfte eine große Perspektive für den Einsatz von Ionenaustauschermembranen liegen.

6.3.7. Weitere Anwendungsgebiete

Die Elektrodialyse mittels Ionenaustauschermembranen besitzt große Bedeutung in der organischen Chemie, vor allem auf dem Gebiet der großtechnischen organischen Synthese. Das gilt insbesondere für die Entfernung mineralischer Verunreinigungen aus organischen Verbindungen und Zwischenprodukten.

PARTRIDGE und PEERS [67] untersuchten die Demineralisierung von Aminosäuren in einer mit Ionenaustauschermembranen bestückten Mehrkammer-Elektrodialysezelle, deren geradzahligen Kammern Wasser zugeführt wurde, während in die ungeradzahligen Kammern die Zudosierung der zu entsalzenden Lösung erfolgte.

In der Zuckerindustrie eröffnet sich für die Elektrodialyse mit Ionenaustauschermembranen bei der Reinigung des Diffusionssaftes, bei der Entfernung von Melassestoffen und auch an anderen Stellen des Raffinationsverfahrens ebenfalls eine große Perspektive (siehe z. B. die Arbeit von ANDERSON und WYLAM [65]).

Auf dem Gebiete der Biochemie werden bei Laboratoriumsuntersuchungen schon seit langem — meist homogene — Ionenaustauschermembranen eingesetzt. Angaben darüber finden sich in dem Buche von K. SOLLNER [69], „Ionenaustauscherharze in Medizin und Biologie", sowie in zahlreichen anderen Veröffentlichungen. Disc. Farad. Soc., Nr. 21 (1956) [70] bringt eine ganze Reihe von Beiträgen über biochemische Untersuchungen mit Hilfe von Ionenaustauschermembranen.

6.3.8. Anwendungsmöglichkeiten in der präparativen und analytischen Chemie

In der präparativen und auch in der analytischen Chemie werden Ionenaustauschermembranen für die verschiedensten Zwecke eingesetzt. So findet sich in einer Arbeit von GLUECKAUF und KITT [71] die ausführliche Beschreibung eines Verfahrens zur Trennung binärer Gemische ein- und dreiwertiger Ionen mit Hilfe eines vierstufigen Systems von Elektrodialysezellen. Der Ionentrenneffekt ist besonders groß, wenn der Katoden- und der Anodenraum durch eine doppelte Membran aus je einer Kationenaustauschermembran (Marke Permaplex C-10) und einer Anionenaustauschermembran (Marke Permaplex A-10) voneinander getrennt sind.

KLJAČKO [72] untersuchte die Trennung von Wolfram und Molybdän mit Hilfe einer Dreikammer-Elektrodialysezelle und verwendete dabei Lösungen von Molybdän- und Wolframsalzen, deren pH-Wert er variierte. Weiterhin lassen sich Ionenaustauschermembranen zur Synthese, Untersuchung und Trennung von Komplexverbindungen einsetzen. Probleme dieser Art werden in einer Arbeit von BLASIUS und LANGE [73] einer eingehenden Betrachtung unterzogen. Diese Autoren verwendeten für ihre Untersuchungen einen Sechs- oder Achtkammer-Elektrodialysator mit Kupferelektroden sowie Membranen der Marke Permaplex A-10 und C-10. Bei der Trennung verschiedener Ionen voneinander machten die Autoren sich zunächst die Tatsache zunutze, daß die verschiedenen Komplexe dieser Ionen eine unterschiedliche Stabilität besitzen (beispielsweise kann man Mg^{++} leicht von Al^{+++} abtrennen, indem man diese Ionen in ihre Citratkomplexe überführt; bei pH 7,5 ist die Stabilität der Citratkomplexe dieser beiden Ionen so unterschiedlich, daß eine Trennung durch Elektrodialyse leicht möglich ist).

Zum anderen nutzten sie den unterschiedlichen Aggregationsgrad verschiedener Ionen, beispielsweise von Molybdat- und Wolframationen für die Trennung aus. So konnten sie die optimalen Bedingungen für die Trennung verschiedener Ionen voneinander ermitteln. Die Arbeit beinhaltet weiterhin Untersuchungen zur Anreicherung von Wolframat und Molybdat, bei denen ebenfalls die unterschiedlichen Aggregationsgrade dieser Ionen ausgenutzt werden. Bei den Versuchen wurde eine 20- bis 50fache Anreicherung erzielt, wobei der pH-Wert der Ausgangslösung von entscheidendem Einfluß auf den erzielbaren Anreicherungsgrad ist. Der pH-Wert wurde daher durch einen Boratpuffer reguliert.

Ferner wurde bereits die Möglichkeit einer Trennung von Cu^{++}- und H^+-Ionen unter Ausnutzung der verschiedenen Überführungsgeschwindigkeiten dieser Ionen geprüft. Weiterhin untersuchte man die Herstellung von Komplexverbindungen des Kobalts und die Möglichkeiten einer Substitution des Anions in verschiedenen Aminokomplexen des Kobalts. Es zeigte sich, daß bei der Herstellung verschiedener kationischer Kobalt-Ammoniak-Komplexe durch Ersatz des Anions Produkte von analytischer Reinheit gewonnen werden können, ohne daß dazu eine Umkristallisation erforderlich wäre.

Blasius und Lange [73] erbrachten darüber hinaus den Beweis dafür, daß man mit Hilfe von Ionenaustauschermembranen unlösliche Salze in lösliche überführen kann, und sie ermittelten die genauen Bedingungen, die bei einer derartigen Umsetzung einzuhalten sind.

Für eine Reihe von Autoren war die Verwendung von Ionenaustauschermembranen als Membranelektroden zur Bestimmung der Radioaktivität von Ionen von Interesse.

Šaferšteyn und Bulgakova [74] bestimmten die Radioaktivität von K^+ in Lösung. Sinha [75] führte Messungen der Radioaktivität der einwertigen Ionen Na^+, K^+ und H^+ sowie der zweiwertigen Ionen Ca^{++} und Mg^{++} mit Hilfe von Membranelektroden aus verschiedenen Ionenaustauscherharzen durch. In verdünnten Lösungen (maximal 0,5 Mol/l) stimmten die gemessenen EMK-Werte sehr gut mit den theoretisch zu erwartenden Werten überein.

Basu und Sinha [76] wiesen darüberhinaus auf die Eignung von Membranelektroden zur Bestimmung der Aktivität von Ba^{++} und Cu^{++} hin. Eine Spezifität gegenüber Ba^{++}- oder Cu^{++}-Ionen besaß die Elektrode jedoch nicht.

Kressman [77] bestimmte die Aktivität der Ionen H^+, K^+, Na^+ und NH_4^+ mit Hilfe einer Membranelektrode aus dem Kationenaustauscherharz Zeocarb-315. Er konnte eine gute Übereinstimmung der experimentellen Kurven mit den nach der Nernstschen Gleichung berechenbaren Werten feststellen und wies besonders auf die gute Reproduzierbarkeit der Elektroden in der Kaliumform hin.

Eine Reihe von Arbeiten, das Verhalten von Membranelektroden als reversible Elektroden betreffend, wurden von Materova, Nikolskij und Kožakina [78], Materova und Belinskaja [79] und Belinskaja [80] durchgeführt. Diese Autoren untersuchten Membranelektroden auf reversibles Verhalten gegenüber Kationen und Anionen. Als Maß für die Selektivität der Membranelektroden diente der Quotient $E_{gemessen}/E_{theoretisch}$.

In der letztgenannten Arbeit wurde auch der Versuch unternommen, die Anwendbarkeit der NIKOLSKIJschen Ionenaustauschtheorie der Glaselektroden zu überprüfen, die auf reversible Membranelektroden zugeschnitten ist. BELINSKAJA konnte in diesem Zusammenhang feststellen, daß, wie eine Gegenüberstellung der bei Verwendung von Ionenaustauscherharz-Elektroden erhaltenen Ergebnisse mit den bekannten Daten für Glaselektroden zeigt, ein völlig analoges Verhalten von Glaselektroden einerseits und Membranelektroden andererseits besteht.

Diese Tatsache deutet darauf hin, daß die Theorie der Glaselektrode auch auf alle mit der Messung von Ionenaktivitäten mittels reversibler Membranelektroden in Zusammenhang stehende Erscheinungen angewendet werden kann.

BASU [81] studierte das Austauschgleichgewicht für Ca^{++}- und Na^{+}-Ionen mit Hilfe von Membranelektroden.

GREGOR und SCHONCHORN [82] synthetisierten mehrschichtige, hochspezifische Membranelektroden zur Bestimmung der Aktivität von Erdalkaliionen. Diese Elektroden wurden in doppelten Konzentrationsketten mit Lösungen mit Ba^{++}-, Ca^{++}- und Fe^{++}-Ionen eingesetzt. In Lösungen mit Ionenstärken zwischen $3 \cdot 10^{-4}$ und 5 m zeigten diese Elektroden eine nahezu ideale Selektivität.

Als weiterer Verwendungszweck für Ionenaustauschermembranen wird z. B. in einer Arbeit von KAHLWEIT [83] die Bestimmung der Aktivitätskoeffizienten starker Elektrolyte vorgeschlagen. Dieses Verfahren ist wesentlich einfacher und bequemer als alle früher bekannten Methoden. Es wird besonders zur Bestimmung der mittleren Aktivitätskoeffizienten von Elektrolyten empfohlen, welche im Gemisch mit anderen Salzen oder Nichtelektrolyten vorliegen.

MORRISON und LAPP [84] beschreiben eine Methode zur spurenanalytischen Bestimmung von Bor mit Hilfe von Ionenaustauschermembranen. Die Methode beinhaltet eine Anreicherung des Bors durch Elektrodialyse mittels Ionenaustauschermembranen sowie die nachfolgende Extraktion und schließliche quantitativ spektralanalytische Bestimmung des Bors in einer Argonatmosphäre. Dieses Verfahren läßt sich sicherlich auch auf analoge Bestimmungen anderer Elemente übertragen.

Schließlich lassen sich Ionenaustauschermembranen auch zur Herstellung diverser chemischer Verbindungen einsetzen. Es existiert z. B. ein Patent von KOLLSMAN [85], in dem ein „Verfahren zur Herstellung chemischer Verbindungen durch Ionentransport in Mehrkammerzellen mit Ionenaustauschermembranen" beschrieben wird. Nach dieser Methode ist es möglich, aus den Ausgangselektrolyten AX und BY zwei neue Elektrolyte der Zusammensetzung AY und BX zu gewinnen. Das Verfahren wurde mit einem Gemisch aus LiCl- und NaF-Lösung überprüft. In einer Fünfkammer-Elektrolysezelle wurden aus diesen Ausgangsprodukten die beiden Salze LiF und NaCl erhalten.

Der Frage der praktischen Anwendung der Elektrodialyse ist ein spezielles Kapitel der Monographie von GRIGOROV [13] gewidmet. Es ist anzunehmen, daß alle in dieser Monographie beschriebenen Anwendungsmöglichkeiten der Elektrodialyse bei Durchführung derselben mit Ionenaustauschermembranen an Stelle der früher verwendeten Membranen aus Inertmaterial einen wesentlich höheren Wirkungsgrad zeigen dürften.

Literatur

[1] SPIEGLER, K. S.: in „Ion exchange technology", unter der Redaktion von F. NACHOD und J. SCHUBERT, New York, 1956
[2] KLJAČKO, V. A.: „Ionenaustausch und seine Anwendung", Moskau, Verlag der Akademie der Wissenschaften der UdSSR, 1959
[3] HOOKWAY: J. Roy. Inst. Chem. **82** (1958), 763–772
[4] MARUITI, HOBUO, ITO, CHIDZESI: Chem. Engng **3**, Nr. 5, 359, Nr. 6 (1958), 469
[5] SALDADZE, K. M., PAŠKOV, A. B., TITOV, V. S.: „Ionenaustauschende hochmolekulare Verbindungen", Kap. IV, Moskau, Goschimizdat, 1960
[6] JENKINS, D. S.: Scientific, American, Nr. 3 (1957)
[7] HOWE, E. D.: UNESCO, Utilizat Saline Water, Paris (1956). UNESCO, General Symposium on Arid Zone Problem, Paris (May 1960)
[8] JACKSON, I.: Discovery **20**, Nr. 7 (1956)
[9] POWELL, S. T.: Water and Sewage Works **106**, Nr. 2 (1959)
[10] MC KEE, J.: Engng. and Sci. **21**, Nr. 5 (1958)
[11] BILLITER, I.: „Neue Errungenschaften der technischen Elektrochemie", Moskau, Goschimizdat, 1931
[12] GRIGOROV, O. N., MARKOVIČ, A. V., ŽUKOV, I. I., NIKOLSKIJ, B. P.: J. angew. Chem. (russ.) VIII, Nr. 6 (1935), 965
[13] GRIGOROV, O. N., AFANASEVA, JU. S.: „Elektrokinetische Eigenschaften kapillarer Systeme", Moskau, Verlag der Akademie der Wissenschaften der UdSSR, 1956
[14] GRIGOROV, O. N., PRICHODKO, N. E., LAPINSKAJA, E. M.: „Elektrokinetische Eigenschaften kapillarer Systeme", Moskau, Verlag der Akademie der Wissenschaften der UdSSR, 1956
[15] ŽUKOV, I. I., GRIGOROV, O. N., KOZMINA, Z. P.: J. angew. Chem. (russ.) **19** (1946), 613
[16] ŽUKOV, I. I.: Sammlung von Arbeiten zur Wasseraufbereitung, Moskau, Gosstrojizdat, 1956; Arbeiten des Institutes VODGEO, 1958; Teil- und Vollentsalzung salzhaltiger Wässer, Moskau, Gosstrojizdat, 1960
[17] KRUL, W. T.: Water **43**, Nr. 24 (1959)
[18] WHALLEY, C.: Chem. Prod. **20**, Nr. 10 (1957), 420; Chem. and Industry, Nr. 1 (1958), 8
[19] KATZ: Chem. Engng Progr. **53**, Nr. 4 (1957), 190
[20] KERKHEM: Combustion **27**, Nr. 12 (1956); Chem. Engng. **63**, Nr. 10 (1956)
[21] WOLKMAN: Brit. Chem. Engng, Nr. 2, Nr. 3 (1957), 146
[22] KRESSMAN, T. R. E.: Industr. Chemist. **30** (1954), 99; Industr. Chemist., **34** Nr. 400 (1958), 333
[23] CYWIN, A., FINCH, L.: J. Americ. Water Work Ass. **52**, Nr. 8 (1960)
[24] BOBY, W. M.: J. Inst. Public Health Engns. **58**, Nr. 2 (1959)
[25] COOKE, B. A.: Chem. and Industry, Nr. 19, (1958) 555; S. Afric. Industr. Chem. **13**, Nr. 7 (1959), 140
[26] VINCK, F.: Wasser und Boden **11**, Nr. 5 (1959)
[27] GOMELLA: Algeric Industr. et commerc. **6**, Nr. 58 (1959), 33; S-E Industr. et commerc., **10**, Nr. 113 (1959), 95
[28] WEGELIN, E.: S. Afric. Enrg **483**, Nr. 49 (1958), 25, 31; Electro-techn. **38** Nr. 1 (1960), 54
[29] WEGELIN, E.: Technisches Bulletin, 48, Gosstroj, GPI Wasserkanalprojekt, 1958
[30] WEGELIN, E.: „Ionics Packaged Water Demineralizing Equipment", Bull. Nr. 3, Cambridge, Mass. (1955). Ionic. Inc.
[31] WEGELIN, E.: Chem. Ind. and Engng **10**, Nr. 4 (1958), 35

[32] WEGELIN, E.: „Bronswerk electrodialytic desalting apparatus" (1958). Firmenprospekt
[33] WEGELIN, E.: Franz. Patent Nr. 1184221, 17. 07. 1959. Perfectionnements aux procedes de deminéralisation des Liquides agueux par electrodialyse.
[34] Asahi Chemical Industry Co. (1960) Firmenprospekt
[35] WEGELIN, E.: Mining Equipm. 8, Nr. 12 (1957), 23; UNESCO, General Symposium on Arid Zone Problem, Paris (May 1960)
[36] ORŽEROVSKIJ, M. A., ZACHARČUK, O. A., ZAGORUJKO, V. A.: „Meeresflotte", Nr. 6 (1959) ORŽEROVSKIJ, M. A.: „Teil- und Vollentsalzung salzhaltiger Wässer", Moskau, Gosstrojizdat, 1960
[37] TSUNODA, SEKO u. a.: Jap. Patent Nr. 65081, 3. 10. 1955
[38] MASASI, J.: Jap. Patent Nr. 2463, 4. 04. 1956
[39] TSUTOMU, KUWATA, SADAO, YOSHIKAWA: Jap. Patent Nr. 3361, 6. 06. 1957
[40] MYESI, SĖMPATI, OKAMI, JASUCHARU u. a.: Jap. Patent Nr. 5416, 24. 07. 1957
[41] NAGAI JUDZI: Jap. Patent Nr. 412, 5. 02. 1959
[42] KUWABARA, SEIYAMA, T., SAKAI, W.: J. Electrochem. Soc. Japan **23**, Nr. 8 (1955), 409
[43] YOSHIKAWA, MARAGAMA, KUWATA: J. Chem. Soc. Japan Industr. Chem. Sec. **61**, Nr. 7 (1958), 793
[44] NAKAZAWA, ONONE, MIZUTANI: J. Chem. Soc. Japan Industr. Chem. Sec. **61**, Nr. 7 (1958), 789
[45] TANAKA, HIDĖO: Ref. J. Chem., Nr. 9, III (1960), 336
[46] BRAMER, H. C., COULL, J.: Ind. Engng Chem. **47**, Nr. 1 (1955), 67
[47] HORNER, G., WINGER, A., BODAMER, G., KUNIN, R.: Ind. Engng Chem. **47**, Nr. 6 (1955)
[48] HARRIS: USA-Patent Nr. 2865823, 23. 12. 1958
[49] EVLANOVA, A. V., GENKIN, V. E. u. a.: „Wasserversorgung und sanitäre Technik", (russ.), Nr. 5 (1959)
[50] BODAMER, G.: Schwed. Patent Nr. 148906, 22. 02. 1955; Kanad. Patent Nr. 517413, 11. 10. 1955
[51] ISHIBASHI, N., EMURA, N.: J. Electrochem. Soc. Japan **25**, Nr. 12 (1957)
[52] ODA, KENITI: Jap. Patent Nr. 508, 9. 02. 1959
[53] ODA, KENITI: Jap. Patent Nr. 507, 9. 02. 1959
[54] NAGAMATSU, M.: J. Electrochem. Soc. Japan **27**, Nr. 4—6, E-118 (1959)
[55] RAFF, IDDINGS, F., MURPHY, G.: J. Phys. Chem. **64**, Nr. 1 (1960)
[56] ROSENBERG, N.: USA-Patent Nr. 2708656, 17. 05. 1955 (Ionic Inc.)
[57] LIGHTFOOT, E. N., FRIEDMAN, I.: Ind. Engng Chem. **46**, Nr. 8 (1954), 1579
[58] MANECKE, G., HELLER, H.: Z. Electrochem. Berichte **61**, Nr. 1 (1957), 150
[59] JARWIS, J. W., TYE, F. L.: J. Chem. Soc., 620 (Febr. 1960)
[60] KATZ, W., ROSENBERG, N.: USA-Patent Nr. 2860095, 11. 11. 1958 (Ionic Inc.)
[61] ODA, KENITI: Jap. Patent Nr. 506, 9. 02. 1959
[62] BERTHET, H.: Chem. Zbl. **125**, Nr. 48 (1954), 11019
[63] MANECKE, G.: Z. phys. Chem. **201** (1952), 1
[64] MASLOV, V. N., OVODOVA, A. V.: J. Physikal. Chem. (russ.) **34**, Nr. 2 (1960), 413
[65] ANDERSON, A. M., WYLAM, C. B.: Chem. a. Ind., 191 (1956)
[66] MARKOVIČ, A. V. u. a.: Elektrokinetische Eigenschaften kapillarer Systeme, Kap. XI, § 41, Moskau, Verlag der Akademie der Wissenschaften der UdSSR, 1956
[67] PARTRIDGE, PEERS: J. Appl. Chem. 8, Nr. 1 (1958), 49
[68] DI BENEDETTO, A., LIGHTFOOT, E.: Ind. Engng. Chem. **50**, Nr. 4 (1958), 691
[69] SOLLNER, K.: „Ionenaustauscherharze in Medizin und Biologie", Moskau, Verlag für fremdsprachige Literatur, 1956

[70] Disc. Farad. Soc., Nr. 21 (1956)
[71] Glückauf, E., Kitt, G. R.: J. Appl. Chem. **6**, Nr. 11 (1956), 511
[72] Kljačko, V. A.: Betriebslaboratorium, (russ.), Nr. 9 (1957)
[73] Blasius, E., Lange, G.: Z. f. Analyt. Chem. **160**, Nr. 3 (1958), 169
[74] Šaferšteyn, I. Ja., Bulgakova, A. M.: Arbeiten des wiss. techn. Institutes für Chemie der Charkower Universität **10** (1953), 159
[75] Sinha, S. K.: J. Indian Chem. Soc. **30**, Nr. 8 (1953), 529
[76] Basu, Sinha, S.: J. Indian Chem. Soc. **32**, Nr. 6 (1955)
[77] Kressman, T. R. E.: J. Appl. Chem. **4**, Nr. 3 (1954), 121
[78] Materova, E. A., Nikolskij, B. P., Kožakina, F. A.: J. physikal. Chem. (russ.) XXIX Nr. 1 (1955)
[79] Materova, E. A., Belinskaja, F. A.: Mitteilungsblatt der Leningrader Staatlichen Universität, Nr. 16 (1957)
[80] Belinskaja, F. A.: Autorenreferat der Kandidaten-Diss. Leningrader Staatliche Universität (1958)
[81] Basu: J. Indian Soc. Soil Sci. **6**, Nr. 4 (1958), 233
[82] Gregor, H. P., Schonchorn, H.: J. Amer. Chem. Soc. **81**, Nr. 15 (1959), 3911
[83] Kahlweit, M.: Z. phys. Chem. **6**, 45, Nr. N. F. (1956)
[84] Morrison, D. H., Lapp, P.: Analyt. Chem., Nr. 6 (1957), 892
[85] Kollsman, P.: USA-Patent Nr. 2835632, 20. 05. 1958; 2835633 20. 05. 1958

7. EINSATZ VON IONENAUSTAUSCHERMEMBRANEN IN DER NASSMETALLURGIE DES URANS

7.1. Literaturüberblick

Für die weitere Entwicklung der Atomenergetik kommt der Senkung der Herstellungskosten von Uran eine außerordentlich große Bedeutung zu. Einer der Wege einer solchen Herabsetzung der Herstellungskosten für das Endprodukt Uran ist die Senkung des Materialverbrauchs und die Verringerung der Zahl der Arbeitsgänge bei der naßmetallurgischen Aufbereitung uranhaltiger Erze. Die gegenwärtig angewandten technologischen Schemata umfassen zum Teil Arbeitsgänge, bei denen durch Neutralisation von Lösungen unwiederbringliche Verluste an Säuren und Soda auftreten und die außerdem eine Erhöhung des Salzgehaltes der Lösungen mit sich bringen, welche die weitere Aufbereitung nur stört.

Die in den letzten Jahren erfolgte breite Anwendung von Sorptions- und Extraktionsprozessen brachte eine wesentliche Vereinfachung bestimmter Verfahrensstufen der naßmetallurgischen Aufbereitung von uranhaltigen Erzen mit sich. Jedoch werden auch bei diesen Prozessen noch größere Säure- und Laugenmengen verbraucht. Die Neutralisation der sauren oder sodaalkalischen Uranlösungen kann jedoch auch nach einem elektrodialytischen Verfahren unter Verwendung von Ionenaustauschermembranen durchgeführt werden.

Auch die elektrochemische Reduktion des Uran-VI zum Uran-IV kann mit Hilfe eines Elektrodialyseverfahrens erfolgen. In dem vorliegenden Kapitel soll ein kurzer Überblick über die in den Veröffentlichungen ausländischer Autoren zum Ausdruck kommenden Hauptrichtungen auf dem Gebiet des Einsatzes von Ionenaustauschermembranen bei der naßmetallurgischen Aufbereitung uranhaltiger Erze gegeben werden. Darüber hinaus sollen auch einige Ergebnisse von in der UdSSR durchgeführten Untersuchungen besprochen werden.

Im Jahre 1955 erschienen Arbeiten von Kirk [1] und Frisch [2], die sich mit dem Problem der Entfernung von überschüssiger Säure aus Desorptionslösungen der Uranaufbereitung befassen. Für die Untersuchungen wurden sowohl künstlich hergestellte als auch bei der großtechnischen Uranaufbereitung mit dem Ionenaustauscherharz IRA-400 anfallende Desorptionslösungen eingesetzt und in einer mit einer Kationen- oder Anionenaustauschermembran ausgestatteten Zweikammer-Elektrodialysezelle aufgearbeitet (s. Abb. 25). Der Prozeß wurde bis zur vollständigen Abscheidung des Urans im Katodenteil der Zelle geführt. Dabei konnte beobachtet werden, daß die elektrochemische Abscheidung des Urans sowohl bei Verwendung von Kationen- als auch von Anionenaustauschermembranen sehr schnell unter Bildung eines relativ grobkörnigen, gut filtrierbaren

Niederschlags vonstatten geht. Wie aus der Abb. 25a zu ersehen ist, geht unter der Wirkung des elektrischen Feldes 0,1 val Na^+-Ionen durch die Membran in die Katodenkammer der Zelle über. Die zur Anode wandernden ebenfalls 0,1 val Hydroxylionen werden an der Anode unter Bildung von gasförmigem Sauerstoff und gleichzeitiger Entstehung von 0,1 val Wasserstoffionen im Anolyten entladen. Die Überführung von Na^+-Ionen in die Katodenkammer und die Entladung von H^+-Ionen an der Katode führt zu einer Erhöhung des pH-Wertes des Katolyten. Das ursprünglich vorliegende sechswertige Uran wird an der Katode zur vier-

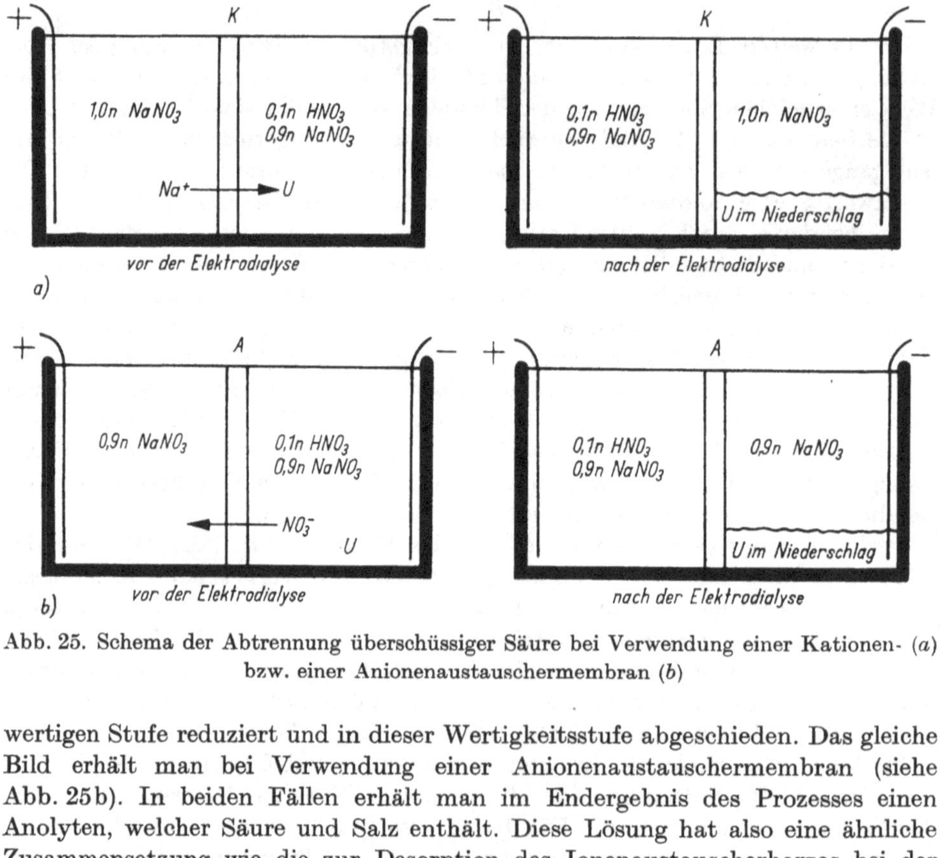

Abb. 25. Schema der Abtrennung überschüssiger Säure bei Verwendung einer Kationen- (*a*) bzw. einer Anionenaustauschermembran (*b*)

wertigen Stufe reduziert und in dieser Wertigkeitsstufe abgeschieden. Das gleiche Bild erhält man bei Verwendung einer Anionenaustauschermembran (siehe Abb. 25b). In beiden Fällen erhält man im Endergebnis des Prozesses einen Anolyten, welcher Säure und Salz enthält. Diese Lösung hat also eine ähnliche Zusammensetzung wie die zur Desorption des Ionenaustauscherharzes bei der Urananreicherung einzusetzende Lösung, wodurch es möglich ist, sie mehrmals zu verwenden.

In der Katodenkammer der Zelle fällt dagegen eine neutrale Salzlösung an, die im nächsten Zyklus als Anolyt eingesetzt werden kann. Die Vorteile des soeben beschriebenen Verfahrens sind: niedrige Kosten, gute Filtrationsgeschwindigkeiten des Uranniederschlages, Wegfall der sonst zur Fällung des Urans erforderlichen Alkalien und die Möglichkeit eines wiederholten Einsatzes der entstehenden Lösungen [3]. Später wurde ein ähnliches Verfahren von KUNIN [4] zum Patent angemeldet.

KIRK [5] schlug ferner ein Verfahren zur Entfernung überschüssiger Säure aus technischen Uran-Vanadium-Lösungen unter Verwendung einer Anionenaustauschermembran vor. Unter der Wirkung eines elektrischen Feldes verringert sich die Acidität des Katolyten, während sie im Anolyten zunimmt. Gleichzeitig werden die im Katolyten enthaltenen Uranylionen zur vierwertigen Stufe reduziert, wodurch es zu einer Ausfällung von Uran(IV)-Hydroxid kommt [6]. Enthalten die Lösungen nach der Extraktion Phosphationen, fällt bei der Elektrodialyse mit gleichzeitiger elektrochemischer Reduktion des Urans ein Niederschlag von

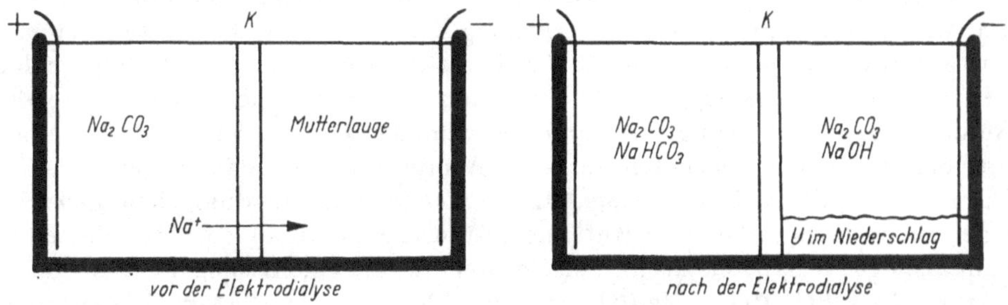

Abb. 26. Verwendung einer Kationenaustauschermembran zur Fällung von Uran aus soda-alkalischer Lösung

Uran(IV)-Phosphat an. Das gleichzeitig in den bei dem Verfahren zum Einsatz gelangenden Lösungen vorhandene Vanadium wird ebenfalls reduziert, und zwar gemäß folgender Reaktionsgleichung:

$$VO_2^+ + 2e^- + 4H^+ \rightarrow V^{3+} + 2H_2O. \quad (6)$$

Eine geringe Menge an $V(OH)_3$ wird zusammen mit dem Uran(IV)-Hydroxyd bzw. Uran(IV)-Phosphat ausgefällt.

FRISCH benutzte in einer weiteren Arbeit [7] eine neutrale, 1 n Na_2SO_4-Lösung als Anolyt und eine Anionenaustauschermembran der Marke Amberplex A-1, während die Katodenkammer der Zelle mit einer sauren, uranhaltigen Lösung beschickt wurde, wie sie bei der Extraktion anfällt. Unter der Wirkung des elektrischen Stromes kommt es zu einer Erhöhung der Acidität des Anolyten, während in der Katodenkammer die Abscheidung von vierwertigem Uran in Form des Phosphats erfolgt. Die Uranfällung ist im pH-Bereich um 2,4 quantitativ. Die in der Anodenkammer der Zelle anfallende, Na_2SO_4 und H_2SO_4 enthaltende Lösung kann zur Erzlaugung eingesetzt werden.

KIRK [8] und später KUNIN [9] schlugen Verfahren zur elektrolytischen Abtrennung von Uran aus karbonathaltigen Lösungen mit Hilfe von Ionenaustauschermembranen vor. Der Prozeß wird in einer eine Kationen- oder eine Anionenaustauschermembran enthaltenden Zweikammer-Elektrodialysezelle durchgeführt (s. Abb. 26). Als Katodenmaterial können dabei Platin, Elektrodenkohle, Graphit oder Kupfer verwendet werden, während metallisches, mit einer Bleioxidschicht überzogenes, also passiviertes Blei das geeignetste Anodenmaterial sein dürfte. In die Katodenkammer der Zelle wird die karbonathaltige Uranlösung eingebracht, während die Anodenkammer mit der Lösung eines Alkalimetallkarbonats oder mit Ammoniumkarbonatlösung beschickt wird. Bei Einschalten des elektrischen Stromes wandern die Kationen aus dem Anolyten durch die Kationenaustauschermembran in den Katolyten hinüber, wodurch es zu einer Erhöhung des pH-Wertes der in der Katodenkammer befindlichen Lösung kommt. Infolgedessen wandeln sich die im Katolyten ursprünglich enthaltenen HCO_3^--Ionen in CO_3^{--}-Ionen um. Das sechswertige Uran wird an der Katode zur vierwertigen Stufe reduziert und in Form des Oxids ausgefällt. Im Anolyten kommt es zu einer Erhöhung der Acidität, d. h. ein Teil der hier vorhandenen CO_3^{--}-Ionen wandelt sich in HCO_3^--Ionen um. Der nach Abschluß der Elektrodialyse anfallende Anolyt kann zur Extraktion weiterverwendet werden. Nach Beendigung des Prozesses wird der Uranniederschlag abfiltriert, und das Filtrat des Katolyten kann als Anolyt zur Elektrodialyse einer neuen Portion uranhaltiger Lösung eingesetzt werden. Bei Verwendung einer Zelle mit einer Anionen- anstelle einer Kationenaustauschermembran geht der Prozeß in ganz analoger Weise vonstatten. Beispielsweise wurde eine Lösung der Zusammensetzung 2,1 g/l U, 100 g/l Na_2CO_3 und 20 g/l $NaHCO_3$ der Elektrodialyse unterworfen, wobei als Anolyt eine 1 m Na_2CO_3-Lösung zum Einsatz gelangte. Bei einer Stromdichte von 0,1 A/cm² wurden 90 bis 98% des vorhandenen Urans ausgefällt. Die Stromausbeute betrug bei Verwendung einer Kationenaustauschermembran 95%, während der Einsatz einer Anionenaustauschermembran eine Stromausbeute von 61% ergab. Die bei Verwendung einer Anionenaustauschermembran erzielte geringere Stromausbeute erklärt sich durch eine teilweise Migration der OH^--Ionen aus dem Katolyten. Die OH^--Ionen besitzen bekanntlich eine wesentlich größere Beweglichkeit als die CO_3^{--}-Ionen, was dazu führt, daß sich der pH-Wert des Katolyten etwas erniedrigt. Letzteres hat wiederum eine Verschlechterung der Uranabscheidung zur Folge.

Saunders [10] berichtet über ein Verfahren zur elektrochemischen Trennung von Uran und Vanadium aus sodaalkalischer Lösung. Das Uran liegt in einer solchen Lösung in Form des Karbonatokomplexes $Na_4[UO_2(CO_3)_3]$ vor und kann als komplexes Anion natürlich nicht durch eine Kationenaustauschermembran hindurchtreten. Für die Untersuchungen wurde eine Zweikammer-Elektrodialysezelle mit einer Kationenaustauschermembran der Marke Amberplex C-1 verwendet. Die sodaalkalische Lösung mit 1,5 g/l U und 9 g/l V wurde in die Katodenkammer der Zelle eingebracht, als Anolyt eine 1 m Na_2CO_3-Lösung verwendet.

Die unter Einsatz einer Graphitkatode bei einer Stromdichte von ca. 0,1 A pro cm² Membranfläche nach diesem Verfahren erhaltenen Ergebnisse sind in Tab. 14 wiedergegeben.

Bei allen Versuchen wurde das Uran in reduzierter Form abgeschieden. Ein solcher Niederschlag nimmt jedoch, wenn man ihn einige Zeit stehen läßt, relativ

Tabelle 14

Abhängigkeit der Zusammensetzung des Niederschlags vom Katodenmaterial

Katodenmaterial	Ausgefälltes Uran, in % der Ausgangsmenge	Ausgefälltes Vanadin im Uran-Niederschlag, in % der Ausgangsmenge	Energieverbrauch zur Abscheidung von 1 kg Uran [kWh]
Graphit	94	5	75
Blei	86	6	82,5
Amalgamiertes Blei	94	19	75

schnell eine gelbliche Färbung an, offenbar, weil sich dann $Na_2U_2O_7$ bildet. Bei Verwendung einer Graphitkatode enthält der Uranniederschlag etwa nur ein Viertel der Vanadinmenge, die beim Arbeiten mit einer Katode aus amalgamiertem Blei im Uranniederschlag enthalten ist. Die Untersuchungen wurden noch in der Weise fortgesetzt, daß versucht wurde, aus den bereits vom Uran befreiten Lösungen auch noch das Vanadiun abzuscheiden. Zu diesem Zweck wurden die uranfreien Lösungen in die Anodenkammer der Zelle eingebracht und der Elektrodialyse unterworfen.

Auf der II. Genfer Konferenz über die friedliche Anwendung der Atomenergie wurden drei Vorträge zu Gehör gebracht, die die Anwendung von Ionenaustauschermembranen in der Naßmetallurgie des Urans zum Inhalt hatten. Mason und Parsi [11] sowie Higgins, Neil und Mc Neese [12] verwendeten Kationenaustauschermembranen zur elektrochemischen Reduktion von sechs- zu vierwertigem Uran in salzsaurer, fluoridhaltiger Lösung.

Ein analoges Reduktionsverfahren zur Überführung von U(VI) in U(IV) wurde auch von Higgins, Roberts u. a. [13] beschrieben. Gemäß diesem Verfahrensschema werden die nach der Extraktion von Uranerzen oder Konzentraten erhaltenen Lösungen gereinigt und anschließend nach dem bekannten Ionenaustauschverfahren konzentriert. Die nach der Desorption der Austauscherharze anfallenden Lösungen werden dann der elektrolytischen Reduktion unterworfen. Dazu bedient man sich einer Zweikammer-Elektrodialysezelle mit eingebauter Kationenaustauschermembran. Als Elektrolyt in der Anodenkammer verwendet man 0,5 m Schwefelsäure. Die Katodenkammer der Zelle wird mit der uranhaltigen Lösung beschickt. Diese enthält außerdem noch Chlorid- und Fluoridionen. An der Katode läuft folgende Reaktion ab:

$$UO_2^{++} + 4H^+ + 2e^- \rightarrow U^{4+} + 2H_2O. \qquad (7)$$

Bei Gegenwart von Fluoridionen wird Urantetrafluorid gemäß folgender Reaktionsgleichung abgeschieden:

$$U^{4+} + 4F^- + 3/4\,H_2O \rightarrow UF_4 \cdot 3/4\,H_2O. \qquad (8)$$

Der Verbrauch an Elektroenergie beträgt bei Verwendung einer mit einer Kationenaustauschermembran der Marke Nepton CR-51 ausgestatteten Elektrodialysezelle etwa 2,2 kWh/kg reduzierten Urans. Die Uranausbeute beläuft sich bei einer Stromdichte von etwa 0,3 A/cm² auf 14 kg pro Stunde und m² Katodenfläche. Die Stromausbeute bezogen auf Uran liegt zwischen 90 und 95%, wenn die Fällung des Urantetrafluorids außerhalb des Elektrodialysators erfolgt. Als Anodenmaterial diente Blei, haltbarer ist jedoch eine Legierung aus 94% Blei und 6% Antimon. Eine Anode aus dieser Legierung soll unter den Bedingungen des

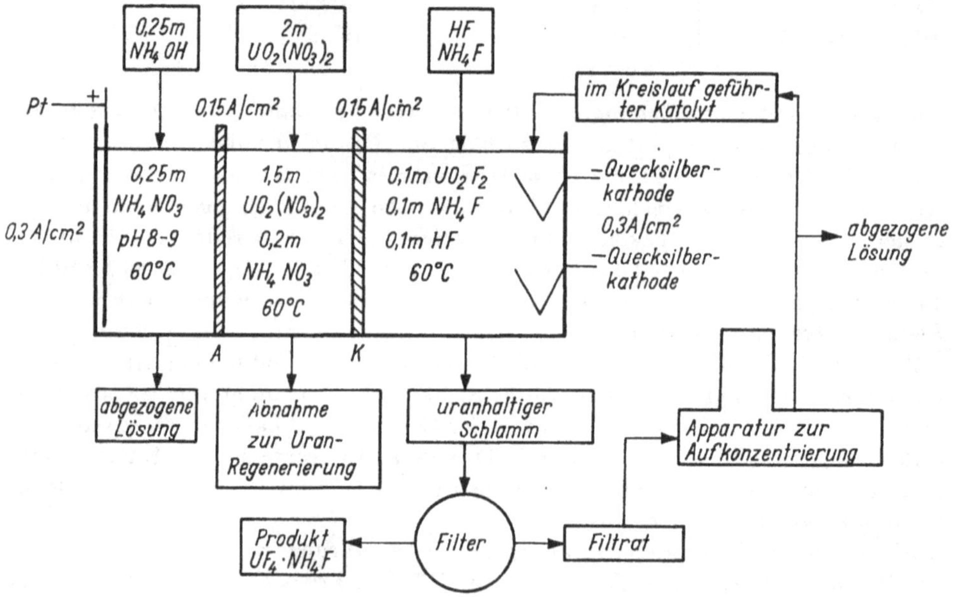

Abb. 27. Schema des Fluorex-Prozesses

beschriebenen Verfahrens länger als drei Monate in Betrieb bleiben können, ohne ausgewechselt werden zu müssen. Als Katodenmaterial diente Quecksilber. Der Bleigehalt der Lösung ist nach erfolgter Reduktion des Urans etwas höher als vorher, was auf eine Korrosion der Anode zurückzuführen ist, übersteigt jedoch nicht 0,001%.

Schulz, Neuvar, Carroll und Burns [14] entwickelten das sogenannte „Fluorex-Verfahren“, ein Naßverfahren zur Herstellung fluoridischer Uransalze ($UF_4 \cdot NH_4F$) aus wäßrigen Uranylnitratlösungen. In einer durch eine Anionen- und eine Kationenaustauschermembran in drei Kammern unterteilten Elektrodialysezelle werden bei diesem Verfahren gleichzeitig folgende zwei Prozesse durchgeführt: Trennung der Uranyl- von den Nitrationen und Reduktion der Uranylionen an einer Quecksilberkatode zur vierwertigen Oxydationsstufe des Urans. Das Verfahrensschema des Fluorex-Prozesses ist in Abb. 27 wiedergegeben.

Die Uranylnitratlösung wird in die mittlere der drei Kammern eingebracht. Die Kammer ist beiderseitig von je einer Ionenaustauschermembran begrenzt. Bei Anlegen eines elektrischen Feldes wandern die Uranylionen durch die Kationenaustauschermembran in die Katodenkammer, in welcher zu Beginn des Prozesses nur Ammonium- oder Alkalimetall- und Fluoridionen in Lösung vorliegen.

In der Katodenkammer wird das in Form von Uranylionen eingesetzte U(VI) zum U(IV) reduziert und in Form eines Uran-Ammonium-Doppelfluorides ausgefällt:

$$UO_2^{++} + 4\,HF + NH_4F + 2e^- \rightarrow NH_4UF_5 + 2\,H_2O\,. \quad (9)$$

In ganz analoger Weise kann man auch zu den Natrium- oder Kalium-Doppelfluoriden des Urans gelangen. Die ursprünglich mit den Uranylionen in der mittleren Kammer vorhandenen Nitrationen wandern durch die Anionenaustauschermembran in die Anodenkammer, in der es dadurch zur Bildung von Salpetersäure kommt. Für die Untersuchungen wurden Membranen der Marken Permutit-3142 (Kationenaustauschermembran) und Permutit-3148 (Anionenaustauschermembran) sowie Nepton AR-111 (Anionenaustauschermembran) verwendet. Diese Membranen erwiesen sich als genügend resistent gegenüber den verwendeten und im Prozeßverlauf entstehenden Lösungen sogar dann, wenn bei Badtemperaturen von 60 °C gearbeitet wurde. Die Untersuchungen ergaben, daß die Überführung von Fluoridionen durch die Kationenaustauschermembran nur minimal ist und keinen nachteiligen Einfluß auf die Stromausbeuten ausübt.

Infolge des Durchganges von Kationen durch die Anionenaustauschermembran kann es zu Verringerungen der Stromausbeute um 3 bis 50% kommen. Dieser recht nachteilige Effekt ist von Zusammensetzung und Konzentration des Anolyten abhängig und wird darüber hinaus auch noch von der Betriebstemperatur der Zelle und der Stromdichte an der Membran beeinflußt. Im allgemeinen nimmt die Diffusionsgeschwindigkeit der einzelnen Kationen mit steigender Konzentration der Lösung und mit wachsender Stromdichte an der Membran zu und verringert sich mit zunehmender Temperatur. Bei gleichen Temperaturen ist die Geschwindigkeit des Durchganges von H^+-Ionen durch die Membran etwa zehnmal so hoch wie die der Ionen Na^+, NH_4^+ und Ca^{++}. Um befriedigende Stromausbeuten zu erzielen, empfiehlt es sich, mit alkalischen Anolyten zu arbeiten. Daher wird in die Anodenkammer der Zelle kontinuierlich Alkalilauge eingespeist.

Von den vielen, als Katodenmaterialien ausprobierten Stoffen wurde nur Quecksilber den Anforderungen des Verfahrens gerecht. Zur Erreichung einer konstanten Stromdichte an der Membran war es erforderlich, Membranen und Elektroden streng parallel zueinander anzuordnen. Bei vertikaler Anordnung der Membranen bestand die Katode aus einer Reihe von Spalten, welche vertikal im gleichen Abstand von der Membran angeordnet waren. Das Laboratoriumsmodell der für den Fluorexprozeß verwendeten Elektrodialysezelle mit der schlitzförmigen Quecksilberkatode ist in Abb. 28 wiedergegeben. Bei der Konstruktion des Apparates war es erforderlich, eine Durchmischung des Quecksilbers in jeder Spalte der Katode vorzusehen. In der Laboratoriumszelle war jede Spalte mit einem Flügelrührer ausgestattet, welche über eine an der Außenwand der Zelle angebrachte Zahnradübersetzung angetrieben wurden.

Der in der Katodenkammer der Zelle anfallende Niederschlag des erwähnten uranhaltigen Doppelsalzes wurde abfiltriert oder abzentrifugiert und anschließend gewaschen und getrocknet. Die besten Stromausbeuten wurden bei hohen Urankonzentrationen und niedrigen Stromdichten an der Katode erzielt. Um eine Stromausbeute von mehr als 80% erreichen zu können, darf die Katodenstromdichte nicht höher als 300 mA/cm² liegen. Die Stromausbeute erhöht sich auch, wenn man mit einem geringen Überschuß an Fluor- und Ammoniumionen (oder Alkaliionen) gegenüber den stöchiometrisch benötigten Mengen arbeitet.

Abb. 28. Labormodell einer Zelle mit beweglicher Quecksilberkathode für den Fluorex-Prozeß

Unter den in Abb. 27 angegebenen Bedingungen beträgt die Stromausbeute 85 bis 90%. Für die mittlere Kammer ist die Konzentration an Ammonnitrat angegeben, die sich infolge des Überganges von Ammoniumionen aus dem Anolyten in die mittlere Kammer in dieser eingestellt hatte. Auf Grund einer geringen Diffusion von Fluoridionen aus dem Katodenraum durch die Membranen findet man Spuren an Fluorid sowohl in der mittleren als auch in der Anodenkammer, jedoch wurde auf eine Angabe dieser geringen Konzentrationen in Abb. 27 verzichtet. Die von den genannten Autoren durchgeführten Untersuchungen lassen den Schluß zu, daß das Fluorexverfahren großtechnisch realisierbar ist und unter gewissen Bedingungen größere Wirtschaftlichkeit aufweist als die herkömmlichen Verfahren zur Umwandlung von Uranylnitrat in Urantetrafluorid.

Bei Verfahren auf dem Gebiete der Kernchemie spielt die Flußsäure eine große Rolle; aus diesem Grunde ist das Problem ihrer Anreicherung aus verdünnten wäßrigen Lösungen von außerordentlichem Interesse. MASON und PARSI [11] berichten über Laboruntersuchungen zur Aufkonzentrierung von Flußsäurelösungen unter Verwendung einer Mehrkammer-Elektrodialysezelle, wie sie in Abb. 22 wiedergegeben ist (s. S. 87).

Wie aus dieser Abb. 22 zu ersehen, wird unter der Einwirkung eines elektrischen Feldes die Fluorwasserstoffsäure in den auf der Anodenseite von einer Anionenaustauschermembran begrenzten Kammern verdünnt, während sie in den auf der Anodenseite von einer Kationenaustauschermembran abgeschlossenen Kammern konzentriert wird. Nach diesem Verfahren kann man beispielsweise eine 1,6 n zu einer 7 bis 10 n Flußsäurelösung konzentrieren. Nimmt man den theoretischen Durchgang von 1 Mol Fluorwasserstoffsäure pro Faraday durch die Membranen an, dann liegt die errechnete Stromausbeute über 100%. Beispielsweise erhält man bei der Überführung einer verdünnten, 1,2 bis 2,5 n Flußsäurelösung in eine solche der Normalität 4 bis 6 eine Stromausbeute von 180%.

Diese abnorm hohen Stromausbeuten werden durch die Assoziation von undissoziierter Flußsäure mit Ionen hervorgerufen, die dann zusammen mit den mit ihnen aggregierten Flußsäuremolekeln durch die Membranen hindurchwandern.

Es ist seit langem bekannt, daß für wäßrige Flußsäurelösungen folgendes Gleichgewicht charakteristisch ist:

$$F^- + HF \leftrightharpoons HF_2^- . \qquad (10)$$

Der Wert der Gleichgewichtskonstanten $\frac{[HF_2^-]}{[HF] \cdot [F^-]} = 5$ zeigt, daß in Flußsäurelösungen genügend hoher Konzentration mehr komplexe Anionen der Zusammensetzung HF_2^- als einfache Fluoridionen vorliegen.

Der Wasserdurchgang durch die Membranen auf Grund von Elektroosmoseprozessen ist bei diesem Verfahren recht beträchtlich und nicht zu vernachlässigen. Infolge dieses Wasserdurchganges ist es nämlich beispielsweise unmöglich, aus einer Ausgangssäure der Normalität 1,6 eine mehr als 10 n Flußsäurelösung zu gewinnen, selbst wenn das Wsser ausschließlich durch Elektroosmose in die Konzentrationskammern gelangt. In einem Versuch konnte eine 1,6 n Flußsäurelösung bei einer Stromdichte von 133 mA/cm² mit einer Stromausbeute von 160% auf eine 9 n Flußsäurelösung aufkonzentriert werden. Beschickt man die Zelle mit noch verdünnteren Ausgangslösungen als 1,6 n, so ist die Konzentration der am Ende erhaltenen Flußsäurelösungen geringer als 9 n, da unter diesen Bedingungen der elektroosmotische Wasserdurchtritt durch die Membranen ansteigt.

Mit Hilfe der Elektrodialyse kann man auch das azeotrope Gemisch Wasser/Fluorwasserstoff (20,8 n Lösung) zerstören, indem man den Azeotropie-Punkt überschreitet, um höher konzentrierte oder nahezu wasserfreie Flußsäure herstellen zu können. Beispielsweise kann man 19- und 20 n HF-Lösungen mittels Elektrodialyse auf eine Normalität von 23 bis 24 aufstocken. Die dabei angewandte Stromdichte liegt bei 75 bis 200 mA/cm², die Stromausbeuten betragen 120 bis 180%. Je höher die Stromdichte, um so höher die Konzentration der anfallenden Flußsäurelösung und um so höher auch die Stromausbeute.

Die Mehrzahl der bisher betrachteten Verfahren ist noch nicht über das Stadium der Laboratoriumsuntersuchungen hinausgekommen. Es ist jedoch bekannt, daß der sogenannte „Exer-Prozeß“ [15, 16] bereits im halbtechnischen Maßstab gelaufen ist. Bei diesem Prozeß handelt es sich um ein aus folgenden Stufen bestehendes Verfahren zur Herstellung von Urantetrafluorid aus uranhaltigen Erzen:

Sorption an einem Anionenaustauscher — Chlorid-Desorption eines anionischen Urankomplexes — Sorption an einem Kationenaustauscher — Desorption mittels wäßriger Salz- oder Flußsäure — elektrochemische Reduktion und Abscheidung des Urans als Urantetrafluorid (siehe dazu Abb. 29).

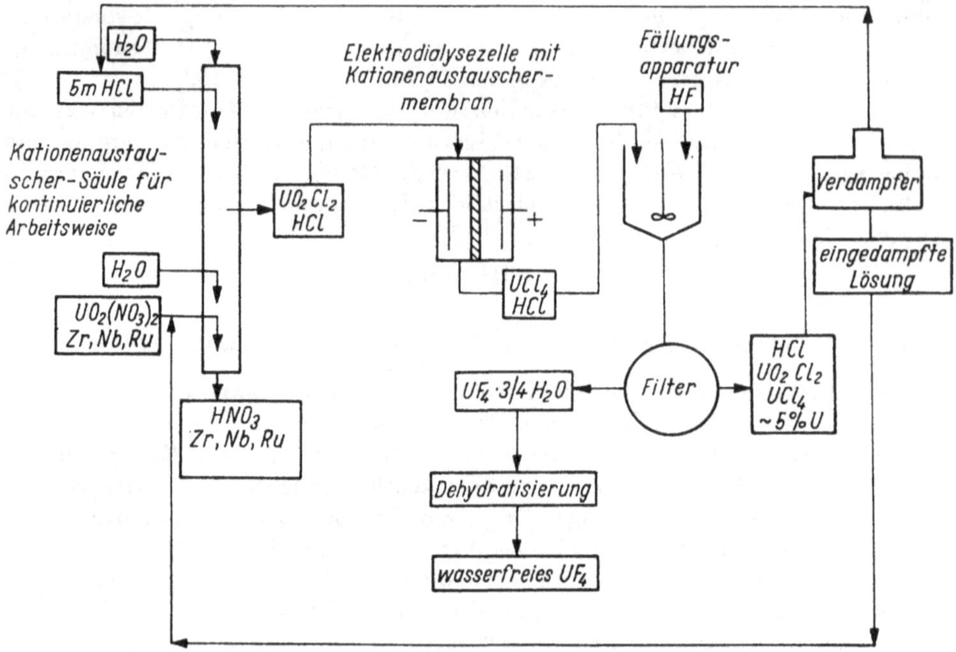

Abb. 29. Schema des EXER-Prozesses

7.2. Die Verwendung von Ionenaustauschermembranen zur Entfernung überschüssiger Säure aus uranhaltigen Lösungen

7.2.1. Die Entfernung überschüssiger Säure unter Verwendung von Zweikammer-Elektrodialysezellen

7.2.1.1. Schwefelsaure Uran-Lösungen

Die Elektrodialyse unter Einsatz von Ionenaustauschermembranen wurde bereits für die Entfernung von überschüssiger Säure aus schwefelsauren, salpetersauren und salzsauren Uransalzlösungen angewendet [17]. Dazu wurden sowohl künstlich hergestellte als auch großtechnisch angefallene Lösungen eingesetzt. Die Untersuchungen wurden in zerlegbaren, nach dem Baukastenprinzip konstruierten Zwei-, Drei- und Zwanzigkammer-Elektrodialysezellen aus organischem Glas durchgeführt. Als Elektrodenmaterialien dienten Platin, Tantal, Titan,

Graphit, Blei, Quecksilber und nichtrostender Stahl. Die Durchmischung der in den Zellenkammern befindlichen Lösungen erfolgte entweder mit Hilfe von Rührern oder durch Einleiten von Luft.

Die Elektrodialyse schwefelsaurer Lösungen unterschiedlichen Urangehalts wurde zunächst in mit einer Anionenaustauschermembran ausgestatteten Zweikammerzellen erprobt. Die Elektrodialyse solcher Mutterlaugen ist wesentlich komplizierter als die salpeter- oder salzsaurer Lösungen, da in schwefelsaurem Medium das Uran nicht nur als Uranylion, sondern auch noch in Form folgender anionischer Komplexe des sechs- und vierwertigen Urans vorliegt:

$$[UO_2(SO_4)_2]^{2-} \quad [UO_2(SO_4)_3]^{4-},$$
$$[U(SO_4)_3]^{2-} \quad [U(SO_4)_4]^{4-}.$$

Bei der Elektrodialyse solcher Lösungen unter Verwendung von Anionenaustauschermembranen ist zu erwarten, daß das Uran in die Anodenkammer, d. h. in die zu entfernende Säure, übergeht. Unter der Wirkung des elektrischen Stromes gehen die Sulfationen (s. Abb. 30) aus dem Katolyten in den Anolyten über. An der Anode erfolgt die Zersetzung von Wasser gemäß der Reaktionsgleichung

$$H_2O - 2e^- \rightarrow 1/2\,O_2 + 2\,H^+,$$

wobei es zur Bildung von gasförmigem Sauerstoff und H^+-Ionen kommt. Der Sauerstoff entweicht aus der Anodenkammer, während die H^+-Ionen in der Lösung verbleiben und zusammen mit den Sulfationen Schwefelsäure ergeben.

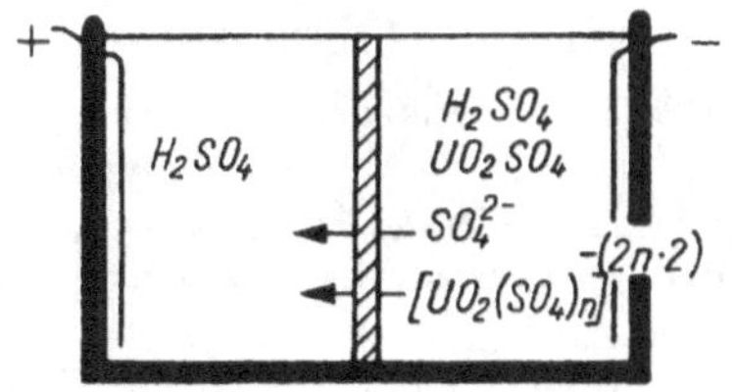

Abb. 30. Schema der Abtrennung von überschüssiger Schwefelsäure

Gleichzeitig mit den Sulfationen können die komplexen Anionen des sechs- und vierwertigen Urans durch die Anionenaustauschermembran in die Anodenkammer der Zelle übergehen. Im Katodenteil der Zelle erfolgt die Reduktion des U(VI) zu U(IV). Die Anionenaustauschermembran schützt den Katodenraum vor den oxydierenden Bedingungen des Anodenraumes, was sich auf die Reduktion des Urans sehr vorteilhaft auswirkt.

Für Studien zur Überführungskinetik der Sulfationen in den Anolyten sowie zur Kinetik der Uranreduktion wurde eine Zweikammerelektrodialysezelle mit einem Fassungsvermögen von 400 m*l* pro Kammer verwendet. In die Katodenkammer dieser Zelle wurden Lösungen unterschiedlichen Urangehalts, aber gleichen Gehalts an überschüssiger Schwefelsäure eingebracht, während die Anodenkammer bei allen Versuchen mit 0,1 n Schwefelsäure beschickt wurde. Die Stromdichte betrug 40 mA/cm², die Spannung 5 bis 6 Volt. Nach einer bestimmten Versuchsdauer wurden sowohl aus dem Anolyten als auch aus dem Katolyten Proben zur Bestimmung der Konzentration an SO_4^{--}-Ionen und an U(IV) sowie zur Ermittlung des Gesamt-Urangehalts entnommen. Die bei diesen Untersuchungen erhaltenen Ergebnisse sind in den Abb. 31 bzw. 32 wiedergegeben.

Aus den Abb. ist zu ersehen, daß die Reduktion des U(VI) zum U(IV) im Katolyten bereits nach einer Versuchsdauer von 20 Minuten vollständig abgeschlossen ist. Sowohl im Anolyten als auch im Katolyten ist eine annähernd geradlinige Änderung der Acidität festzustellen.

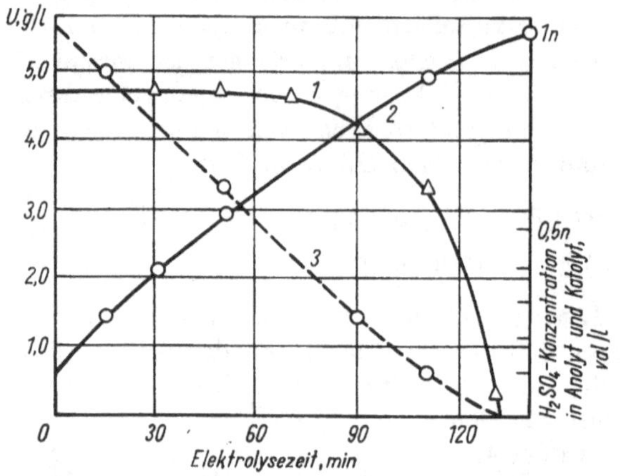

Abb. 31. Kinetik der Überführung von Sulfationen in den Anolyten

1 – Konzentration von U im Katolyten 2 – Konzentration von H_2SO_4 im Anolyten 3 – Konzentration von H_2SO_4 im Katolyten

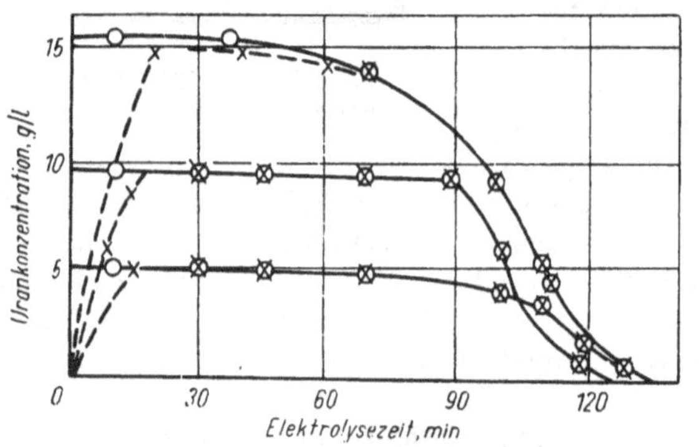

Abb. 32. Kinetik der Reduktion von U(VI) zu U(IV) in schwefelsaurer Lösung

– × – × – U^{4+} – ○ – ○ – $U^{4+} + U^{6+}$

Bei Verringerung des Säureüberschusses im Katolyten auf 0,2 bis 0,3 n tritt eine Trübung der Lösung auf. Bei einem pH-Wert von 4 bis 5 kommt es zur Koagulation der Trübung, und es fällt ein schwarz-grüner, grobflockiger Niederschlag aus. Einige Proben dieses Niederschlages wurden der Röntgenstrukturanalyse nach der Kristallpulvermethode von Debye unterzogen, wobei sich herausstellte, daß dieser in der Katodenkammer abgeschiedene Niederschlag aus stark hydratisiertem Urandioxyd besteht.

Zur Untersuchung der Möglichkeit einer partiellen Abtrennung des Urans von Eisen mit Hilfe eines Elektrodialyseprozesses wurden Versuche unter Verwendung künstlich bereiteter uran-, eisen- und schwefelsäurehaltiger Lösungen durchgeführt. Dabei wurde stets so lange dialysiert, bis die Ausfällung des Urans in der Katodenkammer bei einem pH-Wert von 3,6 bis 4 abgeschlossen war. Der Niederschlag wurde abfiltriert und zu den Oxyden verglüht, im Glührückstand die Gehalte an Uran und Eisen bestimmt. Die Ergebnisse einiger Versuche zur Abscheidung von Uran aus uran- und eisenhaltigen Lösungen sind in Tab. 15 zusammengefaßt.

Während des Elektrodialyseprozesses bedeckte sich die Katode mit einem Belag aus metallischem Eisen. Das dargelegte Verfahren erzielt bei der Trennung von Eisen und Uran Reinigungskoeffizenten von etwa 1000.

Tabelle 15

Die Abscheidung von Uran aus schwefelsauren, uran- und eisenhaltigen Lösungen bei einer Stromdichte von 40 mA/cm² und einer Temperatur von 30 °C

Ausgangs-Katolyt [g/l]			Zusammensetzung der Lösungen nach der Elektrodialyse				im Oxyd [%]	
			Anolyt [g/l]		Katolyt [g/l]			
Uran	Eisen	Sulfat-ionen	Uran	Eisen	Uran	Eisen	Uran	Eisen
9,05	1,38	33,6	0,11	0,018	—	0,023	82,0	0,002
9,05	1,38	33,6	0,18	—	0,149	0,035	83,0	Spuren
10,38	0,955	30,3	0,38	0,007	0,312	0,092	82,4	Spuren
10,38	0,955	30,3	0,158	0,010	0,082	0,059	81,05	0,015
15,6	2,45	34,3	0.135	0,016	0,265	0,006	82,5	Spuren

Bei der Desorption von Kationenaustauscherharzen können schwefelsaure, uranhaltige Lösungen anfallen, welche zusätzlich noch unterschiedliche Mengen an Ammoniumsulfat enthalten. Unterwirft man derartige Lösungen der Elektrodialyse, dann erhält man in der Katodenkammer den Uran-Niederschlag, während man die in den Anolyten übergegangene überschüssige Säure wieder für die Regenerierung von mit Uran beladenem Ionenaustauscherharz verwenden kann.

Bei diesem Prozeß kann man Zweikammer-Elektrodialysezellen mit einer Anionen- oder mit einer Kationenaustauschermembran einsetzen. Bei Verwendung einer Anionenaustauschermembran gehen die Sulfationen aus dem Katolyten unter der Wirkung des elektrischen Stromes in den Anolyten über, und es kommt zu einer Verringerung der Acidität des Katolyten. Verwendet man dagegen eine Zelle mit einer Kationenaustauschermembran, dann unterscheidet sich der Mechanismus von dem soeben beschriebenen nur dadurch, daß die Ammoniumionen aus der Anodenkammer durch die Membran in die Katodenkammer der Zelle übergehen. Diese Überführung von Ammoniumionen in den Katolyten bewirkt in diesem eine Erhöhung des pH-Wertes infolge der Entladung von Wasserstoffionen an der Katode. Die Erhöhung der Acidität des Anolyten geschieht in diesem Falle auf Kosten des Überganges von Ammoniumionen in den Katolyten und der Anreicherung von durch Wasserzersetzung entstandenen H^+-Ionen an der Anode. In beiden Fällen läuft der Prozeß bis zur quantitativen Abscheidung des Urans in der Katodenkammer der Elektrodialysezelle.

Als Anolyt kann die Lösung eines geeigneten Salzes dienen. Infolge der Migration von Anionen oder Kationen weist der Anolyt nach erfolgter Elektrodialyse eine Zusammensetzung in Bezug auf den Säure- und Salzgehalt auf, die der Zusammensetzung der für die Desorption des mit Uran beladenen Ionenaustauscherharzes erforderlichen Lösung entspricht, so daß man sie im nächsten Zyklus zur Regenerierung von Ionenaustauscherharz wiederverwenden kann (siehe dazu Abb. 33). Eine geringe Überführung von Uran in den Anolyten ist in beiden Fällen möglich. Bei dem in Abb. 33 dargestellten Schema dienten Ionenaustauscherharz-Desorptionslösungen mit unterschiedlichen Urangehalten als Katolyt, welcher außerdem noch Schwefelsäure und Ammoniumsulfat in unterschiedlichen Mengen enthielt (Tab. 16), während als Anolyt eine Ammoniumsulfatlösung verwendet wurde.

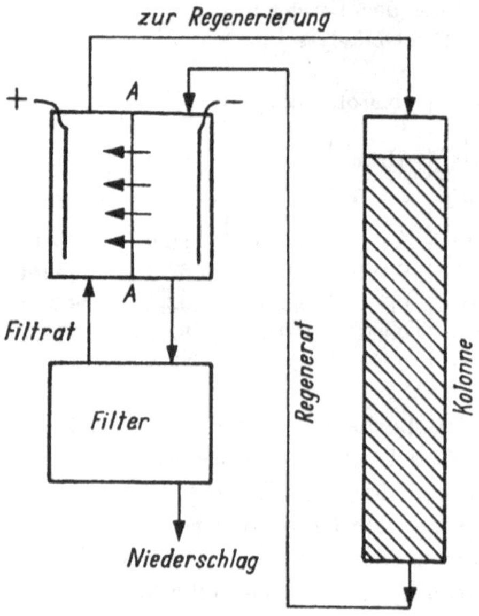

Abb. 33. Schema der Aufarbeitung schwefelsaurer Desorptionslösungen

Es wurde so lange Strom durch die Zelle geschickt, bis sich im Katolyten ein pH-Wert von ungefähr 7 eingestellt hatte. Anschließend wurde der Strom ausgeschaltet, die Lösungen aus den Kammern abgelassen und der Katolyt filtriert. Das Filtrat des Katolyten wurde auf seinen Urangehalt analysiert. Im Anolyten wurden ebenfalls der Urangehalt sowie der pH-Wert bestimmt. Bei allen Versuchen wurde in der Katodenkammer der Zelle der bereits bekannte schwarz-grüne Niederschlag erhalten, der sich schnell absetzte, gut filtrieren ließ und laut Röntgenstrukturanalyse aus stark hydratisiertem Uran(IV)-oxyd bestand. Die Ergebnisse der Versuche zur elektrochemischen Abscheidung von Uran im Katolyten sind in Tab. 17 wiedergegeben.

Aus den in Tab. 17 zusammengefaßten Daten ist zu entnehmen, daß die Abscheidung des Urans aus schwefelsauren Desorptionslösungen mit Urangehalten von 5 bis 10 g/*l* durch Verringerung der Acidität dieser Lösungen auf elektrochemischem Wege unter Verwendung einer Zweikammer-Elektrodialysezelle möglich ist, ganz gleich, ob in diese Zelle eine Anionen- oder eine Kationenaustauschermembran eingebaut ist. Weiterhin ist aus den Werten der Tab. 17 zu ersehen, daß der zur Abscheidung von 1 kg Uran im untersuchten Konzentrationsbereich der

Tabelle 16

Zusammensetzung der als Katolyt verwendeten Lösungen

Lfd. Nr.	Uran [g/*l*]	H_2SO_4, n	$(NH_4)_2SO_4$, n
1	4,97	0,11	0,9
2	4,93	0,3	0,7
3	4,98	0,51	0,5
4	10,0	0,1	0,9

Tabelle 17

Fällung von Uran aus schwefelsauren Desorptionslösungen

Nr.	Stromdichte [mA/cm²]	Spannung [V]	Dialysedauer [min]	Nr. der Ausgangslösung: Katolyt	Nr. der Ausgangslösung: Anolyt	Zusammensetzung der Lösungen nach der Elektrodialyse: Katolyt pH	Katolyt Uran [g/l]	Anolyt freie H_2SO_4, n	Anolyt Uran [g/l]	Energieverbrauch pro kg ausgefälltes Uran [kWh]
mit Anionenaustauschermembran										
1	10	4,9	48			7,2	0,001	0,11	0,007	3,92
2	20	8,5	23	*1*	*A*	7,0	0,005	0,11	0,010	6,52
3	32	10,8	15			7,5	0,002	0,11	0,025	10,4
4	10	5,8	110			7,2	0,005	0,282	0,78	10,62
5	20	7,6	55	*2*	*B*	7,4	0,004	0,284	1,04	13,90
6	24	8,2	46			7,0	0,001	0,312	1,00	15,10
7	40	10,8	26			7,5	0,002	0,280	1,02	18,75
8	10	5,0	208			7,5	0,003	0,485	1,40	19,2
9	20	7,0	102	*3*	*C*	7,5	0,053	0,51	1,80	27,6
10	40	10,5	50			7,5	0,004	0,52	1,72	36,5
11	7,5	3,7	86			7,5	0,007	0,11	0,680	2,58
12	30	5,7	19	*4*	*A*	7,5	0,010	0,12	0,525	3,32
13	38	6,6	14			7,5	0,070	0,118	0,400	3,52
mit Kationenaustauschermembran										
14	16	5,2	33			7,5	0,126	0,12	0,005	4,87
15	20	5,8	29	*1*	*A*	7,5	0,137	0,11	0,010	5,97
16	40	8,5	17,5			7,5	0,013	0,11	0,010	12,4

Ausgangslösungen aufzuwendende Energiebetrag mit Erhöhung der Stromdichte zunimmt. Bei sonst gleichbleibenden Bedingungen verringert sich der zur Fällung von 1 kg Uran erforderliche Energiebetrag mit Erhöhung des Urangehalts der Ausgangslösungen von 5 auf 10 g/*l*. So sind z. B. zur Abscheidung von 1 kg Uran aus einer Lösung mit einem Ausgangsurangehalt von 5 g/*l* bei einer Stromdichte von 32 mA/cm^2 10,4 kWh erforderlich, während zur Fällung der gleichen Uranmenge aus einer Ausgangslösung sonst gleicher Zusammensetzung, aber mit einem Urangehalt von 10 g/*l*, nur ein Energiebetrag von 3,4 kWh benötigt wird, also nur etwa ein Drittel des oben genannten Energiebetrages. Mit Erhöhung der Stromdichte nehmen die Differenzen zwischen den Energieverbräuchen bei der Elektrodialyse von Lösungen unterschiedlicher Urangehalte, bezogen auf 1 kg ausgefälltes Uran, zu.

Bei allen Versuchen war eine gewisse Überführung von Uran in den Anolyten zu beobachten. Aus einem Katolyten der Zusammensetzung 5 g/*l* U, 0,1 n H_2SO_4 und 0,9 n $(NH_4)_2SO_4$ gingen bei Verwendung einer Anionenaustauschermembran zur Elektrodialyse jedoch nicht mehr als 25 mg/*l* Uran in den Anolyten über.

Die Konzentration der in schwefelsaurer Lösung vorliegenden anionischen Urankomplexe nimmt mit Verringerung des pH-Wertes der Lösung zu. Bei hoher Acidität der Lösung gehen wesentliche Uranmengen in den Anolyten über. So erreicht z. B. bei Einsatz der Lösung Nr. 3 der Übergang von Uran durch die Anionenaustauschermembran in den Anolyten die immerhin beachtliche Menge von 34 bis 36% des Ausgangsurangehaltes des Katolyten (siehe dazu Tab. 17, lfd. Nr. 9 und 10).

7.2.1.2. Salpetersaure Uran-Lösungen

Die Entfernung von überschüssiger Salpetersäure aus uranhaltigen Lösungen mittels Elektrodialyse wurde an Lösungen mit etwa 80 g/*l* Uran und unterschiedlichen Mengen an überschüssiger Salpetersäure untersucht. Für die Versuche wurde eine Zweikammer-Elektrodialysezelle mit Anionenaustauschermembran verwendet. In die Katodenkammer wurden jeweils die sauren, uranhaltigen Lösungen eingebracht, während die Anodenkammer mit 0,05 n Salpetersäure gefüllt wurde. Es wurde so lange elektrolysiert, bis die in der Katodenkammer befindliche Lösung nur noch schwach sauer war, d. h. einen pH-Wert von 3 bis 3,5 aufwies. Aus diesen schwach sauren Katolyten konnte dann ohne weitere Aufarbeitung das Uran mit Carboxylharzen entfernt werden.

Um für das Aufkonzentrieren der Salpetersäure mit einem möglichst geringen Volumen auskommen zu können, wurde der Anolyt während der Elektrodialyse nicht erneuert. Bei einer derartigen Prozeßführung sind natürlich keine hohen Stromausbeuten zu erwarten, denn die Stromausbeute sinkt bekanntlich bei Erhöhung der Säurekonzentration im Anolyten infolge der rückläufigen Diffusion von Wasserstoffionen durch die Anionenaustauschermembran in den Katolyten rapide ab. Die bei diesen Untersuchungen erhaltenen Analysenergebnisse sind in Tab. 18 zusammengefaßt, aus welcher zu ersehen ist, daß aus konzentrierten Uranlösungen mit Urangehalten von 80,8 g/*l* und Gehalten an freier Säure von 25,6

Tabelle 18

Entfernung überschüssiger Säure aus salpetersauren Lösungen mit einem Urangehalt von 80,8 g/l (Badspannung 9—16 V)

Nr.	Säurestärke des Katolyten	mittlere Stromdichte	Elektrodialysedauer	nach der Elektrodialyse				Energieverbrauch pro kg in den Anolyten übergeführte Säure	Stromausbeute, bezogen auf Säure
				im Katolyten		im Anolyten			
				pH	Urangehalt	Säurestärke	Urangehalt		
	n	[mA/cm²]	[h]		[g/l]	[val/l]	[g/l]	[kWh]	[%]
1	0,4	7,5	5,5	3,1	80,6	0,39	0,058	10,0	40,5
2	0,4	18,8	3,5	3,5	80,2	0,4	0,120	10,5	38,3
3	0,6	9	7,5	3,45	80.7	0,53	0,10	9,8	51,5
4	0,6	10	5,4	3,3	80,7	0,70	0,05	8,6	45,2
5	0,6	12	4	3,4	80,7	0,57	0,06	9,7	42
6	0,7	9	6	3,05	80,5	0,75	0,03	9,15	48,4
7	0,7	10	5	3,2	80,5	0,70	0,20	9,0	48,6
8	0,7	12	4,75	3,2	80,6	0,76	0,23	10,3	50,6
9	1	9	6.3	3,25	80,6	1,02	0,29	10.6	52,5
10	1	18,8	5	3,05	80,7	1,03	0,20	8.6	35,4

bis 63,0 g/l HNO_3 praktisch die gesamte überschüssige Säure entfernt werden kann. In die in der Anodenkammer befindliche Salpetersäure geht nur eine verschwindend geringe Menge an Uran über. So betrug beispielsweise bei Versuch Nr. 9, bei dem ein maximaler Übergang von Uran in den Anolyten festgestellt wurde, der Urangehalt des Anolyten nicht mehr als 0,29 g/l. Die in der Anodenkammer der Zelle anfallende Salpetersäure besitzt praktisch die gleiche Konzentration an HNO_3 wie der Katolyt vor seiner Aufarbeitung. Die in der Anodenkammer anfallende Salpetersäure kann also wiederverwendet werden. Der zur Überführung von 1 kg Salpetersäure in den Anolyten aufzuwendende Energiebetrag beläuft sich im Mittel auf etwa 10 kWh.

Nach diesem Verfahren kann man also überschüssige Salpetersäure aus uranhaltigen Lösungen entfernen, ohne Lauge für eine Neutralisation zu verbrauchen.

Tabelle 19
Als Katolyt verwendete Lösungen

Lfd. Nr.	Uran [g/l]	HNO_3, n	NH_4NO_3, n
1	2,5	0,1	0,9
2	5,0	0,1	0,9
3	4,86	0,3	0,7
4	5,00	0,5	0,5
5	10,0	0,1	0,9
6	9,88	0,3	0,7
7	10,16	0,5	0,5

Darüber hinaus hat das Elektrodialyseverfahren unter Verwendung von Ionenaustauschermembranen den Vorteil, daß der Salzgehalt der Lösungen nicht erhöht wird, wie dies bei einer Neutralisation mittels Lauge der Fall wäre.

Beim Sorptionsverfahren zur Aufbereitung uranhaltiger Erze erfolgt die Regenerierung der Anionenaustauscherharze mittels verdünnter Salpeter- oder Salzsäure, wobei die Säurelösungen auch noch Salze enthalten. Arbeitet man mit einer Zweikammer-Elektrodialysezelle, so kann die Säure in die Anodenkammer überführt und nach erfolgter Elektrodialyse von neuem zur Regenerierung verwendet werden. Das Uran wird bei dieser Verfahrensvariante in der Katodenkammer der Elektrodialysezelle abgeschieden. Wie oben dargelegt wurde, kann man bei der Aufarbeitung schwefelsaurer Lösungen nach diesem Verfahren sowohl Anionen- als auch Kationenaustauschermembranen mit Erfolg verwenden.

Bei der Aufarbeitung salpetersaurer, uranhaltiger Lösungen in einer Zweikammerelektrodialysezelle kann der Übergang von Uran in den Anolyten nur durch Diffusion erfolgen, da im Gegensatz zu den schwefelsauren in den salpetersauren Uranlösungen bei den betrachteten, mäßigen Säurekonzentrationen praktisch überhaupt keine anionischen salpetersauren Urankomplexe existieren. Als Katolyten wurden bei den zur Erprobung des genannten Verfahrens durchgeführten Untersuchungen Lösungen der in Tab. 19 angegebenen Zusammensetzung verwendet.

Es wurde so lange elektrolysiert, bis sich im Katolyten ein pH-Wert von ungefähr 7 eingestellt hatte. Bei allen Versuchen wurde in der Katodenkammer ein sich schnell absetzender und gut filtrierbarer, gelber Niederschlag abgeschieden. Die röntgenographische Analyse ergab, daß das Uran in diesem Falle als Ammoniumdiuranat ausgefällt wird.

Der zur Überführung der Säure in den Anolyten und zur Ausfällung des Urans im Katolyten erforderliche Energieaufwand läßt sich durch geeignete Wahl der Stromdichte und der Konzentration bzw. Zusammensetzung des Katolyten beeinflussen.

Die Ergebnisse der soeben genannten Untersuchungen sind in den Tab. 20 und 21 zusammengefaßt.

Aus diesen Tab. ist ersichtlich, daß die Ausfällung des Urans bei gleichzeitiger Regenerierung der Säure aus salpetersauren Desorptionslösungen in einer Zweikammer-Elektrodialysezelle möglich ist, ganz gleich, ob dabei eine Anionen- oder eine Kationenaustauschermembran verwendet wird. Die Zusammensetzung der aufzuarbeitenden Lösungen kann unterschiedlich sein, jedoch arbeitet auch hier — wie im Falle der Aufarbeitung schwefelsaurer, uranhaltiger Desorptionslösungen — das Verfahren mit dem größten Wirkungsgrad, wenn der Urangehalt der Ausgangslösungen recht hoch ist. Der zur Ausfällung von 1 kg Uran erforderliche Energieaufwand erhöht sich bei allen untersuchten Lösungen mit zunehmender Stromdichte, verringert sich jedoch gleichzeitig mit zunehmender Elektrodialysedauer, d. h. mit Erhöhung der zur quantitativen Abscheidung des Urans erforderlichen Zeit. Wie aus den Tab. 20 und 21 zu ersehen ist, verringert sich der zur Ausfällung von 1 kg Uran notwendige Energieaufwand auch mit Zunahme des Urangehalts in der Desorptionslösung von 2,5 auf 10 g/l. Das Uran fällt praktisch aus den salpetersauren Lösungen 100%ig aus. Der Endurangehalt liegt sowohl im Anolyten als auch im Katolyten niemals über 0,005 g/l.

Die Elektrodialyse von technischen Desorptionslösungen unter Verwendung einer Anionenaustauschermembran ergab, daß bei der Entfernung überschüssiger Säure aus diesen salpetersauren, uranhaltigen, technischen Lösungen die Überführung des Urans und der hauptsächlichsten in diesen Lösungen vorhandenen Verunreinigungen in den Anolyten nur verschwindend gering ist. Die Menge des in diesem Falle in den Anolyten übergehenden Urans steigert sich allerdings — wenn auch nur in geringem Maße — bei Erhöhung der Stromdichte von 10 auf 60 mA/cm^2 auf maximal 3%, bezogen auf die Ausgangsuranmenge (bei einer Acidität des Katolyten entsprechend 0,825 n). Die in den technischen Desorptionslösungen enthaltenen Eisen- und Aluminiumverunreinigungen gehen bei allen untersuchten Stromdichten überhaupt nicht in den Anolyten über. Die ebenfalls in den technischen Lösungen auftretenden Anionen SO_4^{--} und PO_4^{---} gehen dagegen naturgemäß in den Anolyten über. Bei Erhöhung der Stromdichte steigt zwar die Menge an in den Anolyten überführter Säure an, gleichzeitig nimmt aber die Stromausbeute ab.

Tabelle 20

Die Fällung von Uran aus salpetersauren Desorptionslösungen unter Verwendung einer Anionenaustauschermembran

Nr.	Stromdichte [mA/cm²]	Spannung [V]	Elektrodialysedauer [min]	Nr. der Ausgangslösung: Katolyt	Nr. der Ausgangslösung: Anolyt	nach der Elektrodialyse im Katolyten: pH	nach der Elektrodialyse im Katolyten: Uran [g/l]	nach der Elektrodialyse im Anolyten: freie HNO_3 n	nach der Elektrodialyse im Anolyten: Uran [g/l]	Energieverbrauch pro kg ausgefälltes Uran [kWh]
1	19	4,6	33	*1*	*A*	7,0	0,002	0,125	0,005	5,06
2	38	6,4	18			7,0	0,002	0,100	0,002	7,65
3	76	9,2	9			7,2	0	0,114	0,005	11,05
4	95	12,0	7			7,5	0,005	0,110	0,002	16,8
5	20	6,0	19	*2*	*A*	7,5	0,002	0,12	0	3,80
6	40	8,2	14			7,4	0,002	0,13	0,002	7,66
7	14	5,4	72	*3*	*B*	7,5	0,002	0,35	0,002	9,06
8	20	6,1	53			6,6	0,005	0,35	0	10,78
9	40	8,0	26			7,5	0,002	0,34	0,002	13,88
10	14	5,7	127	*4*	*C*	7,0	0	0,50	0	16,86
11	20	6,8	91			7,5	0,002	0,51	0,002	20,60
12	40	7,8	44			7,5	0	0,51	0,002	22,90
13	20	6,2	24	*5*	*A*	6,9	0,002	0,12	0	2,48
14	40	8,6	13			7,4	0,002	0,13	0,002	3,72
15	60	11,0	8			7,5	0,002	0,12	0	4,40
16	14	5,4	88	*6*	*B*	6,8	0,002	0,31	0,002	5,55
17	20	6,0	63			6,9	0	0,27	0	6,30
18	40	7,9	32			7,5	0,002	0,32	0,002	8,43
19	14	6,0	145	*7*	*C*	6,8	0,002	0,50	0	10,15
20	40	8,0	48			7,8	0	—	0,002	12,8

Tabelle 21

Die Fällung von Uran aus salpetersauren Desorptionslösungen unter Verwendung einer Kationenaustauschermembran

Nr.	Stromdichte	Spannung	Elektrodialysedauer	Nr. der Ausgangslösung		nach der Elektrodialyse				Energieverbrauch pro kg ausgefälltes Uran
				Katolyt	Anolyt	im Katolyten		im Anolyten		
						pH	Uran	freie HNO_3	Uran	
	[mA/cm²]	[V]	[min]				[g/l]	n	[g/l]	[kWh]
1	14	4,6	35			8,2	0	0,12	0,002	7,51
2	20	5,35	21	*1*	*A*	8,0	0,002	0,11	0,002	7,42
3	40	7,35	10			7,2	0,005	0,12	0,005	9,80
4	14	5,0	28			6,6	0,002	0,125	0	3,26
5	20	5,9	20	*2*	*A*	7,2	0,001	0,11	0,002	3,92
6	40	8,2	10			6,6	0	0,12	0,002	5,46
7	10	4,5	128			6,8	0,002	0,311	0,002	9,59
8	14	5,15	96	*3*	*B*	7,5	0,004	0,306	0,002	11,52
9	20	5,4	76			7,5	0,002	0,312	0	13,70
10	20	5,7	27	*5*	*A*	8,0	0,002	0,14	0,002	2,90
11	40	8,3	12			7,5	0	0,13	0,002	4,35

Die Abb. 34 zeigt die Abhängigkeit des Energieverbrauchs in Wh/g für die in den Anolyten überführte Säure (berechnet auf Salpetersäure) sowie für die Menge des in den Anolyten überführten Urans von der Stromdichte. Aus der Abb. ist zu ersehen, daß in beiden Fällen der Energieverbrauch mit Erhöhung der Stromdichte linear zunimmt. Der Durchgang des Urans durch die Anionenaustauschermembran wird durch die als Verunreinigung in den technischen Desorptionslösungen vorhandenen Sulfationen (Bildung anionischer Sulfatokomplexe desU rans) hervorgerufen.

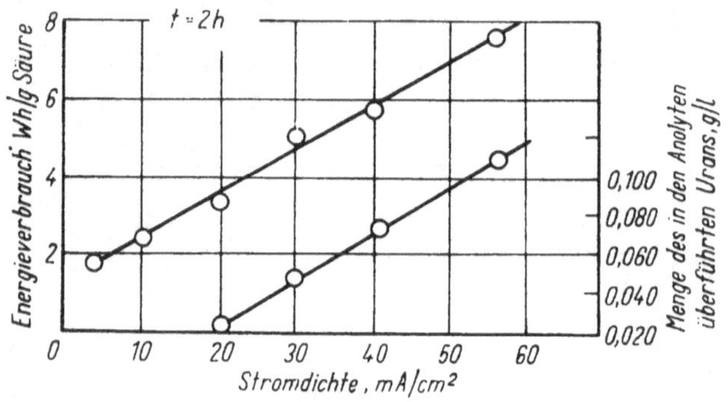

Abb. 34. Abhängigkeit des für die Rückführung der Säure notwendigen Energieverbrauchs sowie der Uranüberführung in den Anolyten von der Stromdichte

7.2.2. Die Entfernung überschüssiger Säure unter Verwendung von Mehrkammer-Elektrodialysatoren

Die Verwendung von Mehrkammer-Elektrodialysatoren bringt eine wesentliche Senkung des Energieverbrauchs bei gleichzeitiger Erhöhung der Menge an in den Prozeß rückführbarer Säure. Die Mehrkammer-Elektrodialysezellen besitzen wesentliche konstruktive und verfahrenstechnische Vorteile gegenüber den Zwei- und Dreikammerzellen. Da in einer Mehrkammer-Elektrodialysezelle zwei Elektroden das Arbeiten einer ganzen Reihe von Kammern ermöglichen, führt ihr Einsatz zu einer Senkung des Verbrauchs an Elektrodenmaterialien pro Leistungseinheit der Anlage und zu einer wesentlichen Vereinfachung und Verbilligung der Stromzuführungseinrichtungen. Der Energiebedarf W eines Elektrodialyseverfahrens hängt gemäß folgender Formel von den Konzentrationen der Ausgangslösungen c_0 und der nach Beendigung des Prozesses erhaltenen Lösungen c ab:

$$W = \frac{E\,(c_0 - c)}{37{,}4\, n\eta}, \text{ kWh}/l \text{ durchgesetzter Lösung,} \qquad (11)$$

wobei:

E = die an der Zelle anliegende Spannung in V,

η = die Stromausbeute,

n = die Zahl der Elektrodialyse-Einheiten.

Die Gleichung (11) sagt aus, daß bei beliebigen Werten für die Differenz $c_0 - c$ der Energieverbrauch W der Spannung E direkt und der Zahl der die Zelle aufbauenden Kammern sowie der Stromausbeute umgekehrt proportional ist. Diese Gleichung ist für eine orientierende Berechnung der Leistung eines Mehrkammer-Elektrodialysators völlig ausreichend.

Ein Mehrkammer-Elektrodialysator kann nur dann mit Erfolg zur Entfernung von überschüssiger Säure aus Säure neben Salz enthaltenden Lösungen eingesetzt werden, wenn:

1. die verwendeten Kationenaustauschermembranen für Wasserstoffionen durchlässig, für alle anderen in der aufzuarbeitenden Lösung vorliegenden Kationen jedoch praktisch undurchlässig sind, und
2. die Anionenaustauschermembranen der Zelle nur die Anionen der in den Anolyten überzuführenden Säure, nicht aber in der aufzuarbeitenden Lösung evtl. vorhandene komplexe Anionen hindurchlassen.

Die erste Bedingung kann erfüllt werden, indem man Kationenaustauschermembranen auf Carboxylharzbasis verwendet.

Die Autoren des vorliegenden Buches untersuchten die Gesetzmäßigkeiten der Permeation einiger Ionen durch Kationenaustauscher auf Carboxylharzbasis, wobei Lösungen mit unterschiedlichem molarem Verhältnis Säure:Salz eingesetzt wurden.

Dabei konnten wir beispielsweise feststellen, daß das Verhältnis der Überführungszahlen für Wasserstoff- und Lithiumionen

$$\frac{c^{\mathrm{H}^+}}{c^{\mathrm{Li}^+}} : \frac{c_0^{\mathrm{H}^+}}{c_0^{\mathrm{Li}^+}}$$

(c_0 = Ausgangs-, c = Endkonzentration)

für Membranen auf Carboxylharzbasis bei Werten für $c_0^{\mathrm{H}^+}/c_0^{\mathrm{Li}^+}$ von 1 bis 5 praktisch keine Änderung erfährt und lediglich für Membranen unterschiedlicher Dicke unterschiedliche Werte annimmt. Bei einer Membrandicke von 0,05 mm hatte der Quotient beispielsweise den Wert 16,8 bei einer Membrandicke von 0,5 mm den Wert 50. Bei der Elektrolyse saurer, uran-, eisen- und aluminiumhaltiger Lösungen wurde ein Verteilungskoeffizient von annähernd 1000 gefunden. Die Entfernung der überschüssigen Säure erfolgte aus salpeter- und salzsauren Lösungen. Bei nicht allzu hohen Säurekonzentrationen ist in solchen Lösungen die Bildung negativ geladener, komplexer Anionen der oben genannten Metalle praktisch ausgeschlossen. Die Untersuchungen wurden in einem Zwanzigkammer-Elektrodialysator mit Parallelführung der Lösungen in den einzelnen Kammern durchgeführt (s. Abb. 35). Das Verteilungssystem für die Zu- und Abführung der sauren Ausgangslösung und der schwach sauren, in der Zelle zu konzentrierenden Lösung war in zwei voneinander getrennte Zweige unterteilt. Die beiden Elektrodenkammern wurden gesondert durchspült.

Die alternierend angeordneten Membranen Amberplex A-1 (Anionenaustauschermembran) einerseits und die von uns selbst aus Polyvinylalkohol und Polymethacrylsäure hergestellten Kationenaustauschermembranen auf Carboxylharzbasis andererseits unterteilten den Raum zwischen den beiden Elektroden der Zelle in je zehn abwechselnd nebeneinander gelegene Konzentrations- und Verdünnungskammern. Die Membranen wurden mittels Gummilösung am Rahmen der Zelle befestigt. Die Funktionstüchtigkeit der Elektrodialysezelle wurde zunächst unter Verwendung künstlich bereiteter Lösungen mit 5 bis 6 g/l Uran und 1 val/l Salz- oder Salpetersäure geprüft. Der spezifische Verbrauch an Elektroenergie ergibt sich bei der Entfernung überschüssiger Säure aus einer Lösung bei gegebenen Abstand zwischen den einzelnen Membranen und gegebener freier Membranoberfläche — wie auch bei der Entsalzung — aus der Konzentrationsdifferenz zwischen den Lösungen benachbarter Kammern. Je höher die Ausgangsacidität, um so höher ist der zur Erreichung eines bestimmten pH-Wertes aufzuwendende Energiebetrag. Aus diesem Grunde ist es bei hohen Säurekonzentrationen zweckmäßig, zur Entfernung überschüssiger Säure mehrere Dialysestufen hintereinander zu schalten und in einer Anlage zu vereinigen. Die Zahl der einzelnen Verfahrensstufen muß dabei um so größer sein, je höher die Ausgangssäurestärke ist und je geringer die Endacidität sein soll. Die Herabsetzung des Säureüberschusses von 1 auf 0,1 val Säure pro Liter ist unseren Untersuchungen zufolge in einer dreistufigen Anlage möglich. Die Durchflußgeschwindigkeit der Lösung durch die Anlage wählten wir so, daß in jeder Stufe eine Veringerung der Säurekonzentration der Ausgangslösung um 0,3 val/l erreicht wurde. Das Schema dieser von uns verwendeten Dreistufenanlage ist in Abb. 36 wiedergegeben.

Abb. 35. Gesamtansicht einer Zwanzigkammer-Elektrodialysezelle für die Abtrennung überschüssiger Säure

Nach unseren Versuchsergebnissen liegt bei Verwendung einer 1,0 n Salzsäure als Ausgangslösung die Überführungszahl der Chlorionen durch eine Membran der Marke Amberplex A-1 bei 0,39, während die Chlorionen-Überführungszahl einer Membran auf Carboxylharzbasis nur etwa 0,02 beträgt.

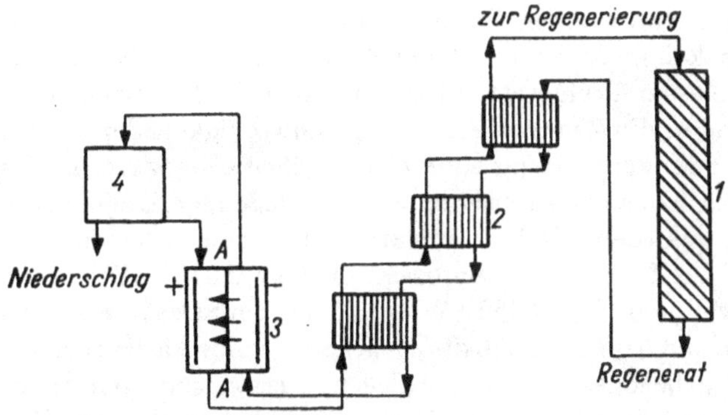

Abb. 36. Schema einer dreistufigen Anlage zur Abtrennung überschüssiger Säure
1 – Sorptionskolonne 2 – Mehrkammer-Elektrodialysatoren 3 – Zweikammer-Eelktrodialysator 4 – Filter

Bei Verwendung von 1,0 n Salzsäure als Ausgangslösung ergibt sich also eine Stromausbeute von:

$$\eta_1 = n_{\mathrm{I}}^{\mathrm{Cl}^-} - n_{\mathrm{II}}^{\mathrm{Cl}^-} = 0{,}39 - 0{,}02 = 0{,}37.$$

Analog ergibt sich für die zweite Kaskade, in die nur noch eine 0,7 n Säure eintritt, eine Stromausbeute von

$$\eta_2 = 0{,}42 - 0{,}02 = 0{,}40,$$

und für die dritte Kaskade, in die die Säure nur noch als 0,4 n Lösung eintritt, gilt:

$$\eta_3 = 0{,}46 - 0{,}02 = 0{,}44.$$

Die mittlere Stromausbeute für alle drei Stufen der Anlage errechnet sich dann zu:

$$\eta_{\varnothing} = \frac{0{,}44 + 0{,}40 + 0{,}37}{3} \cong 0{,}4.$$

Die Durchflußgeschwindigkeit v durch die Zelle läßt sich nach folgender Formel berechnen:

$$v = \frac{\eta I n \cdot 0{,}0374}{\Delta c} \, [l/\mathrm{h}], \tag{12}$$

wobei

I = die Stromstärke,
n = die Zahl der einzelnen Elektrolysezellen (im vorliegenden Falle 10) und
Δc = die Konzentrationsdifferenz zwischen ein- und austretender Lösung in val/l ist.

Wendet man die Formel (12) auf unser Beispiel an, so erhält man eine Durchflußgeschwindigkeit von

$$v = \frac{0{,}37 \cdot 0{,}5 \cdot 10 \cdot 0{,}0374}{0{,}3} = 0{,}230 \, l/\mathrm{h}.$$

Bei der Berechnung wurde eine minimale Stromausbeute von 0,37 angenommen.

Der Übergang von Wasser durch die Membran aus der Ausgangslösung in die Konzentrationskammern ist bei dieser Ausführung der Elektrodialyse recht beachtlich. Aus diesem Grunde ist bei gleichbleibender Eintrittsgeschwindigkeit der Ausgangslösung in die Zelle die Austrittsgeschwindigkeit der die Konzentrationskammern verlassenden Lösung stets etwas höher als erstere und die Konzentration der aus den Konzentrationskammern ausfließenden Lösung dementsprechend etwas geringer als theoretisch zu erwarten. Der nach Gleichung (11) berechnete Energiebedarf des Elektrodialyseprozesses betrug 0,0435 kWh. Tatsächlich wurde ein Energieverbrauch von 0,0486 kWh pro Liter 1 n Salzsäure ermittelt. Der Übergang von Eisen und Aluminium in die zurückzugewinnende Säure lag in keinem Falle höher als 0,2%, bezogen auf die jeweiligen Ausgangsmengen an Fe und Al. Die Konzentration an Uran in der erhaltenen Säure schwankte bei Urangehalten der Ausgangslösung von 5 bis 6 g/*l* zwischen 5 und 10 mg/*l*.

Bei der Aufarbeitung schwefelsaurer, uranhaltiger Lösungen betrug der Urandurchgang durch die Anionenaustauschermembran 10 bis 15%, bezogen auf den Urangehalt der Ausgangslösungen. Ähnlich wie das Uran verhält sich in schwefelsaurer Lösung auch Eisen.

Aus dem oben Dargelegten folgt, daß eine Verwendung von Mehrkammer-Elektrodialysezellen zur Entfernung überschüssiger Säure aus salz- oder salpetersauren, uranhaltigen Lösungen nach dem gegenwärtigen Stand der Technik bereits ökonomische Vorteile erwarten läßt, ganz zu schweigen von einer der Zukunft vorbehaltenen weiteren Vervollkommnung des Verfahrens, beispielsweise in bezug auf die weitere Senkung der mit dem Energiebedarf des Prozesses verbundenen Kosten.

7.3. Die Verwendung von Ionenaustauschermembranen bei der Elektrodialyse sodaalkalischer Uran-Lösungen

Bekanntlich ist die sodaalkalische Laugung von Uranerzen wesentlich selektiver als die saure Laugung. Um die bei der sodaalkalischen Laugung anfallenden karbonathaltigen Uransalzlösungen weiterverarbeiten zu können, müssen die in diesen Lösungen vorliegenden komplexen $[UO_2(CO_3)_3]^{4-}$-Ionen zerstört werden, wodurch nach den herkömmlichen Verfahren unwiederbringliche Verluste an Soda und Säure verursacht werden. Zur Zerstörung des Karbonatkomplexes bei gleichzeitiger Überführung von Natriumionen in die Katodenkammer kann man sich eines Elektrodialyseverfahrens unter Verwendung von Ionenaustauschermembranen bedienen.

Das Verfahrensschema einer Zweikammer-Elektrodialyse zur Aufarbeitung sodaalkalischer, uranhaltiger Lösungen unter Verwendung einer Kationenaustauschermembran ist in Abb. 37a wiedergegeben. Die bei der Elektrodialyse einer Lauge erhaltenen Ergebnisse (Zusammensetzung: 0,3 g/*l* Uran, 24,4 g/*l* Na_2CO_3 und 15,3 g/*l* $NaHCO_3$) in einer derartigen, mit einer Kationenaustauschermembran ausgestatteten Zweikammer-Elektrodialysezelle sind in Tab. 22

zusammengefaßt. Die sodaalkalische Ausgangslösung wurde in die Anodenkammer der Zelle eingebracht, während die Katodenkammer mit 0,1 n Natronlauge beschickt wurde.

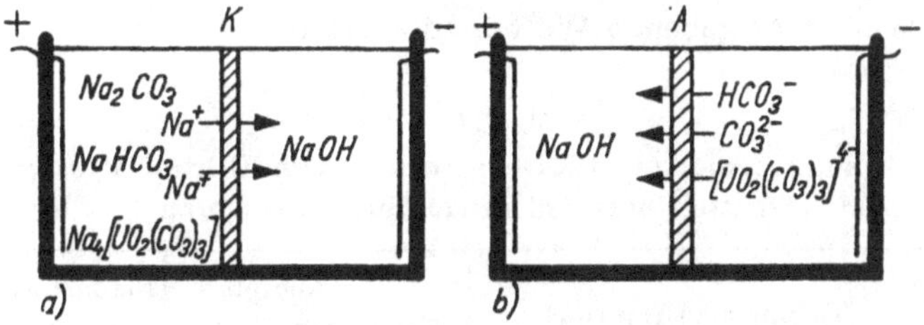

Abb. 37. Vorgänge in Zweikammer-Elektrodialysezellen bei der Aufarbeitung sodaalkalischer Lösungen (schematisch)

a – Überführung von Na-Ionen durch eine Kationenaustauschermembran *b* – Abtrennung von Karbonationen

Aus den in Tab. 22 wiedergegebenen Daten folgt, daß die verwendete Kationenaustauschermembran für Natriumionen durchlässig, für das Uran jedoch praktisch völlig undurchlässig ist. Im Katodenteil der Zelle erhält man also Natronlauge

Tabelle 22

Aufarbeitung sodaalkalischer, uranhaltiger Lösungen in einer Zweikammer-Elektrodialysezelle mit Kationenaustauschermembran

Strom-dichte	Spannung	Elektro-dialyse-dauer	Zusammensetzung der Lösungen nach der Elektrodialyse					Strom-ausbeute, bezogen auf Na^+-Ionen im Katolyten
			Katolyt			Anolyt		
			Uran	Na^+-Ionen	Na^+ Ionen-über-gang	Uran	Na^+-Ionen	
[mA/cm²]	[V]	[h]	[g/l]	[g/l]	[g/l]	[g/l]	[g/l]	[%]
19	3,6	1	0,003	6,78	4,22	0,311	6,5	78,0
19	3,6	1	0,002	7,60	5,04	0,312	5,6	77,2
19	3,6	1	0	6,90	4,34	0,308	7,8	76,8
35	5,4	1	0,002	10,2	7,64	0,309	4,0	73,5
35	5,3	1	0,001	10,3	7,74	0,310	3,8	73,2
19	3,6	2	0	11,3	8,74	0,310	3,25	73,3

in reiner Form; der Übergang von Uran in den Katolyten liegt nicht höher als 3 mg/*l*.

Verwendet man eine Zweikammer-Elektrolysezelle mit Anionenaustauschermembran (s. Abb. 37b) und vertauscht dabei Anolyt und Katolyt, so erhält man in der Anodenkammer reine Sodalösung, während in der Katodenkammer

Diuranat ausgefällt wird. In diesem Falle ist ein stärkerer Übergang von Uran in den Anolyten möglich. Die Kinetik der Entfernung von Karbonationen aus der Katodenkammer bei der elektrochemischen Aufarbeitung sodaalkalischer, uranhaltiger Lösung unter Verwendung einer Anionenaustauschermembran ist aus den in Tab. 23 wiedergegebenen Werten zu ersehen.

Tabelle 23
Die Entfernung von Karbonationen durch Elektrodialyse mittels einer Anionenaustauschermembran

Dauer des Versuches [min]	Gehalt an Uran [g/l] im Anolyten	Gehalt an Uran [g/l] im Katolyten	In den Anolyten überführte CO_3^{--}-Ionen [mval/l]	Stromausbeute in bezug auf die in den Katolyten überführten CO_3^{--}-Ionen [%]
5	0,002	1,88	2,42	85
9	0,006	0,48	3,4	69
13	0,025	0,47	4,7	60
21	0,24	0,35	6,14	49
25	0,25	—	6,85	44
30	0,27	0,22	6,1	35

Bei dieser Verfahrensvariante führt man der Katodenkammer der Zweikammerzelle eine Lösung mit 5,9 g/l Uran und 0,45 val/l Natriumkarbonat zu, während in die Anodenkammer eine 1 n NaOH-Lösung eingespeist wird. Für die genannten Untersuchungen wurde eine Anionenaustauschermembran der Marke Amberplex A-1 verwendet. Die Stromdichte betrug 20 mA/cm^2.

Die Bildung des Natriumdiuranat-Niederschlages in der Katodenkammer setzt sofort nach Beginn des Versuches ein und schreitet mit zunehmender Entfernung der Karbonationen aus der Katodenkammer stetig fort. Aus den in Tab. 23 zusammengefaßten Daten ist ersichtlich, daß sich die auf die Überführung der Karbonationen bezogene Stromausbeute mit Erhöhung der Menge an ausgefälltem Uran verringert. Der Übergang von Uran in den Anolyten ist beträchtlich; bereits nach 30 Minuten Versuchsdauer sind die Urangehalte von Katolyt und Anolyt einander gleich.

Die Karbonatkonzentration der Ausgangslösung nimmt Einfluß auf die Selektivität. Die Abhängigkeit der Stromausbeute von der Ausgangs-Karbonatkonzentration des Katolyten bei Verwendung einer Anionenaustauschermembran der Marke Amberplex A-1 ist aus den in Tab. 24 wiedergegebenen Werten zu ersehen.

Wie aus den in Tab. 24 wiedergegebenen Werten zu ersehen, nimmt die auf überführte Karbonationen berechnete Stromausbeute mit Erhöhung des Ausgangs-Karbonatgehalts des Katolyten zu, während sich gleichzeitig der Verbrauch an Elektroenergie pro kg ausgefälltes Uran verringert.

Tabelle 24
Die Abhängigkeit der Stromausbeute, bezogen auf die Überführung der Karbonationen aus der Katoden- in die Anodenkammer, vom Ausgangs-Karbonatgehalt des Katolyten
(Stromdichte: 20 mA/cm², Spannung: 4 V, Versuchsdauer: 30 min)

Ausgangslösung		Urangehalt nach der Elektrodialyse [g/l]		Stromausbeute, bezogen auf Karbonationen	Elektroenergieverbrauch kWh	
Karbonat-ionen [val/l]	Uran [g/l]	Katolyt	Anolyt	[%]	pro kg gefälltes Uran	pro kg Soda
0,31	5,5	0,105	0,0675	30	16,0	5,1
0,45	5,9	0,22	0,27	33	—	—
0,64	5,9	0,34	—	36	13,7	2,5
0,87	5,9	0,34	—	42	14,2	1,6
1,23	5,5	0,32	—	47	14,0	1,1

7.4. Die elektrochemische Reduktion von Uran(VI) zum Uran(IV) in salzsaurer Lösung

Alle herkömmlichen technologischen Verfahren zur Aufarbeitung von uranhaltigen Erzen sind dadurch charakterisiert, daß das Uran fast während des gesamten Aufbereitungsprozesses in der sechswertigen Oxydationsstufe vorliegt. Die Reduktion des Uran(VI) zum Uran(IV) erfolgt erst unmittelbar vor der Abscheidung des Urantetrafluorids. Die Reduktion erfordert, da sie die letzte Reaktionsstufe darstellt, die Anwendung ausschließlich solcher Methoden, bei denen das Endprodukt keinerlei Verunreinigung mehr erfährt. Alle mit der Verwendung von Metallen oder Salzen verbundenen Reduktionsverfahren besitzen aber den grundlegenden Nachteil, daß die zu reduzierende Lösung mit Fremdsubstanzen verunreinigt wird. Wegen der an Uransalze gestellten hohen Reinheitsanforderungen ist die elektrochemische Reduktion des Uran(VI) zum Uran(IV) von außerordentlich großem Interesse. Bei diesen Verfahren werden in die zu reduzierende Lösung nicht nur keine Verunreinigungen eingebracht, sondern es erfolgt darüberhinaus noch eine zusätzliche Reinigung des Urans dahingehend, daß auf der Katode noch einige in der Ausgangslösung vor dem Reduktionsprozeß vorhandene Verunreinigungen abgeschieden werden.

Dank der weitgehenden Einführung adsorptiver und extraktiver Reinigungsverfahren in die industrielle Uranaufbereitung ergibt sich die Möglichkeit einer umfassenden Anwendung des elektrochemischen Uran-Reduktionsverfahrens unmittelbar vor der Ausfällung des Urantetrafluorids. In diesem Falle können die Desorptions- und Extraktionslösungen ohne weitere Aufbereitung für die Reduktion des Uran(VI) zum Uran(IV) und die anschließende Fällung des Urantetrafluorids eingesetzt werden. Besonderes Interesse besteht an der Entwicklung eines Verfahrens zur elektrochemischen Reduktion von Uran(VI) zum Uran(IV) in konzentrierten salzsauren Lösungen.

Die hohe Löslichkeit der Chloride des sechs- und vierwertigen Urans ermöglicht die elektrochemische Reduktion des Urans in Lösungen mit Konzentrationen von 100 bis 300 g/*l*. Die salzsauren, uranhaltigen Lösungen besitzen allerdings auch Nachteile: die hohe Aggressivität vor allem gegenüber der Anode sowie die Entwicklung von gasförmigem Chlor bei der Elektrolyse.

Für die elektrochemische Reduktion konzentrierter, salzsaurer Uransalzlösungen wurde ein Elektrodialyseverfahren unter Verwendung einer Kationenaustauschermembran entwickelt, das in Abb. 38 schematisch dargestellt ist. Die Kationenaustauschermembran teilt die Elektrodialysezelle in eine Katoden- und eine Anodenkammer. Die Katodenkammer wird mit der zu reduzierenden, salzsauren, uranhaltigen Lösung beschickt. Die Kationenaustauschermembran sorgt für eine Trennung zwischen dem in der Anodenkammer vorliegenden oxydierenden und dem in der Katodenkammer herrschenden reduzierenden Medium. Außerdem verhindert sie den Übergang von Chloridionen aus dem Katolyten in den Anolyten. Die Anodenkammer der Zelle ist mit verdünnter Schwefelsäure zu füllen, bevor mit der Elektrodialyse begonnen wird. Das beschriebene Verfahren ermöglicht die katodische Reduktion des in salzsaurer Lösung vorliegenden Uran(VI) zum Uran(IV) ohne Chlorentwicklung an der Anode und damit ohne korrosive Zerstörung derselben.

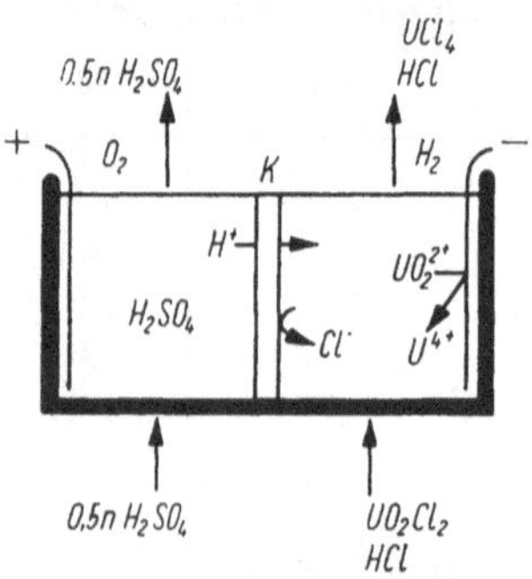

Abb. 38. Schema der elektrochemischen Reduktion salzsaurer Uranlösungen

Bei dieser katodischen Reduktion laufen an der Katode selbst sowie in der in der Katodenkammer befindlichen Lösung wahrscheinlich folgende Reaktionen ab:

$$UO_2^{++} + 4H^+ + 2\bar{e} \rightarrow U^{4+} + 2H_2O,$$

$$UO_2^{++} + \bar{e} \rightarrow UO_2^+,$$

$$2UO_2^+ + 4H^+ \rightarrow U^{4+} + UO_2^{++} + 2H_2O,$$

$$UO_2^+ + \bar{e} \rightarrow UO_2,$$

$$UO_2 + 4H^+ \rightarrow U^{4+} + 2H_2O,$$

$$U^{4+} + \bar{e} \rightarrow U^{3+},$$

$$UO_2^{++} + 2U^{3+} + 4H^+ \rightarrow 3U^{4+} + 2H_2O.$$

An der Anode wird dagegen gemäß der Gleichung

$$H_2O \rightarrow 2H^+ + 1/2O_2 + 2\bar{e}$$

Wasser zersetzt.

Die Kationenaustauschermembran gestattet den Übergang der beweglichen Wasserstoffionen aus dem Anolyten in den Katolyten. Als Anolyt wurde verdünnte 0,5 n H_2SO_4 verwendet. Die Untersuchungen wurden in nach dem Baukastenprinzip konstruierten Elektrodialysatoren aus organischem Glas durchgeführt, deren Kammervolumina 100, 200 und 400 m*l* betrugen. Als Elektrodenmaterialien dienten Acheson-Graphit, Blei, Quecksilber und platiniertes Titan. Die verwendeten Membranen waren aus dem Harz KU-2 und verschiedenen hochmolekularen inerten Bindematerialien hergestellt worden; darüber hinaus wurden aber auch amerikanische Membranen der Marke Amberplex C-1 und englische Membranen der Marke Permaplex C-10 getestet. Es wurden technische salzsaure Ionenaustauscherharz-Desorptionslösungen eingesetzt. Der Urangehalt dieser Desorptionslösungen schwankte zwischen 90 und 300 g/*l*. Außer Uran enthielten die Desorptionslösungen noch geringe Mengen an Eisen, Aluminium und Sulfationen sowie unterschiedliche Mengen an überschüssiger Salzsäure.

Bei den Untersuchungen konnte nachgewiesen werden, daß bei der elektrochemischen Reduktion des Urans nach dem soeben beschriebenen Verfahren eine Erhöhung der Konzentration des Katolyten an Sulfationen nur in verschwindend geringem Maße festzustellen ist, so daß keine Verschlechterung der Qualität des Urantetrafluorids zu befürchten ist. Ein Übergang von Uran in den schwefelsauren Anolyten durch Diffusion findet ebenfalls nur in ganz unbedeutendem Maße statt. Bei Verwendung eines Ausgangskatolyten mit 90 bis 300 g/*l* Uran beträgt der Übergang in den Anolyten maximal 0,01%. Während des Reduktionsprozesses wird an der Anode praktisch kein Chlor entwickelt.

Salzsaure Lösungen des vierwertigen Urans unterliegen bei geringen Säurekonzentrationen sehr leicht der Hydrolyse unter Bildung verschiedener, sowohl löslicher als auch unlöslicher Produkte, die großen Einfluß auf die Elektrodenreaktionen ausüben.

Nach unseren Ergebnissen ist eine Reduktion des Uran(VI) zum Uran(IV) in salzsauren Lösungen der Normalität 0,1 bis 0,2 praktisch nicht möglich. Liegt das Uran in 0,3 n Salzsäure vor, erfolgt Reduktion unter gleichzeitiger Abscheidung eines grünen Niederschlages in der Katodenkammer der Zelle. Bei HCl-Normalitäten von 1,5 und darüber sowie bei Urangehalten des Katolyten zwischen 90 und 140 g/*l* bildet sich während des Reduktionsvorganges in der Katodenkammer der Elektrodialysezelle keinerlei Niederschlag. Auf Grund dessen wurde dann später die Acidität der Ausgangslösung so gewählt, daß im Katolyten die überschüssige Säure 8 bis 10 g/*l* betrug. Unter diesen Bedingungen findet eine 98 bis 100%ige Reduktion des Uran(VI) zum Uran(IV) statt, die Dauer des Reduktionsvorganges hängt von der Stromdichte ab.

Zur Untersuchung der Abhängigkeit der Kinetik der katodischen Uranreduktion von der Stromdichte wurde eine durch Desorption des mit Uran beladenen Ionenaustauscherharzes AN-2F mittels HCl erhaltene Desorptionslösung verwendet, welche 90 g/*l* Uran, 0,050 g/*l* Eisen und 10,5 g/*l* Sulfationen enthielt und an HCl 1,86 n war. Während des Reduktionsprozesses wurden in bestimmten Zeitabständen Proben aus der Katodenkammer der Zelle entnommen, die auf ihren Gehalt an Uran(VI) sowie auf ihren Gesamturangehalt hin analysiert wurden.

Die bei den kinetischen Untersuchungen der elektrochemischen Reduktion des Urans unter Verwendung einer Graphitkatode erhaltenen Ergebnisse sind in Abb. 39 graphisch dargestellt. Aus Abb. 39 ist zu entnehmen, daß die Reduktion des U(VI) zum U(IV) bei Verwendung einer Graphitkatode 100%ig vonstatten geht. Bei einer Stromdichte von 20 mA/cm² ist der Reduktionsvorgang nach einer Elektrodialysedauer von 70 Minuten abgeschlossen. Bei einer Stromdichte von 40 mA/cm² kann die Reduktionszeit auf 40 Minuten verkürzt werden.

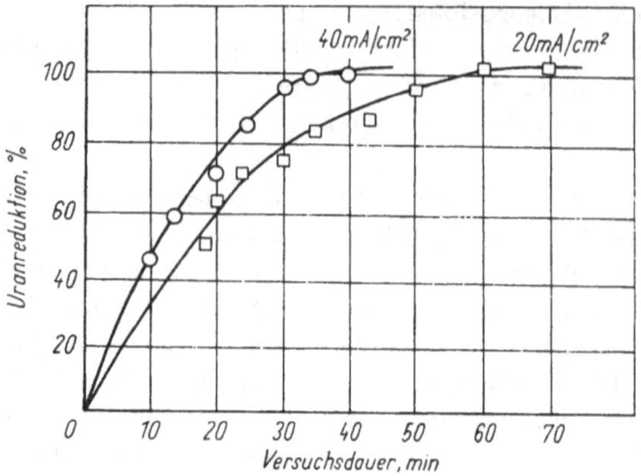

Abb. 39. Kinetik der Reduktion von U(VI) zu U(IV) aus salzsaurer Lösung (1,85 n mit 90 g/*l* Uran)

Die Stromausbeute, bezogen auf Uran, liegt im ersten Falle (Stromdichte 20 mA/cm²) bei 99% und im zweiten (Stromdichte 40 mA/cm²) bei 98%, während sich für den ersten Fall ein Energieverbrauch von 0,7 kWh und für den zweiten Fall ein solcher von 1,0 kWh pro 1 kg reduziertes Uran errechnet. Ganz analoge Resultate wurden bei der Elektrodialyse von Lösungen mit 140 g/*l* Uran erhalten. Bei höheren Stromdichten wird das Potential der Katode so stark negativ, daß die Bedingungen für eine Entwicklung von gasförmigen Wasserstoff an der Katode gegeben sind. Unter diesen Bedingungen kommt es zu einer unvermeidlichen Abnahme der Uran(IV)-Stromausbeute. Bei einer Stromdichte von 70 mA/cm² wurde bei Verwendung einer Graphitkatode nur noch eine Uran(IV)-Stromausbeute von etwa 60% erhalten; dazu ist allerdings zu bemerken, daß während des Reduktionsvorganges keine Durchmischung des Katolyten erfolgte.

Bekanntlich beobachtet man die höchsten Wasserstoffüberspannungen an Quecksilber- und Bleikatoden. Aus diesem Grunde werden z. Z. Untersuchungen zur Entwicklung von als Katodenmaterialien verwendbaren Legierungen des Bleis mit Silber und Antimon durchgeführt. Die Verwendung derartiger Elektrodenmaterialien würde es gestatten, die Reduktion des Urans mit hoher Stromausbeute auch noch bei hohen Stromdichten durchzuführen und so die Reduktionszeiten wesentlich zu verkürzen.

Es muß unbedingt noch bemerkt werden, daß die elektrochemische Reduktion des Urans unter gleichzeitiger Abscheidung von Urantetrafluorid in dem vorgeschlagenen Elektrodialyseapparat unmöglich ist, da es bisher noch keine für dieses spezielle Verfahren geeigneten Ionenaustauschermembranen gibt, die Temperaturen von 50 bis 60 °C aushalten, wie sie nun einmal für die Ausfällung eines genügend grobkristallinen Urantetrafluorid-Niederschlags mindestens erforderlich sind. Die Fällung des Urantetrafluorids wird aus diesem Grunde nach der Reduktion in einem besonderen Reaktor vorgenommen. Die Ausbeute an Urantetrafluorid hängt vom „Oxydationsgrad" ab, d. h. von der Zeit, die zwischen der Reduktion des U(VI) zum U(IV) und der Ausfällung liegt. Die Ausbeute an Urantetrafluorid, bezogen auf die bei der Reduktion erzielte Ausbeute, beträgt 93 bis 98%. Bei Anwendung eines kontinuierlichen Verfahrens dürfte sich die Uranausbeute zweifellos noch steigern lassen.

Literatur

[1] Kirk, P. F.: USAEC, RMO-2506 (1955)
[2] Frisch, N. W.: USAEC, RMO-2516 (1955)
[3] Fischer, S., Mc Garvey, F.: USAEC, RMO-2518 (1955)
[4] Kunin, R.: USA-Patent Nr. 2832727 (1958)
[5] Kirk, P. F.: USAEC, RMO-2512 (1955)
[6] Dickert, C. T.: USAEC, RMO-2517 (1955)
[7] Frisch, N. W.: USAEC, RMO-2520 (1955)
[8] Kirk, P. F.: USAEC, RMO-2507 (1955)
[9] Kunin, R.: USA-Patent Nr. 2832728 (1958)
[10] Saunders, J.: USAEC, RMO-2519 (1955)
[11] Mason, E. A., Parsi, E. I.: Bericht Nr. 502 auf der II. Konferenz zur friedlichen Anwendung der Atomenergie, Genf (1958)
[12] Higgins, I. R., Neil, W. J., Mc Neese, L. E.: Bericht Nr. 506 auf der II. Konferenz zur friedlichen Anwendung der Atomenergie, Genf (1958)
[13] Higgins, I. R., Roberts, J. T., Hancher, C. W., Marinsky, I. A.: Ind. Eng. Chem. **50** (3) (1958), 285
[14] Schulz, W. W., Neuvar, E. W., Carroll, J. L., Burns, R. E.: Bericht Nr. 534 auf der II. Konferenz zur friedlichen Anwendung der Atomenergie, Genf (1958)
[15] Uranium Production Technology. Ed. C. D. Harrington, A. E. Ruchle, D. Van Nostrand Company, Inc., New York, 1959
[16] Hancher, C. W.: USAEC, Report ORNL-2308 (1957)
[17] Laskorin, B. N., Smirnova, N. M.: „Atomenergie" (russ.) 4, (1961), 227

8. DIE VERWENDUNG VON IONENAUSTAUSCHER-MEMBRANEN IN DER KERNTECHNIK

8.1. Die Entfernung radioaktiver Produkte aus Abwässern

8.1.1. Eigenschaften radioaktiver Abwässer

Im Zusammenhang mit der erfolgreichen Anwendung der Kernenergie für friedliche Zwecke bildet die Beseitigung der Radioaktivität aus Abwässern ein wichtiges Problem. Die außerordentliche Bedeutung dieser Frage ergibt sich in erster Linie aus der Notwendigkeit des Schutzes der Bevölkerung vor der Einwirkung schädigender Strahlen, zum anderen aber auch aus der Tatsache, daß die Kosten der Atomenergie bekanntlich in starkem Maße von den Kosten abhängig sind, die durch die Beseitigung der radioaktiven Abfälle, des sogenannten Atommülls, verursacht werden.

Radioaktive Produkte können aus Abwässern unter Anwendung verschiedener Methoden entfernt werden: durch Eindampfung, durch Ausfällung und durch Ionenaustausch. Die Wahl des einen oder des anderen der genannten Verfahren zur Aufarbeitung radioaktiver Abwässer hängt von der Art und der Menge der in den jeweiligen Abwässern enthaltenen Salze sowie von der Strahlungsintensität ab. Das teuerste Verfahren ist das der Eindampfung, obwohl es in breitem Umfang zur Anreicherung radioaktiver Produkte angewandt wird. Dem Problem der Entfernung radioaktiver Produkte aus Abwässern sind die Arbeiten einer ganzen Reihe von Autoren [1—6] gewidmet. Im vorliegenden Kapitel soll jedoch lediglich auf die Frage der Möglichkeit eines Einsatzes von Ionenaustauschermembranen zur Entionisierung radioaktiver Abwässer eingegangen werden.

Die radioaktiven Abwässer lassen sich in zwei Hauptgruppen unterteilen, und zwar in Abwässer mit relativ hoher Strahlungsintensität, die im allgemeinen nur in geringen Mengen vorliegen, und in Abwässer mit geringer Radioaktivität, die meist in großen Mengen anfallen.

Der Salzgehalt der Abwässer kann in weiten Grenzen von einigen mg/l bis zu mehreren g/l schwanken, während die spezifische Radioaktivität in bezug auf β- und γ-Strahlung im Bereich von 10^{-2} bis 10^{-8} Curie/l liegen kann.

Die Radioaktivität von Abwässern mit nur geringer Strahlungsintensität wird häufig durch radioaktive Isotope von Zirkon, Niob, Seltenen Erden, Cäsium, Strontium und Ruthenium hervorgerufen.

In Tab. 25 ist als Beispiel die radiochemische Zusammensetzung eines radioaktiven Abwassers mit geringer Strahlungsintensität wiedergegeben.

Wie aus den in Tab. 25 angeführten Zahlen zu ersehen, wird die γ-Aktivität des Abwassers in der Hauptsache durch Zirkonium und Niob hervorgerufen, während für die β-Aktivität die Seltenen Erden verantwortlich zu machen sind.

Tabelle 25

Die Zusammensetzung eines radioaktiven Abwassers mit geringer Strahlungsintensität

Gesamt-radioaktivität β- und γ-Strahlung [Curie/l]	% der Gesamtaktivität									Salzgehalt [mg/l]
	Ru		Zr + Nb		Cs		Sr	Seltene Erden		
	β	γ	β	γ	β	γ	β	β	γ	
$1{,}4 \cdot 10^{-6}$	4,1	2,3	13	86	0,9	0,5	4,5	68	6,5	250—300 (pH = 9,0)

In den radioaktiven Abwässern liegt bekanntlich ein großer Teil der radioaktiven Elemente in Form von Kationen vor, jedoch kann ein Teil der Radioaktivität auch auf Anionen sowie auf kolloide oder amphotere Bestandteile zurückzuführen sein.

8.1.2. Gesetzmäßigkeiten bei der Adsorption radioaktiver Produkte an Ionenaustauschern

Die technologischen Verfahren zur Aufarbeitung radioaktiver Abwässer müssen die Möglichkeit einer Abgabe solcher Abwässer in öffentliche Gewässer völlig ausschließen, oder mit anderen Worten: die maximale Radioaktivität der an öffentliche Wasserreservoirs wie Flüsse, Seen usw. abzugebenden Abwässer muß geringer sein als die natürliche Radioaktivität dieser Wasserreservoire. Im Hinblick auf die Unschädlichmachung radioaktiver Abwässer kommt dem Ionenaustausch eine große Bedeutung zu.

Die Entfernung radioaktiver Produkte aus Lösungen mittels Ionenaustausch unterscheidet sich prinzipiell in keiner Weise von einer Abtrennung normaler, nichtradioaktiver Ionen aus Lösungen mit Hilfe von Ionenaustauschern. Eine Besonderheit der Entionisierung radioaktiver Abwässer besteht jedoch darin, daß der zu erreichende Reinheitsgrad des nach der Behandlung mit Ionenaustauschern anfallenden Wassers wesentlich höher sein muß als bei der normalen Wasserentsalzung. Außerdem ist noch darauf hinzuweisen, daß die radioaktiven Produkte meist in wesentlich geringeren Konzentrationen in den Abwässern vorliegen als die inaktiven Ionen, daß aber der Entionisierungsprozeß in solchen Fällen vom Gehalt des Abwassers an inaktiven Salzen abhängig ist.

Laskorin und Mitarbeiter erhielten bei der zweistufigen Entionisierung (Kationenaustauscher-Anionenaustauscher) von radioaktiven Abwässern der in Tab. 25 angegebenen Zusammensetzung Resultate, die durch Abb. 40 veranschaulicht werden. Als Ionenaustauscher wurden dabei das Kationenaustauscherharz KU-2 und das Anionenaustauscherharz EDE-10 P verwendet. Bei Entfernung aller Kationen aus dem Abwasser verringert sich dessen Radioaktivität um zwei Zehnerpotenzen auf 10^{-8} Curie/l, während gleichzeitig eine pH-Werterniedrigung von 9 auf 5 zu beobachten ist. Bei Durchbruch der inaktiven Ionen ist gleichzeitig auch ein teilweiser Durchbruch der Radioaktivität zu verzeichnen, und zwar rührt diese Strahlung von den in der Kationenform vorliegenden radioaktiven Elementen her. Dieser Tatbestand wird durch Abb. 40a wiedergegeben. Durch anschließende Aufarbeitung des Abwassers mittels Anionenaustauscher läßt sich eine weitere Erniedrigung der Radioaktivität um eine Zehnerpotenz auf 10^{-9} Curie/l erreichen. Der pH-Wert des Abwassers erhöht sich dabei wieder etwas, und zwar auf 6,5. Wie bereits im Falle der Behandlung mit Kationenaustauscherharz fällt der Durchbruch der radioaktiven Anionen mit dem Durchbruch der inaktiven Anionen zusammen. Ein völlig anderes Bild ergibt sich bei der Adsorption radioaktiver Elemente aus Lösungen ohne inaktive Salze, d. h. aus Abwässern, deren Eindampfrückstand praktisch gleich Null ist.

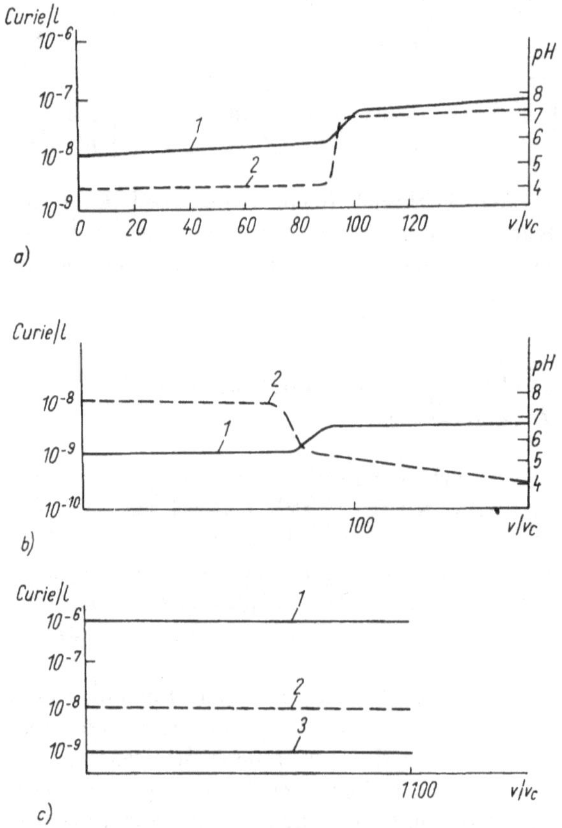

Abb. 40. Entionisierung radioaktiver Abwässer
Zusammensetzung des Wassers: Gesamtsalzgehalt: 300 mg/l Gesamtradioaktivität: $1{,}4 \cdot 10^{-6}$ Curie/l Adsorption der β- und γ-Aktivität:
a – aus Flußwasser an Espatit KU-2 *1* – Radioaktivität, Curie/l *2* – pH-Wert der Lösung
b – an Anionenaustauscher EDE-10P *1* – Radioaktivität, Curie/l *2* – pH-Wert des Wassers
c – aus entionisiertem Wasser *1* – Ausgangswasser *2* – nach dem H^+-Kationenaustauscher *3* – nach dem OH^--Anionenaustauscher

Aus Abb. 40 ist zu ersehen, daß nach einem Durchfluß von mehr als 1000 Volumina Abwasser pro Volumen Sorbens durch das Austauscherfilter noch kein Durchbruch der Radioaktivität festzustellen ist. Ähnliche Resultate wurden auch von einer ganzen Reihe anderer Autoren [6, 7] bei der Untersuchung der Sorption verschiedener radioaktiver Elemente an Dowex-50, Amberlite IR-120 usw. erhalten. An 1 ml des Kationenaustauschers Nalcite HCR können 2,07 Curie Cäsium-137 gebunden werden, oder mit anderen Worten: bei einer Strahlungsintensität von 10^5 Impulsen pro Minute und ml können etwa 28 m^3 destilliertes Wasser aufgearbeitet werden [5].

Die Sorptionskapazität eines Ionenaustauschers, bezogen auf die Entfernung radioaktiver Elemente, ist in erster Näherung der Menge der im Abwasser vorliegenden inaktiven Ionen umgekehrt proportional. Folglich wird die Aufarbeitung eines Abwassers um so teurer, je mehr Kationen in ihm enthalten sind. Die Anwendung von Ionenaustauschverfahren ist zweckmäßig, wenn der Salzgehalt des Abwassers unterhalb 2,5 g/*l* liegt; den optimalen Wirkungsgrad erreicht man, wenn der Salzgehalt des Abwassers nicht mehr als 1,0 g/*l* beträgt. Bei der Aufarbeitung radioaktiver Abwässer kommen folgende grundlegende Varianten von Ionenaustauschverfahren in Frage:

1. Sorption in einem Ionenaustauscherbett,
2. Zweistufige Entionisierung (Kationenaustauscher–Anionenaustauscher),
3. Entionisierung mittels eines Mischbettfilters,
4. Elektrodialyse unter Verwendung von Ionenaustauschermembranen,
5. Elektrodialyse mit nachfolgender Entionisierung mittels eines Mischbett-Ionenaustauscherfilters,
6. Elektrodialyse mit einem Mischbettfilter.

Je nach den Anforderungen an den Reinheitsgrad und die Zusammensetzung der gereinigten Abwässer kann man sich für dieses oder jenes Ionenaustauschverfahren zur Reinigung radioaktiver Abwässer entscheiden.

Wenn eine 80 bis 90%ige Entfernung der Spaltprodukte aus dem Abwasser angestrebt werden soll, dann genügt eine Behandlung mit Kationenaustauscherharz. Zur Erreichung einer praktisch vollständigen Beseitigung der Radioaktivität des Abwassers ist in den meisten Fällen die Anwendung eines Mischbettfilters oder die Kopplung eines Mischbettfilters mit einer Elektrodialyse am zweckmäßigsten. Bei Behandlung des Abwassers mit einem Kationenaustauscher in der H-Form ist die Entfernung der Radioaktivität bei einem pH-Wert von 2,5 am höchsten. Bei der Desorption von stark sauren, mit radioaktiven Elementen (Zr, Nb, Seltene Erden, Sr, Cs u. a.) beladenen Kationenaustauschern wie beispielsweise KU-2 oder Dowex-50, erhält man die besten Resultate, wenn man 4 bis 6 n Salpetersäure verwendet. Die Desorptionslösungen enthalten dann allerdings einen großen Überschuß an HNO_3, was zu großen Schwierigkeiten bei der Entfernung der Radioaktivität aus diesen Desorptionslösungen führen kann.

Eine wesentliche Vereinfachung kann bei der Aufarbeitung radioaktiver Desorptionslösungen (Regenerationslösungen) dadurch erreicht werden, daß man die überschüssige Säure durch Elektrodialyse entfernt. Das Verfahrensschema für die Beseitigung von Radioaktivität aus Betriebswässern unter Einsatz der Elektrodialyse zur Entfernung der überschüssigen Salpetersäure aus den Desorptionslösungen ist in Abb. 41 wiedergegeben.

Die Entfernung der überschüssigen Salpetersäure aus den Desorptionslösungen erfolgt nach dem gleichen Verfahren, das bereits früher im Zusammenhang mit der Entfernung überschüssiger Säure aus uranhaltigen Desorptionslösungen (s. Abb. 25 S. 106) beschrieben wurde. Bei nur geringem Salzgehalt der Lösungen empfiehlt sich zur Erzielung einer vollständigeren Beseitigung der Radioaktivität die Anwendung eines Mischbett-Ionenaustauscherfilters. Ayres [8] schlug als einer der ersten die Anwendung eines Mischbett-Ionenaustauscherfilters zur

Entfernung radioaktiver Produkte aus Abwässern vor und bezeichnete dieses Mischbettfilter mit „Amberlite XE-81".

LANDERDALE und EMMONS [9], BALCAR und Mitarbeiter [10], SWOPE [6] u. a. untersuchten die Sorption radioaktiver Produkte mit Hilfe von Mischbett-Ionenaustauscherfiltern und konnten dabei feststellen, daß der Gesamt-Absorptionskoeffizient bei etwa 10^4, d. h. um eine Zehnerpotenz höher liegt als bei nacheinander erfolgender Behandlung des Abwassers mit einem Kationen- und einem Anionenaustauscherharz. Ein solches Mischbettfilter entspricht in seiner Wirksamkeit einer ganzen Reihe von hintereinander geschalteten Kationen- und Anionenaustauscherfiltern. Die Anwendung eines Mischbettfilters zur Entionisierung radioaktiver Abwässer bringt eine wesentliche Senkung der Investitionskosten, eine Erhöhung des Grades der Beseitigung der Radioaktivität und eine wesentliche Verringerung des zum Waschen der regenerierten Ionenaustauscherharze erforderlichen Wasserbedarfs (der Entionisierungsprozeß geht bei pH = 7 vor sich).

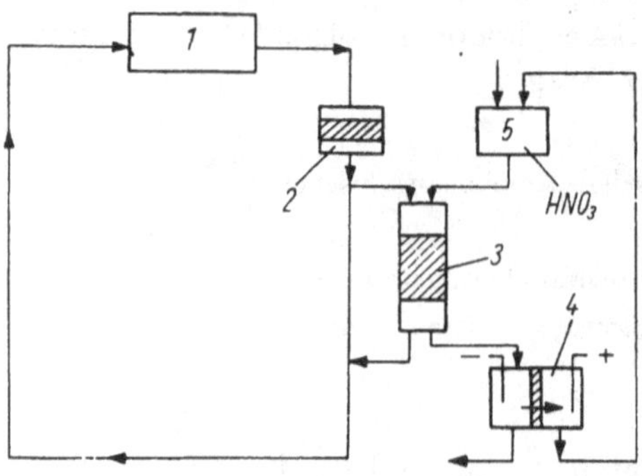

Abb. 41. Sorption der radioaktiven Bestandteile aus Kreislaufwasser und Aufarbeitung der Desorptionslösung durch Elektrodialyse

1 – Sammelgefäß 2 – Filter 3 – Sorptionskolonne 4 – Zweikammer-Elektrodialysezelle 5 – Sammelgefäß für saure Lösung

SWOPE und Mitarbeiter stellten die bei der Entfernung der Radioaktivität aus Leitungswasser einerseits mittels eines doppelten und andererseits mittels eines Mischbett-Ionenaustauscherfilters erzielten Wirkungsgrade einander gegenüber. Die einzelnen Werte sind in Tab. 26 wiedergegeben. Das Leitungswasser

Tabelle 26

Wirkungsgrad der Entfernung der Radioaktivität aus Leitungswasser

Reinigungsprozeß	Aufgearbeitetes Wasser, $\frac{\text{Wasservolumen}}{\text{Volumen des Sorbenten}}$		Gesamt-Reinigungskoeffizient	
	2 Filter	1 Mischbettfilter	2 Filter	1 Mischbettfilter
bis zum Durchbruch der inaktiven Salze	54,2	47,5	$1{,}4 \cdot 10^3$	$1{,}7 \cdot 10^4$
nach dem Durchbruch der Salze	74,6	81,5	44	$1{,}4 \cdot 10^2$
	101,8	108,6	3,7	15

hatte einen Salzgehalt von 300 mg/*l*, einen pH-Wert von 7 und eine Radioaktivität von 0,2 Millicurie/m*l*.

Bis zum Durchbruch der inaktiven Salze lag die Entfernung der Radioaktivität bei Verwendung eines Mischbettfilters um eine Zehnerpotenz höher als bei Verwendung zweier hintereinandergeschalteter Ionenaustauscherfilter. Nach Durchbruch der Salze verringert sich der Radioaktivitätskoeffizient bei Anwendung des Doppelfilters wesentlich stärker als bei Anwendung des Mischbettfilters. Die Betriebsdauer, d. h. die Zeit bis zum Durchbruch der radioaktiven Elemente, wird sowohl bei einer mit Mischbettfilter arbeitenden Anlage als auch bei allen anderen nach Ionenaustauschverfahren arbeitenden Entionisierungsanlagen vom Salzgehalt des aufzuarbeitenden Abwassers bestimmt. Nach Verringerung des Salzgehaltes der Ausgangslösung auf 1 bis 2 mg/*l* — wie dies bei Anlagen mit Wasserkreislauf der Fall ist — kann eine mit Mischbett-Ionenaustauscherfilter ausgestattete Anlage mehrere Monate lang arbeiten, bevor eine Regenerierung notwendig wird.

Eine große Perspektive zur Aufkonzentrierung von radioaktiven Abwässern besitzen zweistufige Verfahren. Die Entfernung der Hauptmenge an inaktiven Salzen erfolgt bei derartigen zweistufigen Verfahren zweckmäßigerweise durch Elektrodialyse unter Verwendung von Ionenaustauschermembranen, während die anschließende Entionisierung bis zur praktisch vollständigen Beseitigung der Radioaktivität am besten mit Hilfe eines Mischbett-Ionenaustauscherfilters durchgeführt wird. Es entspricht dies einem kürzlich vorgeschlagenem Verfahren zur Unschädlichmachung radioaktiver Abwässer, bei dem eine Elektrodialyse unter Verwendung von Ionenaustauschermembranen und eine Mischbett-Aufarbeitung miteinander vereinigt sind. Die Verwendung von Ionenaustauschermembranen ermöglicht eine elektrochemische Regenerierung des Mischbettfilters, ohne daß dazu eine Auftrennung desselben in Anionen- und Kationenaustauscherharz erforderlich wäre.

Bei der Beseitigung radioaktiver Abfallprodukte unterliegen die Ionenaustauschermembranen und -harze einer lang andauernden Einwirkung hoher Strahlungsintensitäten, weshalb man bei der Auswahl der Ionenaustauschmaterialien ihre Beständigkeit gegenüber ionisierenden Strahlen beachten muß.

8.1.3. Die Beständigkeit von Ionenaustauschern und Ionenaustauschermembranen gegenüber ionisierenden Strahlen

Die Strahlungsstabilität von Ionenaustauscherharzen wurde bereits in einer ganzen Reihe von Arbeiten untersucht [11—14]. Nater [12] u. a. gingen von der Voraussetzung aus, daß α-Teilchen, Protonen, β- und γ-Strahlen (bezogen auf die Einheit an absorbierter Energie) die gleiche Wirkung hervorrufen, sofern die zu vergleichende Strahlung die gleiche Ionisationsdichte und Intensität besitzt. Neutronen rufen eine Zerstörung der Atome hervor. Starke Zerstörungen sind bei Neutronen wie auch bei der Einwirkung geladener Teilchen durch die Strahlung neu entstehender aktiver Teilchen (Sekundärstrahlung) zu erwarten.

Durch Aufprall von Neutronen auf die Atome des Ionenaustauscherharzes werden in letzteren die chemischen Bindungen zerstört, jedoch macht eine solche direkte Einwirkung von Neutronen nur einen kleinen Teil der insgesamt festzustellenden Zerstörungen aus. Die Sprengung chemischer Bindungen kann ihre Ursache auch in der Anregung der Valenzelektronen infolge Strahleneinwirkung haben. In diesem Falle dürften sich Verbindungen mit resonanzstabilisiertem Valenzelektronensystem, wie z. B. aromatischen Kernen, als am beständigsten gegenüber ionisierenden Strahlen erweisen. Bei der Bestrahlung von Ionenaustauschern und Ionenaustauschermembranen auf der Basis von Styrol-Divinylbenzol-Kopolymerisaten ist zu erwarten, daß Zerstörungsvorgänge an der Matrix des Polymeren wie auch an den Benzolringen eintreten und daß diese Zerstörungen durch Abspaltung von Sulfogruppen oder von Wasserstoffatomen aus der Hauptkette der Matrix bzw. aus dem Benzolkern mit unterschiedlicher Wahrscheinlichkeit erfolgen. Es sei aber bemerkt, daß nicht jede in das Ionenaustauschermaterial eingestrahlte Energie unbedingt auch zu dessen Zerstörung führen muß.

Die Wirkung hoher Strahlungsintensitäten auf die verschiedensten stark sauren Kationenaustauscher, wie z. B. KU-2, Dowex-50, Amberlite IR-120 usw., wurde bereits zum Gegenstand einer ganzen Reihe von Untersuchungen [5, 13, 14] gemacht. Dowex-50 wurde der Einwirkung von γ-Strahlen aus einer Kobalt-60-Quelle von 300 und 1500 Curie ausgesetzt. Nach einer derartigen Behandlung hatte Dowex-50 je Wattstunde aufgenommener Strahlungsenergie, bezogen auf 1 g trockenes Kationenaustauscherharz, 10 bis 20% seiner ursprünglichen Austauschkapazität eingebüßt. Der Kationenaustauscher KU-2 verändert bei Strahleneinwirkung lediglich seine Färbung von hellbraun nach dunkelbraun; eine merkliche Zerstörung ist bei diesem Kationenaustauschertyp nicht festzustellen. Die Polykondensations-Kationenaustauscher Amberlite-105 und Dowex-30 verringern ihre Kapazität unter vergleichbaren Bedingungen ebenfalls. Da jedoch die Kationenaustauscherharze auf Basis sulfonierten Styrol-Divinylbenzols gegenüber konzentrierter, 4 bis 6 n Salpetersäure wesentlich resistenter sind als die letztgenannten Polykondensationsharze, gibt man den Polymerisationsharzen den Vorzug, wenn es sich um die Herstellung strahlenbeständiger Ionenaustauschermembranen handelt oder um die Beschickung entsprechender Mischbett-Ionenaustauscherfilter geht. Werden Styrol-Divinylbenzol-Kationenaustauscher einer andauernden redioaktiven Strahlung ausgesetzt, so steigt ihr Quellvermögen, woraus man auf eine partielle Zerstörung der Divinylbenzol-Brückenbindungen schließen kann. Aus diesem Grunde ist es angebracht, als Ionenaustauschermaterialien, welche ionisierenden Strahlen ausgesetzt werden sollen, Styrol-Divinylbenzol-Kopolymerisate mit besonders hohem Vernetzungsgrad als Ausgangsprodukte zu wählen.

Bei der Bestrahlung eines Anionenaustauscherharzes auf Basis Styrol-Divinylbenzol vom Typ einer quaternären Ammoniumbase mit einer Cobalt-60-Quelle verändert sich die Farbe des Anionenaustauschers — wie auch im Falle des stark sauren Kationenaustauscherharzes — von blaßgelb nach dunkelbraun. Darüber hinaus ist ein typischer Amingeruch wahrzunehmen, der auf eine partielle Zerstörung des Anionenaustauscherharzes schließen läßt. Unter den genannten Bedingungen verliert das Anionenaustauscherharz Dowex-1 bis zu 40% seiner ursprünglichen Austauschkapazität. Wie auch im Falle der Kationenaustauscherharze sind die Polykondensations-Anionenaustauscherharze AN-2F, Amberlite IR-4B u. a., am beständigsten gegenüber ionisierenden Strahlen.

Bei der Herstellung heterogener Ionenaustauschermembranen ist der radiochemischen Beständigkeit des Armierungsgewebes bzw. des inerten Bindematerials allergrößte Beachtung zu schenken. Am beständigsten gegenüber ionisierenden Strahlen sind Polyäthylen und seine Fluorderivate.

Auf Basis Polyäthylen-Styrol hergestellte Ionenaustauschermembranen besitzen eine hohe radiochemische Stabilität, da bei Einwirkung von γ-Strahlen in Abwesenheit von Sauerstoff eine Aufpfropfung des Styrols auf das Polyäthylen erfolgt [15—17]; die zur Erzeugung eines solchen Pfropf-Kopolymerisats erforderliche Strahlungsdosis beträgt 6,75 Mrad [17]. Optimale Ergebnisse wurden bei der Aufpfropfung von 20 bis 30% Styrol auf Polyäthylen erhalten. Auf diese Weise hergestellte Membranen besitzen eine hohe mechanische Festigkeit, gute elektrochemische Eigenschaften sowie eine ausreichende Beständigkeit gegenüber dauernder Einwirkung radioaktiver Strahlung.

8.1.4. Elektrolytische Regenerierung von Ionenaustauscherharzen

Wie bereits weiter oben dargelegt, kann man Ionenaustauscherharze und -membranen als konzentrierte feste Elektrolyte mit genügend hoher selektiver Ionen-Elektroleitfähigkeit ansehen. Folglich müssen beim Anlegen eines elektrischen Feldes an eine Ionenaustauscherschicht, beispielsweise ein Filter, elektrochemische Austauschreaktionen stattfinden, die zur Umwandlung der einen Ionenform des Harzes in eine andere, zur Desorption und Herstellung der H-Form des Kationenaustauschers und der OH-Form des Anionenaustauschers ausgenutzt werden können.

Wie in Arbeiten von HEYMANN und O'DONNELL [18], SPIEGLER und CORYELL [19] sowie WALTERS, WEISER und MAREK [20] nachgewiesen werden konnte, läßt sich die Regenerierung von Ionenaustauscherharzen auch ohne Anwendung von Elektrolytlösungen durchführen. HEYMANN und O'DONNELL [18] untersuchten die elektrochemische Regenerierung von Amberlite IR-100, wozu sie das Harz zwischen zwei perforierte Platinelektroden brachten. Zur Entfernung der Elektrolyseprodukte wurde eine Strömung destillierten Wassers in Richtung von der Anode zur Katode erzeugt. Bei der Regenerierung der Natriumform eines Kationenaustauschers laufen folgende Elektrodenreaktionen ab:

An der Anode: $4R^- + 2H_2O \leftrightarrow 4RH + O_2 + 4e^-$,

an der Katode: $4NaR + 4H_2O + 4e^- \leftrightarrow 4R^- + 4Na^+ + 4OH^- + 2H_2$,

wobei R^- ein Äquivalent des Festanions des Austauschers darstellt.

Das Regenerierungsschema für die Natriumform eines Kationenaustauschers und die Chloridform eines Anionenaustauschers ist in Abb. 42 wiedergegeben.

Mit zunehmender Bildung der H-Form des Kationenaustauscherharzes macht sich eine Verstärkung der Katodenreaktion

$$4e^- + 4RH = 4R^- + 2H_2$$

bemerkbar, da die durch die beweglichen Wasserstoffionen transportierte Elektrizitätsmenge zunimmt. Aus diesem Grunde ist eine vollständige elektrochemische Regenerierung in ökonomischer Hinsicht unrentabel.

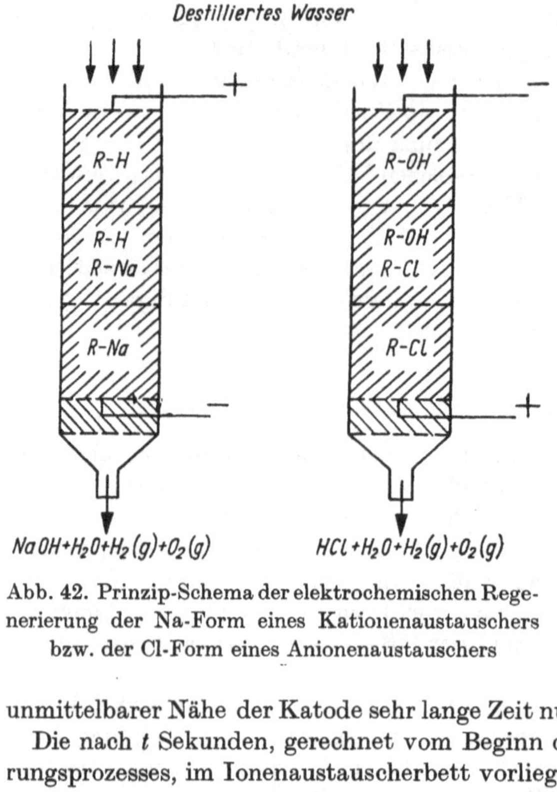

Abb. 42. Prinzip-Schema der elektrochemischen Regenerierung der Na-Form eines Kationenaustauschers bzw. der Cl-Form eines Anionenaustauschers

Spiegler und Coryell [19] untersuchten die elektrochemische Regenerierung des Kationenaustauscherharzes Dowex-50 und studierten die Verteilung der Wasserstoff- und Natriumionen im Ionenaustauscherbett während des Regenerierungsprozesses. Innerhalb weniger Sekunden nach Anlegen des elektrischen Feldes bildeten sich in der Ionenaustauscherschicht drei deutlich voneinander zu unterscheidende Zonen: In unmittelbarer Nachbarschaft der Anode entsteht die H-Form des Kationenaustauscherharzes, in einigem Abstand von der Anode liegt das Ionenaustauscherharz sowohl in der H- als auch in der Natriumform vor, während in unmittelbarer Nähe der Katode sehr lange Zeit nur die Na-Form zu beobachten ist.

Die nach t Sekunden, gerechnet vom Beginn des elektrochemischen Regenerierungsprozesses, im Ionenaustauscherbett vorliegenden Mengen der verschiedenen Formen des Ionenaustauscherharzes als Funktion des Abstandes von den Elektroden können durch einige Ungleichungen charakterisiert werden.

Für die unmittelbar an die Anode angrenzende Zone des Ionenaustauscherbettes gilt:

1. $z < \frac{i \cdot t}{F \cdot a_R \cdot \overline{M}}$

Dabei ist:

z = Abstand von Anode [cm], i = Stromdichte [mA/cm²], t = Zeit [sec],
a_R = Sorptionskapazität des Harzes [mval/ml],
$\overline{M}$ = Beweglichkeitskoeffizient der Ionen im Harz: $\left(\frac{U_{H^+}}{U_{Na^+}}\right)$.

Für den Bereich der Ionenaustauscherschicht, in der die R—H- und die R — Na-Form nebeneinander vorliegen, gilt:

$$2. \quad \frac{i \cdot t}{F \cdot a_R \cdot \overline{\overline{M}}} < z < \frac{i \cdot t \cdot \overline{M}}{F \cdot a_R}$$

Die Konzentration der Wasserstoff-Form kann nach folgender Gleichung berechnet werden:

$$C_{HR} = \frac{1}{\overline{\overline{M}} - 1} \left[\left(\frac{i \cdot t \cdot a_R \cdot \overline{M}}{F \cdot z} \right)^{1/2} - a_R \right];$$

Für den an die Katode angrenzenden Bereich des Ionenaustauscherbettes gilt:

$$3. \quad z > \frac{i \cdot t \cdot \overline{M}}{F \cdot a_R}$$

Manecke und Bonhoeffer [21] untersuchten die Bedingungen bei der elektrochemischen Regenerierung von Anionenaustauschern nach einem ähnlichen Verfahren, d. h. sie erhielten die Hydroxylform des Anionenaustauscherharzes ohne Aufwendung einer geeigneten Elektrolytlösung, indem sie das zwischen zwei perforierten Platinelektroden befindliche Harz elektrolysierten.

Staverman [22] ließ sich ein Verfahren zur Regenerierung einer Kolonne patentieren, in der alternierend Schichten von jeweils durch Glasfasergewebe voneinander getrennten Anionen- und Kationenaustauscherharz angeordnet waren. In den entsprechenden Ionenaustauscherschichten der Kolonne befanden sich perforierte Platinkatoden und -anoden. Ein sehr wichtiger Unterschied dieses Verfahrens zur elektrochemischen Regenerierung von Ionenaustauscherharzen gegenüber den bereits oben beschriebenen Verfahren besteht darin, daß die Durchspülung des Harzes während des Regenerierungsprozesses in einer Richtung erfolgt, die senkrecht zur Hauptachse der Sorptionskolonne steht.

Für eine Anwendung von Verfahren zur Entfernung radioaktiver Abfallstoffe aus Abwässern dürften elektrochemische Regenerierverfahren für Mischbettfilter, welche zwischen Kationen- und Anionenaustauschermembranen eingelagert sind, die größte Perspektive besitzen.

8.1.5. Elektrodialytische Entionisierung radioaktiver Abwässer

Bei der Aufarbeitung radioaktiver Abwässer durch Elektrodialyse unter Verwendung von Ionenaustauschermembranen müssen solche Bedingungen eingehalten werden, daß die anfallenden Volumina an konzentrierten Lösungen, in denen alle für die Radioaktivität der Abwässer verantwortlich zu machenden Elemente quantitativ enthalten sind, möglichst gering gehalten werden. Streicher, Bowers und Briggs [23] entwickelten ein aus zwei Entionisierungsstufen bestehendes Verfahren: in der ersten Stufe erfolgt die Entfernung der Hauptmenge der im Abwasser enthaltenen Salze in einer Dreikammer-Elektrodialysezelle, und in der anschließenden zweiten Stufe wird das bereits partiell demineralisierte Wasser in einer normalen Ionenaustauschanlage vollentsalzt. Die Katolyt- und Anolytlösungen der ersten Stufe werden zur Regenerierung der bei der Vollentsalzung zum Einsatz gelangenden Ionenaustauscherharze verwendet.

Bei der Aufarbeitung radioaktiver Abwässer mit hohen Salzgehalten dürfte die Anwendung eines anderen zweistufigen Entionisierungsverfahrens zweckmäßiger sein, bei dem in der ersten Stufe eine Entfernung der Salze bis zu einem Restgehalt von 300 bis 400 mg/l mit Hilfe einer normalen Mehrkammer-Elektrodialysezelle mit parallel arbeitenden Kammern erfolgt, während die Vollentsalzung dann in der zweiten Stufe in einem Mischbettfilter durchgeführt wird. Nach der chemischen Regenerierung des Kationen- und Anionenaustauscherharzes im Mischbettfilter kann die Entfernung der überschüssigen Säure und Lauge aus den Desorptionslösungen durch Elektrolyse erfolgen. Dabei erhält man aus den Desorptionslösungen neutrale Lösungen mit 10 bis 15 g/l Salzgehalt, die dann mit der in die erste Anreicherungsstufe eintretenden Lösung vereinigt werden. Nach diesem Verfahren lassen sich radioaktive Abwässer mit Salzgehalten von 10 bis 15 g/l aufarbeiten. Als Endprodukte fallen dabei einerseits konzentrierte Salzlösungen an, die alle im Ausgangsabwasser vorhandenen radioaktiven Substanzen enthalten, und auf der anderen Seite erhält man ein reines, entionisiertes Wasser.

Das Schema des soeben beschriebenen, zweistufigen Entionisierungsverfahrens für radioaktive Abwässer ist in Abb. 43 wiedergegeben.

Während eines elektrochemischen Entionisierungsprozesses ist mit zunehmender Verringerung des Salzgehaltes der Lösung eine immer stärker in Erscheinung tretende Abnahme der elektrischen Leitfähigkeit festzustellen, wodurch es zu einem Anstieg des Elektroenergieverbrauchs bei der Entionisierung kommt. Aus diesem Grunde ist eine Elektrodialyse mit Ionenaustauschermembranen nach der bisher bekannten Verfahrensweise für Lösungen mit sehr geringen Salzgehalten unterhalb 300 mg/l unrentabel. Um die Stromausbeute zu erhöhen und den spezifischen elektrischen Widerstand bei der Elektrodialyse von Lösungen mit geringen Salzgehalten zu verringern, kann man den Abstand zwischen den Elektroden verringern und mit niedrigen Stromdichten arbeiten. Jedoch ist ein solcher Ausweg nur in sehr beschränktem Umfange gangbar, da eine Verringerung des Abstandes zwischen den Membranen auf 1 mm und weniger ernsthafte konstruktive und hydrodynamische Schwierigkeiten mit sich bringt. Bei großer Membranfläche und kleinen Abständen zwischen den Membranen ist eine gleichmäßige Verteilung der Flüssigkeitsströme nicht mehr zu gewährleisten.

Eine andere, zwar radikalere, aber dafür auch zuverlässigere Möglichkeit zur Erhöhung der spezifischen elektrischen Leitfähigkeit in den Entionisierungskammern besteht darin, daß in diese ionenleitende Materialien, wie z. B. Ionenaustauscherharz-Gemische (Mischbettfilter, bestehend aus Kationen- und Anionenaustauscherharz, meist im Verhältnis 1 : 2 angewandt) oder grobmaschige Ionenaustauschergewebe (in Form grobmaschiger Siebe) eingebracht werden. Dabei nimmt die elektrische Leitfähigkeit rapide zu, wodurch die Möglichkeit gegeben ist, den Abstand zwischen den Ionenaustauschermembranen wesentlich zu vergrößern.

Walters, Weiser und Marek [20] schlugen ein zweistufiges Elektrodialyseverfahren unter Verwendung von Ionenaustauschermembranen vor. Der Unterschied zwischen diesem Verfahren und dem in Abb. 43 schematisch dargestellten besteht darin, daß beim Verfahren von Walters, Weiser und Marek nach der

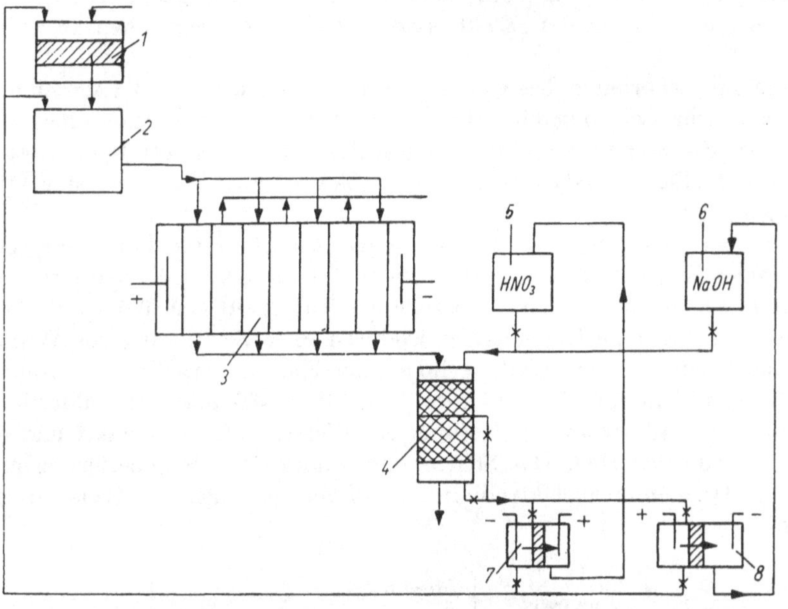

Abb. 43. Schema der zweistufigen Entionisierung radioaktiver Abwässer

1 – Quarzfilter 2 – Sammelgefäß 3 – Mehrkammer-Elektrodialysezelle 4 – Kolonne mit Mischbett-Ionenaustauscherfilter 5 – Sammelgefäß für die salpetersaure Desorptionslösung 6 – Sammelgefäß für NaOH-Desorptionslösung 7 – Zweikammer-Elektrodialysezelle zur Abtrennung überschüssiger Säure 8 – Zweikammer-Elektrodialysezelle zur Abtrennung überschüssiger Natronlauge

partiellen, in einer normalen Mehrkammer-Elektrodialysezelle durchgeführten Entionisierung die anschließende vollständige Entionisierung ebenfalls in einer Mehrkammer-Elektrodialysezelle erfolgt, deren Kammern ein Gemisch aus Kationen- und Anionenaustauscherharz enthalten.

Bei der Aufkonzentrierung radioaktiver Abwässer durch Elektrodialyse unter Verwendung von Ionenaustauschermembranen ist es sehr wichtig, eine maximale Verringerung des Volumens dieser Lösungen anzustreben. Der erreichbare Salzgehalt der Lösung stellt eine Funktion der elektroosmotischen und hydraulischen Durchlässigkeit der verwendeten Ionenaustauchermembranen, der Stromausbeute bei der Überführung der Salze und z. T. auch der Hydratation der an der Elektrodialyse teilnehmenden Ionen dar.

Weiter oben wurde bereits bei der Besprechung der elektrochemischen Eigenschaften von Ionenaustauscherharzen festgestellt, daß unter dem Einfluß des elektrischen Stromes die beweglichen oder zum Ionenaustausch befähigten Ionen im Innern der Matrix des Ionenaustauscherharzes frei verschoben werden können. Auf diesem Effekt beruht der Prozeß der elektrochemischen Regenerierung von Ionenaustauscherharzen ohne Chemikalienverbrauch [24—26]. Auf diesem Wege läßt sich ein Mischbett-Ionenaustauscherfilter regenerieren, d. h. das im Filter enthaltene Kationenaustauscherharz in die H-Form und das Anionenaustauscherharz in die OH-Form überführen, ohne daß dabei eine Störung des Prozesses durch die an den Elektroden ablaufenden Reaktionen zu befürchten wäre.

Ionenaustauscherharze besitzen selbst in entionisiertem Wasser eine relativ hohe elektrische Leitfähigkeit. Ein Verfahren zur Regenerierung eines zwischen zwei Ionenaustauschermembranen eingeschlossenen Mischbett-Ionenaustauscherfilters durch Elektrodialyse wurde von Chessmore, Walters u. a. [5] vorgeschlagen.

Zur Regenerierung eines Mischbett-Ionenaustauscherfilters kann man sich einer Dreikammer-Elektrodialysezelle bedienen. Chessmore [5] benutzte in einer solchen Dreikammer-Elektrodialysezelle als Katolyten eine 0,5 n Salzsäure und als Anolyten eine 0,5 n Natronlauge, wodurch einer Wanderung von Wasserstoffionen zur Anode und von Hydroxylionen zur Katode vorgebeugt wurde.

Ein Gemisch aus der Natriumform von Dowex-50 und der Chloridform von Amberlite IRA-400 wurde in destilliertem Wasser aufgeschwemmt und der Regenerierung unterworfen. Das Schema eines derartigen Regenerierungsprozesses in einem Dreikammer-Elektrodialysator kann in folgender Weise dargestellt werden:

Anode	0,5 n NaOH	Anionen-austauscher-membran	Mischbett-Ionen-austauscher-filter	Kationen-austauscher-membran	0,5 n HCl	Katode

Der Verlauf der Regenerierung eines Mischbett-Ionenaustauscherfilters wird durch Hydrolysereaktionen bestimmt, die in den als Leiter des elektrischen Stromes fungierenden Ionenaustauscherharz-Körnern vor sich gehen. Die aus dem Harz in die wäßrige Phase übergehenden Natrium- und Chloridionen werden kontinuierlich aus der mittleren Kammer entfernt, bis sich nach einiger Zeit die Natriumform des Kationenaustauschers quantitativ in die Wasserstoff-Form und die Chloridform des Anionenaustauschers vollständig in die Hydroxylform umgewandelt haben.

Der Mechanismus des elektrochemischen Regenerierungsprozesses eines Mischbett-Ionenaustauscherfilters wird durch Abb. 44 veranschaulicht, die der Arbeit von Walters und Mitarbeitern [20] entnommen wurde. Zur Verbesserung des Wirkungsgrades der Regenerierung wurde bei dem Verfahren eine kontinuierliche

Durchmischung des Katolyten wie auch des Anolyten durchgeführt. Der Prozeß kann durch folgende Reaktionsgleichung wiedergegeben werden:

$$\mathrm{HOH} + \mathrm{Na}R + R'\mathrm{Cl} \rightarrow R\mathrm{H} + R'\mathrm{OH} + \mathrm{NaCl}.$$

Aus Abb. 44 ist zu ersehen, daß bei diesem Verfahren eine Vielzahl der verschiedenartigsten Nebenreaktionen ablaufen und mit der oben angeführten Hauptreaktion in Konkurrenz treten kann. Jedoch erfolgt im Endeffekt stets eine Überführung der im Mischbettfilter vorliegenden Ionenaustauscherharze in die H- bzw. OH-Form. Die kontinuierliche Durchmischung des Katolyten wie des Anolyten ermöglicht die Aufrechterhaltung des neutralen Mediums in Katoden- und Anodenkammer, wodurch eine Rückdiffusion von Wasserstoff- und Hydroxylionen praktisch ausgeschlossen ist. Die Regenerierung von Mischbett-Ionenaustauscherfiltern kann auch in Mehrkammer-Elektrodialysatoren durchgeführt werden.

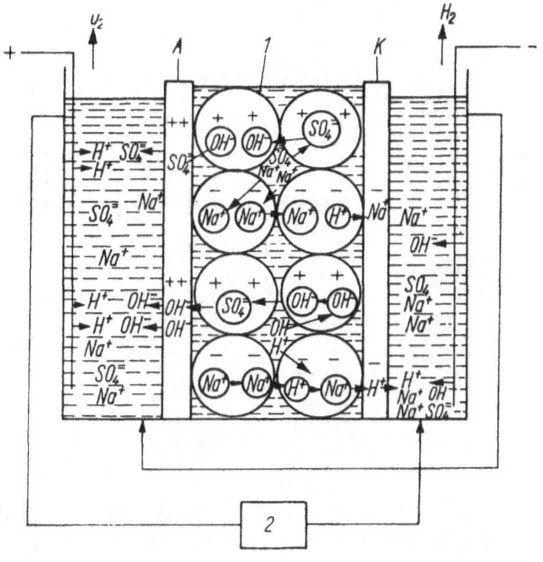

Abb. 44. Mechanismus der elektrochemischen Regenerierung eines Mischbett-Ionenaustauscherfilters in einer Elektrodialysezelle mit Ionenaustauschermembranen

1 — Mischbett-Ionenaustauscherfilter *2* — Pumpe

Gute Ergebnisse werden mit einer derartigen Anlage dann erzielt, wenn Sorption und Regenerierung nicht gleichzeitig erfolgen, d. h. wenn das Mischbettfilter erst nach seiner beim Sorptionsprozeß erfolgten Sättigung auf elektrochemische Regenerierung umgeschaltet wird. Das Schema einer Anlage dieses Typs — wie sie auch von Walters und Mitarbeitern [20] benutzt wurde — ist in Abb. 45 wiedergegeben.

Von Interesse sind auch Verfahren zur kontinuierlichen Entfernung von Ionen während der Elektrodialyse und Sorption mittels Ionenaustauscher-Mischbettfilter. In diesem Falle kann man die Arbeit des Elektrodialysators mit der einer mit Mischbettfilter ausgestatteten Ionenaustauscherkolonne vergleichen, in der mittels des senkrecht zur Bewegung der Lösung durch das Mischbettfilter hindurchgeleiteten elektrischen Stromes eine kontinuierliche Regenerierung durchgeführt wird. Da ein Mischbett-Ionenaustauscherfilter sowohl saure als auch basische Gruppierungen enthält, werden bei seiner kontinuierlichen Regenerierung solche Ionen, die zur Bildung schwer löslicher Hydroxyde neigen, nur sehr schlecht entfernt. Wie in einer Arbeit von Björns und Glueckauf [27] nachgewiesen werden konnte, werden die nach der Aufarbeitung von alkalischem Phosphatschlamm anfallenden radioaktiven Abwässer nach diesem Verfahren auch nach sehr langer Elektrodialysedauer nicht vollständig desaktiviert.

Björns und Glueckauf [27] bestimmten den Wirkungsgrad bei der Entsalzung radioaktiver Abwässer bis zu einer Salzkonzentration C_e, den man mit einer aus einer Zelle bestehenden Anlage erreichen kann, als Funktion der folgenden, mittleren Betriebsparameter: Konzentration des in die Anlage eintretenden Abwassers C_i (Mol/l); Durchflußgeschwindigkeit der Lösung F_i (l/min); Stromstärke in der Zelle I; Konzentration der aus der Zelle austretenden Lösung C_w.

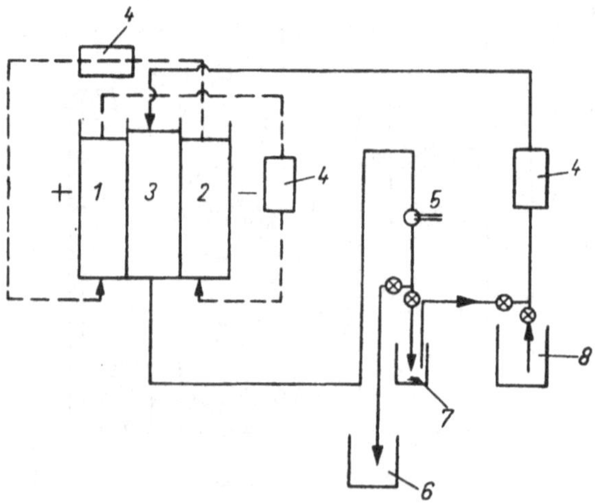

Abb. 45. Schema der Anlage von Walters [20] für Entionisierung und elektrochemische Regenerierung

1 – Anionenaustauschermembran, Platinelektrode, 0,44 n Na_2SO_4-Lösung *2* – Kationenaustauschermembran, Platinelektrode, 0,44 n Na_2SO_4-Lösung *3* – Mischbett-Ionenaustauscherfilter *4* – Pumpen *5* – Wechselstrombrücke *6* – entionisierte Lösung *7* – Sumpf zur Rückführung *8* – entionisierte 0,0046 n Na_2SO_4-Lösung

Auf Grund ihrer experimentellen Daten gelangten sie zu folgender Näherungsformel:

$$\frac{C_e \cdot I}{C_i \cdot C_w \cdot F_i} = k \approx 0{,}6. \quad (13)$$

Die Konzentration der die Zelle verlassenden Lösung erhöht sich proportional mit der Abwasserkonzentration in der Zelle. Folglich muß man — in Übereinstimmung mit Gleichung (13) — zur Erreichung einer möglichst starken Anreicherung in dem aus dem Elektrodialysator austretenden, radioaktiven Abwasser (Konzentration C_w) bei minimalem Verbrauch an Elektroenergie unbedingt zwei Zellen hintereinander schalten und zu einer Anlage zusammenfassen. In der Abb. 46 ist ein Verfahren zur Entsalzung radioaktiver Abwässer mit Hilfe zweier hintereinander geschalteter Elektrodialysatoren schematisch dargestellt.

Es sind auch noch andere Varianten der Entsalzung radioaktiver Abwässer und der Regenerierung von Ionenaustauschern möglich. An Stelle eines Ionenaustauschharz-Gemisches kann man beispielsweise alternierend angeordnete und durch Siebplatten voneinander getrennte Kationen- und Anionenaustauscherschichten verwenden. Derartige Verfahren sind für die Entwicklung von Anlagen hoher Kapazität von allergrößtem Interesse.

Das Fließschema einer zweistufigen Abwasseraufbereitung durch Elektrodialyse und anschließende Vollentsalzung mittels eines Mischbett-Ionenaustauscherfilters ist in Abb. 47 wiedergegeben.

Im ersten Elektrodialysator ist die Entionisierungskammer mit gleichen Mengen Kationen- und Anionenaustauscherharzen gefüllt, welche durch ein Sieb von-

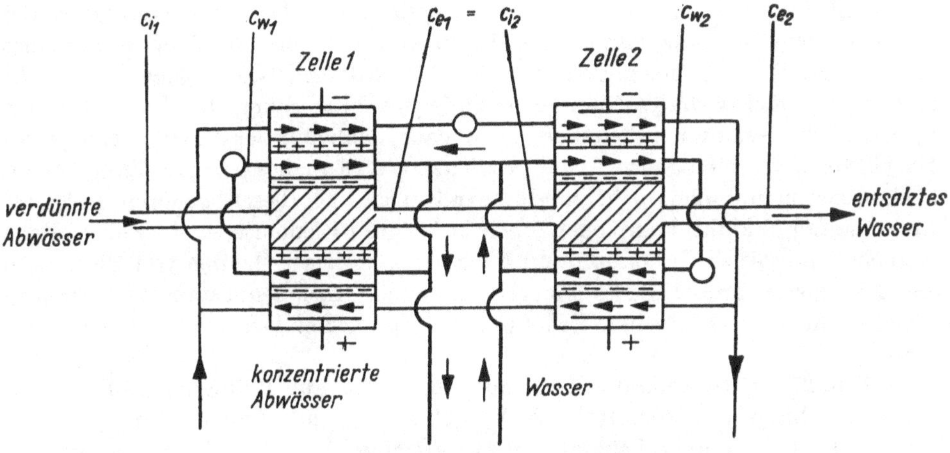

Abb. 46. Technologisches Schema der Entsalzung radioaktiver Abwässer mit Hilfe zweier hintereinandergeschalteter Elektrodialysezellen

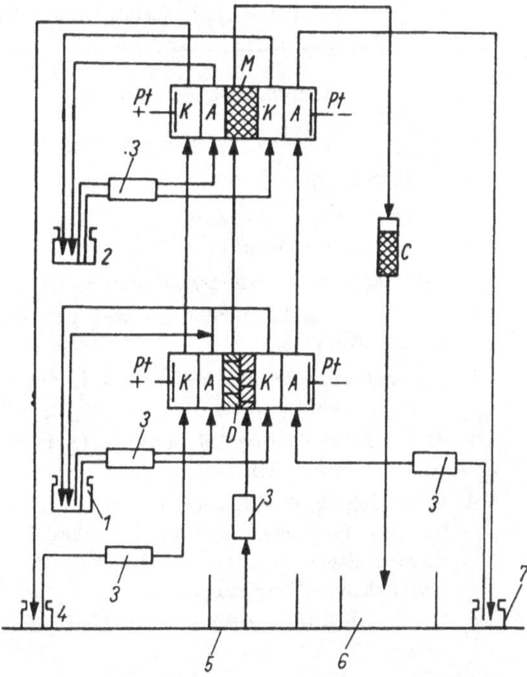

Abb. 47. Zweistufige elektrochemische Entionisierung mit anschließender Adsorption an ein Mischbett-Ionenaustauscherfilter

A – Anionenaustauschermembran *K* – Kationenaustauschermembran *D* – Doppelschichtenfilter Kationen Anionenaustauschermaterial abwechselnd und durch Siebe voneinander getrennt aufgeschichtet *M* – Mischbett-Ionenaustauscherfilter *C* – Kolonne mit Ionenaustauscher-Mischbett *1* – Sumpf zur Sammlung der Lösung *2* – Sumpf zur Sammlung der Lösung *3* – Pumpen *4* – Sumpf für Anolyten *5* – Ausgangslösung *6* – entionisierte Lösung *7* – Sumpf für Katolyten

einander getrennt sind. Die Entionisierungskammer der zweiten Elektrodialysezelle enthält dagegen ein Ionenaustauscherharz-Gemisch. Die radioaktiven Abwässer durchlaufen bei dieser Anlage nacheinander zwei Elektrodialysestufen, und zur abschließenden Vollentsalzung dient ein Mischbett-Ionenaustauscherfilter.

Bei allen beschriebenen Verfahren entspricht der Desaktivierungsgrad der Abwässer dem Grad der Entfernung der inaktiven Ionen. Bei Anwendung eines Reinigungsverfahrens nach dem in Abb. 47 wiedergegebenen Schema erreicht man in den Elektrodialysatoren eine 99,9%ige Entfernung der Radioaktivität während der Gesamt-Reinheitskoeffizient nach Passieren des Mischbettfilters bei 10^5 bis 10^6 liegt. Eine ganze Anzahl radioaktiver Elemente vermag durch Ionenaustauschermembranen nicht hindurchzudringen; zu diesen gehören in erster Linie die zur Bildung komplexer Ionen befähigten Elemente sowie verschiedene Radiokolloide. Auch Zirkonium und Niob gehören dieser Gruppe von Elementen an. Adsorption großer Zirkonmengen an einer Kationenaustauschermembran führt zu einer beträchtlichen Erhöhung des OHMschen Widerstandes der Membran.

In Tab. 27 ist die Charakteristik des Verfahrens zur Reinigung radioaktiver Abwässer durch elektrodialytische Vorentsalzung mit Ionenaustauschermembranen (1. Stufe) und Vollentsalzung mittels eines Mischbett-Ionenaustauscher-

Tabelle 27
Kenndaten eines Verfahrens zur Reinigung radioaktiver Abwässer

Kenndaten des Prozesses	1. Entionisierungsstufe	2. Entionisierungsstufe
1. Verfahrenstyp	kontinuierl.	diskontin.
2. Kapazität der Anlage [l/h]	~3800	~3800
3. Stromdichte [mA/cm²]	10	10
4. Zahl der Entionisierungskammern	100	50
5. Widerstand eines Membranpaares pro Flächeneinheit [Ohm · cm²]	10	100
6. Abstand zwischen den Membranen in der Verdünnungskammer [cm]	0,1	0,3
7. Abstand zwischen den Membranen in der Konzentrationskammer [cm]	0,3	0,3
8. Verbrauch an Elektroenergie bei der elektrochemischen Regenerierung des Mischbett-Ionenaustauscherfilters, bezogen auf die gemischten austauschaktiven Gruppen [F/val]	–	0,5
9. Stromausbeute bezogen auf die Überführung des Salzes	0,5	0,3
10. Elektroosmotische Wasserüberführung [l/F]	0,6	0,6
11. Erforderliche Spannung [V]	in Abhängigkeit vom Salzgehalt der Ausgangslösung	405
12. Erforderliche Stromstärke [A]		34
13. Erforderliche Gleichstrom-Leistung [kW]		14

filters, das nach erfolgter Sättigung auf elektrochemischem Wege regeneriert wird (2. Stufe), wiedergegeben.

In der Abb. 48 ist der Verbrauch an Elektroenergie bei der Anreicherung radioaktiver Abwässer nach dem oben beschriebenen zweistufigen elektrolytischen Entionisierungsverfahren dargestellt. Wie aus den angeführten Kurven zu ersehen ist, hängt der für den Entionisierungsprozeß notwendige Energiebedarf von der Salzkonzentration in der Ausgangslösung ab, wobei der Energieverbrauch bei Salzgehalten im Bereich zwischen 0,1 und 0,4 val/*l* proportional mit der Erhöhung der Salzkonzentration im Abwasser zunimmt.

8.1.6. Wirtschaftlichkeit der Reinigung radioaktiver Abwässer durch Elektrodialyse unter Verwendung von Ionenaustauschermembranen

Die Kosten der Aufarbeitung radioaktiver Abwässer sind, wenn keine speziellen Schutzmaßnahmen gegen Strahlung erforderlich sind, durch die Elektrodialysekosten gegeben, wie sie auch bei der Aufarbeitung gewöhnlicher, inaktiver Wässer vergleichbaren Salzgehaltes entstehen. Der Salzgehalt der Abwässer bestimmt die Wirtschaftlichkeit ihrer Aufarbeitung nach diesem oder jenem Verfahren. Bei Salzgehalten unterhalb 1,0 g/*l* bietet sich die Entionisierung mit Hilfe des einfachen Ionenaustausches als das rationellste Verfahren an.

Tabelle 28

Abhängigkeit des Chemikalien-Verbrauchs für die Regenerierung der Ionenaustauscherharze vom Salzgehalt der Ausgangslösung

Gesamtsalzgehalt [mg/*l*]	Erhöhung der Salzkonzentration um den Faktor	Erhöhung der Chemikalienkosten um den Faktor	Bemerkungen
125	1	1	bezogen auf die Chemikalienkosten bei der Entsalzung von Wasser mit einem Salzgehalt von 125 mg/*l*
450	3,6	6,9	
700	5,6	17	
1000	8,0	28	
1200	9,6	39,5	

Bei der Entionisierung mit Hilfe von Ionenaustauscherharzen werden die Verfahrenskosten in der Hauptsache durch die Kosten der zur Regenerierung erforderlichen Chemikalien bestimmt, wobei zu beachten ist, daß mit zunehmendem Salzgehalt der Ausgangslösungen der für die Regenerierung erforderliche Chemikalienverbrauch progressiv anwächst (siehe dazu Tab. 28, nach Angaben von SAUNDERS [28]).

Eine wesentliche Senkung der für die Regenerierung der Ionenaustauscherharze bei der Demineralisierung radioaktiver Abwässer aufzuwendenden Kosten kann erreicht werden, wenn die Entfernung der überschüssigen Säure oder Lauge durch Elektrodialyse unter Verwendung von Ionenaustauschermembranen erfolgt. Den Nachweis für eine derartige Kostensenkung liefert die Abb. 48.

Eine ganze Reihe von Autoren führt Gegenüberstellungen der Wirtschaftlichkeit verschiedener Entsalzungsverfahren in Abhängigkeit vom Salzgehalt der Ausgangslösungen an [28–31]. Wie aus den Kurven der Abb. 49 zu ersehen, ist bei niedrigen Salzgehalten der Ausgangslösungen (bis maximal 0,6 g/l) ein Entsalzungsverfahren mit Hilfe des Ionenaustausches mit den geringsten Kosten verbunden, während bei höheren Salzkonzentrationen des aufzubereitenden Abwassers dem Elektrodialyseverfahren unter Verwendung von Ionenaustauschermembranen kostenmäßig der Vorzug zu geben ist. Bei noch höheren Salzkonzen-

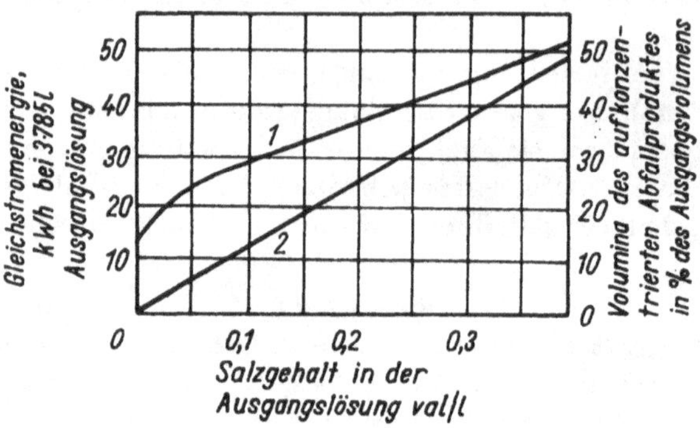

Abb. 48. Berechneter Energieverbrauch bei der Konzentrierung nach einem zweistufigen Entionisierungsschema

1 – Gleichstromenergie *2* – aufkonzentriertes Volumen

Tabelle 29

Kosten der Meerwasserentsalzung nach verschiedenen Verfahren

Meerwasser-Entsalzungsverfahren	Bei der Entsalzung von 1m³ Wasser entstehende Kosten (in Dollar)	Bemerkungen
Einfache Destillation	1,32–2,64	Für die Entsalzung wurde stets ein Meerwasser mit einem Salzgehalt von 25 bis 30 g/l verwendet
Mehrkörperverdampfung	1,0	
Eindampfung durch Sonneneinwirkung	0,75	
Ausfrier-Verfahren	0,2–0,33	
Ionenaustausch	5,33	
Elektrodialyse unter Verwendung von Ionenaustauschermembranen	0,2–0,26	

trationen in der Ausgangslösung, und zwar im Bereich zwischen 25 und 30 g/l werden bei Eindampfverfahren unter Verwendung von Zwei- und Dreikörperverdampfern recht gute ökonomische Kennziffern erhalten. Ist das Hauptaugenmerk darauf gerichtet, eine maximale Einengung der Volumina der radioaktiven Produkte vor deren Vernichtung zu erreichen, dürfte es am ökonomischesten sein, ein kombiniertes Verfahren anzuwenden, das sich aus allen drei Methoden (Ionenaustausch, Elektrodialyse und schließlich Eindampfung der bei der Elektrodialyse anfallenden, konzentrierten Lösung) zusammensetzt.

Sehr interessant ist eine von SHERWOOD [32] durchgeführte Gegenüberstellung der Ergebnisse von verschiedenen Meerwasser-Entsalzungsverfahren. Die bei diesem ökonomischen Vergleich erhaltenen Zahlen, d. h. die bei der Meerwasserentsalzung nach den verschiedensten Verfahren entstehenden Kosten, sind in der Tab. 29 wiedergegeben [32].

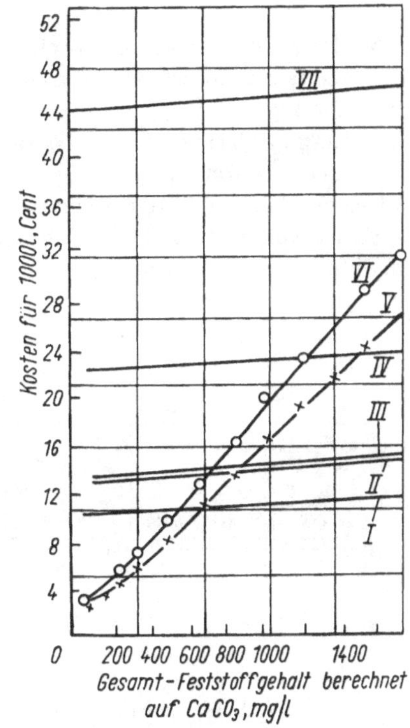

Abb. 49. Abhängigkeit der Demineralisierungskosten vom Salzgehalt

I – Dreikörper-Verdampfung *II* – Druckdestillation mit Erdölfeuerung *III* – Zweikörper-Verdampfung *IV* – Einkörper-Verdampfung *V* – Ionenaustausch (*1*) *VI* – Ionenaustausch (*2*) *VII* – Druckdestillation mit elektrischer Heizung

Bei einer Betrachtung der in der Tab. 29 angeführten Werte kommt man zu dem Schluß, daß das Ausfrierverfahren ebenso wie die Elektrodialyse unter Verwendung von Ionenaustauschermembranen eine mit relativ geringem Kostenaufwand verbundene Entsalzung nicht nur von Meerwasser, sondern auch von radioaktiven Abwässern mit Salzgehalten von 25 bis 30 g/l ermöglichen dürfte.

Bei der Elektrodialyse unter Verwendung von Ionenaustauschermembranen werden die Aufbereitungskosten für das Wasser in der Hauptsache durch die Herstellungskosten der Ionenaustauschermembranen hervorgerufen. Nimmt man die Lebensdauer der Ionenaustauschermembranen zu einem Monat an, dann machen die für deren Herstellung aufzuwendenden Kosten nach Angaben von BOER-NIEVELD und PAULI [31] 60% der Kosten des Wasserentsalzungsverfahrens aus.

In letzter Zeit gelang die Herstellung von Ionenaustauschermembranen, die unter Betriebsbedingungen eine Lebensdauer von zwei bis drei Jahren besitzen. Die Anwendung solcher Membranen verspricht für die Zukunft eine beträchtliche Senkung der Betriebskosten bei der Wasseraufbereitung durch Elektrodialyse.

8.2. Weitere Anwendungen

8.2.1. Trennung von Elementen mit ähnlichen Eigenschaften; Möglichkeiten zur Isotopentrennung mittels Elektrodialyse

Methoden zur Trennung von chemisch in ihren Eigenschaften sich nur sehr wenig voneinander unterscheidenden Ionen unter Ausnutzung von Unterschieden in ihrer Beweglichkeit sind bereits seit langem bekannt. Eine beträchtliche Verbesserung des Trenneffektes bei der Elektromigration von Ionen kann durch Anwendung von Ionenaustauscherharzen und -membranen mit erhöhter Selektivität gegenüber einem der voneinander zu trennenden Ionen erreicht werden.

Es ist bekannt, daß die Wanderungsgeschwindigkeit von Ionen in wäßrigem Medium wesentlich höher ist als in Ionenaustauschermembranen. Es ist außerdem

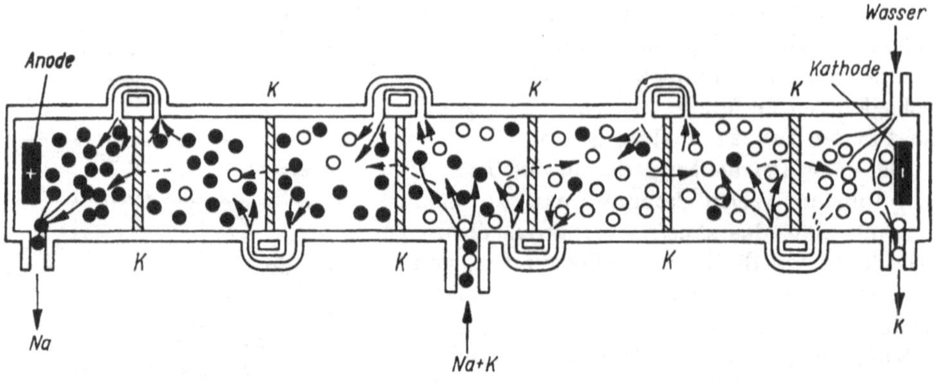

Abb. 50. Mehrkammer-Elektrodialysezelle zur Trennung von Ionen

zu berücksichtigen, daß die Differenzen zwischen den Wanderungsgeschwindigkeiten zweier sich in ihren Eigenschaften nur wenig voneinander unterscheidender Ionen oder zweier Isotope in Ionenaustauschermembranen wesentlich größer sind als in wäßrigem Medium. Da man durch Änderung der chemischen Zusammensetzung und der physikochemischen Eigenschaften von Ionenaustauschermaterialien diese Differenzen zielgerichtet beeinflussen kann, ergibt sich eine aussichtsreiche Perspektive für die Entwicklung von Trennverfahren, bei denen dieses Prinzip ausgenutzt wird.

Mason und Parsi [33] beschreiben das Schema einer Ionen-Rektifikationskolonne aus einer Reihe von Kationenaustauschermembranen (Abb. 50). Die die voneinander zu trennenden Ionen Na^+ und K^+ enthaltende Ausgangslösung wird im Mittelteil der Kolonne in diese eingespeist, und zwar so, daß die Strömungsrichtung der Lösung der Richtung des elektrischen Stromes entgegengesetzt ist. Die zu trennenden Ionen müssen unter dem Einfluß des elektrischen Stromes hintereinander mehrere Ionenaustauschermembranen passieren. Der Trenneffekt kann durch partielle Rückführung der Lösung reguliert werden. Nach Ansicht der Autoren kann der in Abb. 50 schematisch dargestellte Kolonnentyp zur Trennung von Isotopen und von verschiedenen Ionen gleicher Ladung eingesetzt werden, jedoch wurden in letzter Zeit bereits wieder neue, mehr Erfolg versprechende Verfahren entwickelt [5].

Der Verteilungskoeffizient α für zwei voneinander zu trennende Ionen ist durch folgende Formel gegeben:

$$\alpha_{AB} = \frac{Y_A/X_A}{Y_B/X_B}.$$

Dabei ist

X = Molenbruch der Ionen A und B nach Passieren der Membran
Y = Molenbruch der Ionen A und B vor Passieren der Membran.

Eine Berechnung des Trenneffektes kann nach den bekannten, für mehrstufige Trennprozesse entwickelten Methoden erfolgen. Die Beweglichkeit der Wasserstoff- bzw. der Alkalimetallionen nimmt in der Reihenfolge vom Wasserstoff zum Lithium ab:

$$H^+ > Rb^+ > K^+ > Na^+ > Li^+.$$

Mason und Parsi [33] bestimmten die Verteilungskoeffizienten für einige Kationen bei der Elektromigration durch eine Kationenaustauschermembran der Marke Nepton CR-51. Die erhaltenen Werte sind in der Tab. 30 zusammengestellt.

Tabelle 30
Verteilungskoeffizienten für einige Kationen (Membran Nepton CR-51)

Voneinander zu trennende Ionen	Stromdichte [mA/cm²]	Verteilungskoeffizient
Rb^+/K^+	25—100	1,10
K^+/Na^+	...	1,5
Na^+/Ca^{2+}	30	1,45
Na^+/Li^+	110	1,76
Ba^{2+}/Ca^{2+}	30—150	1,2—1,7

Mit dem gleichen Anlagentyp wurde die Möglichkeit einer Trennung von leichtem und schwerem Wasser untersucht und dabei festgestellt, daß der Verteilungskoeffizient 1,02 bis 1,07 beträgt. Das Trennverfahren beruht in diesem Falle auf Unterschieden im osmotischen Effekt zwischen leichtem und schwerem Wasser beim Durchgang von Lithiumchlorid oder Schwefelsäure durch die Ionenaustauschermembranen. Nach Ansicht von Spiegler besitzt dieses Verfahren zur Trennung H_2O/D_2O wegen des niedrigen Trennfaktors aus wirtschaftlichen Gründen jedoch keine Perspektive.

8.2.2. *Die Aufkonzentrierung von Säuren und Laugen*

Bei radiochemischen Prozessen fallen in der Regel Lösungen von Natriumnitrat, Thoriumnitrat, Uranylnitrat und Aluminiumnitrat mit einem hohen Gehalt an überschüssiger Salpetersäure an. Die Neutralisation dieser Lösungen nach den herkömmlichen chemischen Methoden führt zur Bildung von Lösungen mit hohen Salzgehalten, wodurch die Aufarbeitung der anfallenden Abwässer stark erschwert wird. Natriumnitrat enthaltende salpetersaure Lösungen werden in einer Dreikammerzelle einem Elektrodialyseprozeß unterworfen, bei dem Natronlauge gewonnen wird. Die ebenfalls anfallende Salpetersäure kann wieder in den radiochemischen Produktionsprozeß zurückgeführt werden. Die Verfahren zur Entfernung überschüssiger Säure aus salpetersauren Uranylnitratlösungen wurden bereits an früherer Stelle ausführlich beschrieben, so daß hier nicht näher auf technische Einzelheiten eingegangen zu werden braucht. Bei der Aufarbeitung radioaktiver Lösungen ist zu beachten, daß gleichzeitig eine Reinigung der Lösungen von kationischen Spaltprodukten (radioaktiven Substanzen) erfolgt. Der Reinigungskoeffizient liegt bei Verwendung einer Kationenaustauschermembran über 5000. Durch eine Vielzahl von Versuchen konnte nachgewiesen werden, daß die Lebensdauer von Ionenaustauschermembranen, mit deren Hilfe Lösungen mit Strahlungsintensitäten von mehr als 100 Curie/*l* aufgearbeitet wurden, immerhin vier Monate beträgt, und es besteht Grund zu der Annahme, daß die Lebensdauer der Membranen noch weiter erhöht werden kann.

Beim Auflösen der Aluminiumumhüllung von verbrauchten Reaktorbrennelementen erhält man eine Aluminiumnitratlösung. Die chemischen Verfahren zur Aufarbeitung solcher Lösungen sind mit großen Schwierigkeiten verbunden. Man verwendet für diese Zwecke Elektrodialysatoren des gleichen Typs, wie sie auch zur Entfernung überschüssiger Salpetersäure eingesetzt werden. Je nach den angewandten Versuchsbedingungen erhält man folgende Produkte:

1. kristalline Aluminiumhydroxyd-Niederschläge,
2. gelartiges Aluminiumhydroxyd,
3. bei erhöhter Temperatur (60 °C) und geringen Stromdichten bildet sich ein durchsichtiges Aluminiumhydroxyd-Gel.

Bei der Herstellung von Urantetrafluorid kommt der Aufkonzentrierung der Fluorwasserstoffsäure eine große Bedeutung zu. Auch hierbei bedient man sich — wie bereits an früherer Stelle beschrieben — mit Erfolg der Elektrodialyse unter Verwendung von Ionenaustauschermembranen.

Die in diesem Kapitel behandelten Beispiele sollten einen Überblick geben über die vielseitige Anwendung von Ionenaustauschermembranen in der Kerntechnik, wobei sich der Leser darüber im Klaren sein muß, daß damit längst noch nicht die gesamte Vielfalt der Anwendungsmöglichkeiten ausgeschöpft sein dürfte.

Literatur

[1] Rodger, W. A.: Chem. Eng. Progr. **50**, Nr. 5 (1954), 263
[2] Hatch, L. P.: Amer. Scientist **41**, Nr. 3 (July 1953), 410
[3] Gorman, A. E.: Ind. Engng. Chem. **45** (1953), 2672
[4] Swope, H. G.: 9th Purdue Industrial Waste Conference, Purdue Univ. Eng. Bull. Extension Ser., Nr. **87**, vol. **39**, Nr. 2, p. (1955), 118

[5] „Ion exchange technology“, unter der Redaktion von F. NACHOD und J. SCHUBERT New York 1956
[6] SWOPE, H. G., ANDERSON, E.: Ind. Eng. Chem. **47** (1955), 78
[7] ZRIEND, A. G.: Masters Thesis, Virginia Polytechnic Institute, Blacksburg, 1952
[8] AYRES, J. A.: J. Chem. Soc. **69** (1947), 2879
[9] LANDERDALE, R. A., EMMONS, A. H.: Nucleonics, **8**, Nr. 5 (1951), 21
[10] BALCAR, E. R., et al.: Kellex Corp. of America, New York-KLX (1953), 1389
[11] KEDERS: „Die Zersetzung chemischer Reagentien, die für radiochemisch durchgeführte Prozesse verwendet werden, unter der Strahleneinwirkung“, Bericht Nr. 749 auf der Internationalen Konferenz zur friedlichen Anwendung der Atomenergie, Genf (1955)
[12] NATER, R. A.: „Die Bestrahlung von Ionenaustauscherharzen in einem Versuchsreaktor“, Bericht Nr. 1476 (Niederlande), gehalten auf der II. Internationalen Konferenz zur friedlichen Anwendung der Atomenergie, Genf 1958
[13] HIGGINS, I. R.: Oak Ridge National Laboratory, ORHL-1325 (1953)
[14] FISCHER, S. A.: Raw Materials Operation, U. S. Atomic Energy Commission, RMO-5228 (1954)
[15] CHEN, W. K. W., MESROBIAN, R. B., RESTAINO, A. J., BALLANTINE, D. S., HINES, A.: J. Polymer, Sci. **23** (1957), 903–913
[16] MESROBIAN, R. B.: J. Amer. Chem. Soc. **17** (1957), 308–319
[17] MESROBIAN, R. B.: Bericht Nr. 826 (USA) auf der Internationalen Konferenz zur friedlichen Anwendung der Atomenergie, Genf 1955
[18] HEYMANN, E., O'DONNELL, I. J.: J. Colloid. Sci. **4** (1949), 395
[19] SPIEGLER, K. S., CORYELL, C. D.: J. Phys. Chem. **56** (1952), 106
[20] WALTERS, W. R., WEISER, D. W., MAREK, L. J.: Ind. Engng. Chem. **47** (1955), 61
[21] MANECKE, G., BONHOEFFER, K. F.: Z. Electrochem. **55** (1951), 475
[22] STAVERMAN, A. J.: Dat. Patent **73**, (1953) 121
[23] STREICHER, L., BOWERS, A. E., BRIGGS, R. E.: Ind. Eng. Chem. **45** (1953), 2394–2401
[24] KOSAKA, Y., SATO, A.: J. Chem. Soc. Japan Ind. Chem. Sect. **55** (1952), 628
[25] KOSAKA, Y., SATO, A.: J. Chem. Soc. Japan Ind. Chem. Sect. **56** (1952), 159
[26] MIYAMATO, S., SASAKI, T.: J. Chem. Sod. Japan, Pure Chem. Sect. **73** (1952), 926
[27] BJÖRNS, R. CH., GLUECKAUF, E.: Bericht Nr. 308 auf der II. Internationalen Konferenz zur friedlichen Anwendung der Atomenergie, Genf 1958
[28] SAUNDERS, D. J.: Power Generation **52** (1948), 84
[29] KOMINEK, E. G.: Chem. Eng. Progr. **44**, Nr. 9 (1948), 967
[30] HISTER, N. K., PHILLIPS, R. C.: Chem. Eng., **61** (1954), 161
[31] BOER-NIEVELD, Y., PAULI, D.: Report T. A. 270, Gen. Techn. Dept. T. N. O. 5 Koningskade, The Hague, 1952
[32] SHERWOOD, T. K.: Mass. Inst. Technol. Rev. **57**, Nr. 1 (1954), 15
[33] MASON, E. A., PARSI, E. D.: Bericht Nr. 502 (Großbritannien) auf der II. Internationalen Konferenz zur friedlichen Anwendung der Atomenergie, Genf 1958

SACHREGISTER

FSC
www.fsc.org
MIX
Papier | Fördert gute Waldnutzung
FSC® C083411

Zeitfracht Medien GmbH
Ferdinand-Jühlke-Straße 7
99095 Erfurt, Deutschland
produktsicherheit@kolibri360.de